社 科 学 术 文 库

LIBRARY OF
ACADEMIC WORKS OF
SOCIAL SCIENCES

云南稻作源流史

管彦波 ◉ 著

中国社会科学出版社

图书在版编目（CIP）数据

云南稻作源流史/管彦波著.—北京：中国社会科学出版社，
2015.4

（社科学术文库）

ISBN 978-7-5161-5918-7

Ⅰ.①云…　Ⅱ.①管…　Ⅲ.①水稻栽培—农业史—云南省
Ⅳ.①S511-092

中国版本图书馆 CIP 数据核字（2015）第 069736 号

出 版 人	赵剑英	
责任编辑	王　茵	
特约编辑	王　衡	
责任校对	任晓晓	
责任印制	王　超	

出　　版	中国社会科学出版社	
社　　址	北京鼓楼西大街甲 158 号（邮编 100720）	
网　　址	http://www.csspw.cn	
发 行 部	010-84083685	
门 市 部	010-84029450	
经　　销	新华书店及其他书店	

印　　刷	北京君升印刷有限公司	
装　　订	廊坊市广阳区广增装订厂	
版　　次	2015 年 4 月第 1 版	
印　　次	2015 年 4 月第 1 次印刷	

开　　本	710×1000　1/16	
印　　张	21.25	
插　　页	2	
字　　数	359 千字	
定　　价	66.00 元	

再版前言

稻作文明是长江文明的主轴，研究长江流域稻作的起源，是国内外许多学科的学者一直关注的课题。在稻作的起源研究中，地处长江上游的云南，由于其独特的自然环境与人文传统，尤其是生物多样性和文化多样性的特点，历来备受国内外学界关注。澄清云南稻作的起源，梳理云南稻作文化的发展历程和特点，对理解云南多民族汇聚融通的文化史，揭示云南稻作文化在中华农耕文明谱系中的地位以及云南各民族对中国历史与文化的贡献，均具有不言而喻的重要性；同时，由于云南在国际性的稻作文化研究中具有特殊重要的地位，特别是受探寻日本民族文化根源而掀起的稻作文化研究热的影响，许多日本学者曾把目光集中到中国大陆尤其是云南的稻作文化，刊发了不少的研究成果。在强调与国际学术界深度互动与交流的当下，我们的研究如何广泛吸收域外前沿的研究成果，基于本土扎实的资料，与国外已有成果进行对话、交流，积极回应相关的论题，修改、推翻或重建新的理论，这应该是一个值得深入思考的问题。

《云南稻作源流史》作为一部采用民族学、历史学、考古学等诸多学科的成果与方法，在充分整合稻作研究的相关理论的基础上，对云南稻作进行系统考察的著作，最早于2005年由民族出版社出版。对云南稻作的研究，这部著作主要从以下四个方面展开。

首先，在探讨云南稻作农业的起源时，一个最基本的理论分析框架是把之置于中国乃至世界原始农业的起源这个大的分析背景之内，系统地回顾了有关农业发生的机制及主要学说（文化进化主义说、绿洲说、原生地说、新气候变迁说、周缘地带说、人口压力说、宴享说），全面梳理了稻作农业起源的诸多学说与流派，有针对性地对"原始农业的起源""稻作的起源"等概念进行了学科意义上的辨识，并指出了目前稻作研究的一些基本趋势和存在问题。与此同时，还以稻的"阿萨姆·云南起源说"为切入点，从谷物起源神话传说、植物遗传学、考古学、民族学、语言学等多维的视角，翔实而系统地论述云南作为稻作起源地之一的特殊地位，在一定程度上推进和深化了十余年来停滞不前的云南稻作起源研究，纠正了日本学术界对云南稻作研究的某些片面之处，从而接近于澄清了云南稻作文化的起源和发展之谜。

其次，从历史学立场出发，以中原王朝在云南的设治经营和云南历史上各种不同的民族共同体的社会生产活动为背景，抓住稻作生产工具的演进和水利灌溉的发展这两条主线，勾勒出了一部完整的从新石器时代直至清末的云南稻作文化史。云南稻作的发展，各个不同的历史时期具有各自不同的特点。一般而言，在石器时代和青铜时代，云南稻作的发展大多是一个在本地区自然发展的过程，外因对之影响较小。但自秦汉、魏晋起，随着中原王朝对西南地区开拓与经略的加强，云南稻作的发展与内地经济的联系日渐密切。到了隋唐时期，云南经济开发较早的地区，已经完成了由旱地农业向水田农业、由锄耕农业向犁耕农业的过渡，农田水利建设有了一定的发展，并由此奠定了云南稻作农业发展的基本格局。在之后的1000多年，云南稻作农业的发展基本上是沿着这一模式在点上和面上逐层向前推进的。

再次，系统地探讨了云南稻作农耕生产技术体系。云南稻作，由于受制于特殊的地形、气候、土壤条件和生产技术手段，大致可以分为旱地稻作农耕、梯田稻作农耕、坝区稻作农耕等几个带有明显的生态环境特点的类型。虽然不同的类型有着各自不同的生态要求和技术特点，但从总体上来看，在长达数千年的历史演变中，云南稻作农耕技术的发展经历了从徒手而耕到役象、牛等动物踏耕，从耜耕到锄耕，最后由锄耕发展到牛耕等几个阶段。围绕着稻作农耕技术演进的各个不同阶段，我们又以稻作的一个生产周期为主轴，着重对稻作生产过程中的备耕、稻种资源的选育、水稻育秧与旱地播种、插秧组织与插秧方式、施肥、中耕除草与病虫害防治、护秋、收割与储藏8个生产技术环节，以及稻作生产工具谱系和稻作灌溉技术等内容进行系统的考察，较为完整地展示了云南稻作文化的丰富内涵。

最后，我们认为，稻作农耕不仅是一个生产技术体系，而且也是一个祭祀信仰体系。然而，在目前的相关研究中，国内外学术界通常是把与稻作生产紧密相关的各种祭祀仪式或农耕仪礼，直接和农耕生产切割开来，单独作为民间信仰或民俗宗教予以叙说，致使有关稻作农耕仪礼及农耕神观的研究显得单薄而不系统。本书从农耕祭祀与稻作生产的内在关联性入手，把云南各民族社会中至今依然不同程度地传承着的稻作农耕祭祀仪礼，依次分为预祝性的祈年仪礼、播种－插秧仪礼、生长过程仪礼、收获仪礼4个大的类别，并在对这些稻作农耕仪礼进行考察的基础上，逐一地研究了在各种祭祀过程中出现的以社神、天神、土地神、谷神、山神、水神、祖先神、牛神等为主体的稻作农耕神灵谱系及其信仰体系，尤其是对最为核心的谷神信仰系统和最为普遍的水神信观念进行了深入细致的探讨。在此基础上，归纳总结出云南稻作农耕祭祀的群体性、社会性、环链性和祭祀的地区差异性、神聘的丰富性、祭神的多样性、仪礼的变迁性等多维的属性和特点。

该书出版后，在民族学界和农史学界引起了较为广泛的关注。民族学家周星发表在《民族研究》2005年第5期上的评论文章认为，该研究在充分地了解亚洲稻作文化研究的国际学术背景下，通过对云南稻作的历史发展和多民族稻作形态的系统分析、理论归纳，进而和国际上已有的学说进行对话，尤其是对日本学者有关云南稻作研究的成果作了正面回应，在一定程度上纠正了其某些片面之处，具有相当的学术价值。农史学家徐旺生发表在《古今农业》2005年第4期上的评论文章认为，云南曾经是许多研究稻作起源的学者关注的一个焦点，不仅稻作历史较为悠久，而且各民族的稻作形态也比较丰富，所以该选题具有重要的学术价值和研究意义。他认为，作者对"原始农业的起源""稻作的起源""稻谷的起源""栽培植物的起源"进行了辨析，使其研究建立在一个清晰的概念之上，在一定程度上向解决稻作起源问题迈出了坚实的一步。同时，他还指出，本书系统地总结有关云南稻作研究的相关成果，从纵向上分期对云南稻作历史进行了考察，全面地揭示了云南稻作农耕类型、农耕生产体系以及与稻作生产相关的信仰体系，可以说是云南稻作研究的集大成之作。就地区影响而言，《云南稻作源流史》在东北亚和中国南方地区持续产生了一定的影响。该书出版后的次年即2006年4月，在韩国唐津举办了一个"拔河与稻作农耕祭"国际学术会议，作者有幸作为中国的唯一代表被邀请参会。后来，陆续到云南地区出差或进行田野调查，也多有学人谈及这部著作，书中的一些观点也被相关的研究者引用。

　　2010 年，《云南稻作源流史》获 2009 年度中国社会科学院民族学与人类学研究所优秀科研成果（著作类）二等奖，2011 年又荣获第七届中国社会科学院优秀成果三等奖。本书有幸列入"社科学术文库"，由中国社会科学出版社再版，在我们看来，它又获得了一次新的生命。不过，比较遗憾的是，限于时间和精力，这次再版，我们除了完整地通览一遍，对部分章节的材料有所补充外，并未作大幅度的改动。

内容提要

本书由绪论和四个篇章构成，为云南稻作的系统研究成果。篇首绪论直截了当地说明我们研究这个命题的缘起，以及相关的研究方法、研究的学术价值及现实意义。

第一章在探讨原始农业起源和稻作起源的相关理论与观点的同时，以稻作的"阿萨姆·云南起源说"为分析背景，详细地论述了云南在亚洲稻作文化研究中的地位，并从谷物起源神话传说、植物遗传学、考古学、民族学、语言学等方面寻求了云南作为稻作起源地之一的有力论据。

第二章以中原王朝在云南的设治经营和云南历史上各种不同的民族共同体的社会生产活动为背景，抓住稻作生产工具的演进和水利灌溉的发展这两条主线，从纵向上分期对云南稻作进行历史的考察。

第三章紧紧抓住稻作农耕技术演进中的从徒手而耕到役象、牛等动物踏耕，从粗耕到锄耕，最后由锄耕发展到牛耕等几个阶段，以稻作的一个生产周期为主轴，着重对稻作生产过程中的备耕、稻种资源的选育、水稻育秧与旱地播种、插秧组织与插秧方式、施肥、中耕除草与病虫害防治、护秋、收割与储藏八个生产技术环节，稻作生产工具谱系以及稻作灌溉技术等内容进行逐一的系统的研究，完整地展示了云南稻作的丰富内涵。

稻作农耕不仅是一个生产技术体系，而且也是一个祭祀信仰体系。所以，我们在第四章首先以稻作的一个生产周期为主轴，把云南各民族从备耕开始到稻谷的收获、储藏阶段所传承下来的各种祭祀仪礼分为预祝性的祈年仪礼、播种·插秧仪礼、生长过程仪礼、收获仪礼四大类进行全面的考察。接着，对各种祭祀活动中所凸现出来的以天神、土地神、谷神、山神、水神、祖先神、牛神为核心的稻作农耕神灵谱系和信仰体系进行了系统的阐释。最后，归纳总结出云南稻作农耕祭祀的属性与特点。

关键词：云南稻作 稻作起源 稻作史 稻作技术 稻作祭仪

Summary

The book is a systematic research for rice plough in the Yunnan province, which consists of introduction and four chapters, along with the related research methods, academic value and reality significance.

In the first chapter, along with probing into the origin of agriculture and rice-plough, it was narrated in details the status of Yunnan in the cultural research about rice-plough in Asia, setting "Assam · the theory of rice's origin in Yunnan" as the analyzing background. The convincible arguments that Yunnan is one of the original sites of rice-plough are in seeking from many aspects such as the mythical legend of the origin of corn, plant genetics, archaeology, ethnics, linguistics, etc.

In the second chapter, with the backgrouncl of running and enaction of Center China's dynasties in Yunnan, as well as the productive activities of various ethnic communities in Yunnan's history, by stages, history investigation of rice-plough in Yunnan was done longitudinally, by following the two main lines, the evolution of productive tools used in rice-plough and the development of irrigation and irrigation works.

In the third chapter, by engaged in the evolution of the farming technology in rice-plough from bare-handed farming to elephant, cattle and other livestock-serviced farming, from spade-like plough to hoe-plough and at last developing into cattle-plough and suchlike several phases, the abundant connotation of rice-plough in Yunnan was showed wholly with one productive cycle of rice-plough as principal axis, by emphasized in doing one by one researching into the productive tools' pedigree and the technology of irrigation of rice-plough as well as the 8 productive technology aspects in the productive process of rice-plough, namely the preparation of cultivation, the choose of resources of rice seed, the rice seedling's breeding and seeding on dry land, the organization and modes of planting seedlings, fertilization, the weeding and pest prevention during cultivation, protection in autumn, harvest and storage.

Rice-plough and farming is not only a system of productive technology, but also a system of sacrifice and belief. Therefoke, in the fourth chapter, we did a whole investigation into the various sacrifice rites which are inherited from the peoples in Yunnan who started them from the preparation of cultivation to the harvest and storage phases, by sorting them into the pre-celebrating rite of year praying, rite of seeding and seedling plant, rite of growth process, rite of harvest and so on. Then did systematic elucidation of the belief system and the jinn pedigree of rice-plough and farming, which centers on the deities of heaven, earth, corn, mountain, water, ancestry, cattle, reflected in the activities of various sacrifice. At last, concluded the attribute and characteristic of the sacrifice of rice-plough and farming in Yunnan.

key words: Rice of Yunnan, Rice's origin, Rice history, Rice technology, Rice prayers

目　　录

CONTENTS

绪　　论

一　问题的缘起

云南稻作进入学界之视野，既与 20 世纪大规模的民族调查及随后展开的研究相关联；同时，与日本社会探寻其古代文化之源所掀起的"寻根"热亦有一定的关系。

自 20 世纪 50 年代起，日本学界为了探讨日本古代文化之源，重塑日本古代文化，对稻作的起源地、稻作的传播展开了热烈的讨论。他们先后派出了许多知名的学者，前往中国南部广大的稻作区和尼泊尔、不丹、印度、泰国北部等东南亚、南亚地区进行实地的调查研究，出版了许多研究成果和考察报告，形成了十数种不同的观点和学术流派。这当中，"照叶树林文化论"、"稻作起源论"等非常有影响的理论，在探讨稻作的起源时，均把云南作为一个非常重要的考察区域。

1966 年，日本民族植物学家中尾佐助根据其在喜马拉雅山和不丹等地的调查资料，写作出版了《植物栽培和农耕的起源》一书，从植物栽培学的角度，首次提出"照叶树林文化"的概念。[①] 之后，佐佐木高明、大林太良等人又从地理学、民族学、神话学的角度，作了进一步的充实

---

① 所谓照叶树林，实际上就是常绿阔叶林，它由青凤属、栲属、石栎属、楠属、樟属以及我们常见的山茶等众多属的树木构成，由于它们的叶子表面都反光，所以取名为"照叶树林"（Lucidophyllus forest）。这些分属各种不同种属的树木，主要连片地集中分布在从喜马拉雅山脉中部 1500～2000 米开始，向东经印度东北的阿萨姆、不丹、中国云贵高原、泰国、老挝、越南北部、中国长江南岸直至朝鲜半岛和日本列岛的西南部这一绵延 5000 公里的自然地理带内，所以又把有着照叶林分布的地带称为"照叶树林带"。照叶树林带是亚洲大陆暖温带最有特色的大森林地带，它成带状扩展，东西横贯东亚的中央部，其孕育的文化或者这一广阔自然地理带内的同质文化称为"照叶树林文化"（East Asian evergreen forest culture，lucidophyllous forest culture）。

和论证，尤其是渡部忠世在其上添加了稻作文化论，使这个理论更加完善，成为亚洲稻作文化研究中非常有影响的理论。

照叶树林文化论站在文化传播论的立场上，以生态环境与农耕起源的关系作为切入点，综合利用了植物学、地理学、生态学等学科的成果和大量的民族学、民族志资料，再结合实地的考察和理论的分析、归纳、总结，从而演绎出自己的理论构架和理论模式。这个理论把研究重点放在云贵高原至东喜马拉雅山的山地民族地带，生物学依据是"阿萨姆·云南地域"是"遗传的多样性中心"，理论支撑点是稻作的"阿萨姆·云南起源说"。

当20世纪60~80年代照叶树林文化论大行其道之时，云南由于其特殊的自然、地理和人文因素，以及稻作的"阿萨姆·云南"起源说的推波助澜，一时间成为稻作研究者心中的神秘之地，日本许多学者纷至沓来，带着探寻的目光，试图在这块热土上发现他们民族文化之源，相应地也就出版了一些对云南民族文化考察的报告，带动了云南民族文化研究之热。但自20世纪70年代末期起，随着长江中下游一系列更为久远的稻作遗址的发现，曾经喧闹一时的云南渐渐淡出了人们的视线，长江中下游取而代之成为稻作研究者关注的焦点。在这种时势的转换中，除了一些云南的本土学者仍旧孜孜以求地在云南这块土地上耕耘求索外，大多数的稻作研究者更多的精力是投入到了长江中下游稻作的考察与研究之中，出版了许多有份量的研究成果。

经过一轮轮的喧闹与沉寂之后，亚洲稻作的研究逐渐走向理性，更多的学者抱着审慎的态度，从多元的角度对各地的稻作起源及发展进行了更为精细的思考与观察，越来越多的学者注意到稻作并不一定起源于某一单一的中心，有必要对过去的理论与观点进行反思与重新认识。在此学术背景下，我们运用稻作研究的新理论与方法，从多维的视角对云南稻作起源及历史发展作一系统的考察，揭示其基于特殊的生态环境之下独特的发展规律和演进模式，既希望在整合前人研究成果的基础上，对云南稻作有一个重新的认识，又希望弥补至今尚未有一部系统考察云南稻作历史的著作之缺憾。

二　研究的方法与意义

（一）研究方法

1. 关于稻作研究的基本原则

我们从事任何一项研究，首先都必须确定自己最基本的原则。所谓基本原则即认识论、世界观、逻辑学和辩证法等带根本性的问题。无疑，在漫长的历史长河中去考察稻作的发生、发展与演变的规律，除了尽可能地借鉴西方考古学、人类学、历史学等相关的理论外，马克思主义哲学的实践观点、唯物主义观点、辩证法观点、能动的反映论观点及历史唯物主义的基本指导原则，是首先要确定的基本原则。另外，综合性的、系统性的、动态的历史分类比较研究，也是我们在具体的研究实践中所必须注意的一些基本原则。

（1）系统网络分析法

在近年来的社会科学研究中，系统的网络分析法是日益受到关注的一种方法。这种方法强调的是把研究的对象放在系统的形式中加以考察，即把所研究的客体的内部环节、组成部分和外部诸种因素看成是一个互相影响、相互关联的有机系统，而不应该看成是彼此孤立、相互隔绝、互不相关的各个客体。而稻作农耕作为前工业社会人类食物生产方式之一种，它是人类对特定的自然环境和自然资源适应的结果，由各种不同的要素构成自己完整的系统。在大的方面，它包括生态环境要素、社会文化要素、技术要素、产出要素、辅助生产要素、商品交换要素等，在每一个大的文化要素之中又包括若干个次一级的小的文化要素。也就是说，构成稻作文化的内部环节、组成部分和外部诸种因素是一个有机的系统。所以，我们在对云南稻作起源及其历史发展进行动态的考察时，除了要把之放在一个广阔的参照系统中，在进行自然和人文的宏观背景分析之外，还要考察各种不同的稻作农耕类型的发生机制、各自的特点、相互间影响的可能性。

（2）综合性研究方法

随着当今人文社会科学各门学科之间联系的加强，相互间交叉领域的扩大，多元研究手段的采用，几乎任何一门科学都不在固守自己单一的传统研究方法。稻作史的研究是稻作农耕文化研究的一个核心问题。而稻作史是农学和史学的交叉学科，牵涉到自然科学和社会科学的许多方面，是在不同学科的交叉点上成长的，其所研究的材料，在无文字的原始时代及其以后相当长的时期，主要靠考古发现及其他学科的辅助，即使有了文字之后的时代，稻作史也不像政治史那样有比较完整和连续的记载，可供发掘的文献浩繁而复杂，可用的资料却零散稀缺，往往隐藏在其他材料的后面，有的还相互矛盾，正误掺杂。在这种情况下，必须借用多学科的研究手段，把"物"的研究与"人"的研究、社会科学研究与自然科学研究、具体的微观探索与抽象的宏观考察结合起来，开展综合性的研究。

（3）历史比较的分类研究

通常的比较研究，或为同一文化现象不同地区之间的比较，或为不同的文化现象在同一地区之间的比较，或为同一文化现象在不同发展阶段的比较，目的都是为了更好地理解这一文化现象。而我们对云南稻作进行历史的比较分类研究，既可以把云南稻作作为中国稻作文化的一个非常重要的有机组成部分，与日本、韩国、东南亚各国稻作文化进行国际比较，又可以在"照叶树林文化圈"、"东亚半月弧地带"这样的范围内，跟毗邻地区的稻作文化作一对比，还可以仅限于云南一隅，把山区稻作与坝区稻作、不同民族之间的稻作作一系统的比较。这种不同层面的比较研究，有助于我们加深对稻作文化"源"与"流"的认识，找出稻作发展的一般规律。

2. 稻作研究的具体方法

稻作文化研究的客体，涉及到许多学科都共同关心的研究内容，即在许多学科之间都能够找到结合部和结合点，综合利用各个学科的研究方法，把"物"的研究和"人"的研究、社会科学研究与自然科学研究、抽象的宏观探索与具体的微观考察结合起来，开展系统性综合性的研究是必要的。但就具体的研究方法而言，我们要勾画出接近云南稻作农耕发展的本来面目的历史，势必要利用文献学、考古学、民族学、民俗学、古文字学、历史语言学、历史地理学、古地理学的成果与方法，做到兼容并包，融会贯通。

（1）考古学的研究方法

相对于中国悠久的文明史而言，云南的成文史并不算悠久，但考古发掘材料告诉我们，云南成文史以前的历史并不亚于内地。我们且不说古滇大陆800多万年前的禄丰"腊玛古猿"的发现，就是距今170多万年前我国和亚洲最早的人类群体云南"元谋人"的发现，也足以说明云南人类历史活动的久远性。

云南虽然有早期人类的历史活动，但并没有给我们留下相应的文献记载，所以探讨云南早期的稻作历史，考古学材料是最主要的材料。近半个世纪以来，我国考古工作者在云南的300多处遗址和地点发现了新石器时代的文化遗存，而稻作农业就源于新石器时代，今天如何有效地利用考古学的理论与方法，凭藉地下发掘的实物资料，去揭示远古云南稻作以及与稻作相关的文化事象，就是我们在具体的研究实践中所必须考虑的事情。

借助考古学的方法，通过考古发现的稻作遗址而研究稻作的早期历史，是一条卓有成效的"实证方法"。如通过孢粉分析，可以推断出不同时期的植被分布和动物分布，不同时期的气候条件等，有助于了解早期稻作的环境条件。然而，由于稻作农耕的产生是一个不可度量的漫长的过程，某一稻作遗址仅仅是稻作产生的某一过程或环节，这一过程或环节残留到今天肯定不十分完整、准确，加之考古资料既有实证性的一面，又有其偶然性的一面，所以我们不能仅仅根据某一个遗址所提供的稻作过程的片段资料，就断然下结论，而应该持有一种审慎的态度。在这方面，云南的稻作研究也是如此。

（2）民族学的研究方法

对于民族学研究而言，云南是一块不可多得的宝地。这里不仅多地形、多气候、多物产，自然地理环境复杂多变，而且在地理上正好处于多元文化交汇的地区，历史上的许多民族集团沿着金沙江、澜沧江、怒江、红河（元江、李仙江）、伊洛瓦底江上游（独龙江、龙川江）等六大水系向东、向南迁徙游动，创造了门类齐全、内容丰富的古文化，且这些文化至今仍以活形态存留于云南独具特色的民族文化之中。所以，在云南这块沃土上，密藏着许多开启古文化之密的钥匙，有着十分重要的民族学研究价值。

利用云南现存的各民族的"活材料"，去探究原始农业的起源及发展演变的历史脉络，民族学上有许多成功的经验。经验之一就是深入民族地区，对一些残留有原始社会经济残余的民族进行直接的观察和具体而细微的调查，编写民族志材料，并依之运用民族学的方法进行归纳与总结，得出结论。实践证明，这种方法运用于稻作文化的研究中也是一条行之有效的方法。如1966年，民族植物学家中尾佐助根据其在喜马拉雅山和不丹等地的实地调查资料，写作出版了《植物栽培和农耕的起源》一书，书中在论述农耕起源的同时，明确了"照叶树林文化"的概念，从植物栽培学的角度提出照叶树林文化论。其后，渡部忠世、佐佐木高明在前人研究的基础上，又对中国长江流域以南和东南亚等地进行考察，分别出版了《稻米之路》和《照叶树林文化之路——从不丹、云南到日本》等有关稻作文化研究的名著，这些都是基于实地的考察，利用第一手的民族志资料而撰写的著作。

（3）文化语言学的研究方法

语言是生活的一面镜子。早在100多年前，恩格斯就把人类现实生活中残存的原始社会的遗迹叫做"社会化石"，史前人类社会的许多事物还保存在现代的"语言遗物"里。语言是思维和认识的直接表现，由于它具有相对的稳定性，所以我们在每一个语系和每一个民族的社会生活中，都能捡拾到一些反映和描述远古先民稻作农耕生活的词汇，把之穿缀起来即成"稻作语言"。

在云南稻作研究中，如果我们能够利用文化语言学的方法，对云南各民族的语言尤其是典型的稻作民族——傣族、哈尼族、白族等民族的语言，进行逐一的分类研究，不仅可以得到其他方面得不到的资料，还可以拓展我们的研究手段。在这方面，刘建勋在其《壮侗语族诸族的稻作文化》一文，为我们展示了从语言学的角度研究稻作起源的多维视角。他认为"稻作文化的发生和扩散这一复杂的问题，归纳起来应该理解为以下几个方面：（1）稻作文化的主人。即古代人们共同体或古代民族、部落及其形成、发展、迁徙。（2）古代民族居住的自然环境。包括动、植物同源词及相关动、植物的历史、地理分布。（3）古代民族的文化特征。这方面应包括聚落、建筑等文化方面的同源词用以推定定居社会存在，驯化动、植物的同源词说明原始农业的特点，生产工具、加工工具、烹饪以及劳动行为等同源词可暗示古代农业的技术发展上的很多问题。这三方面的分析、综合，可大致覆盖稻作文化起源、传播的时空、人文等方面；对上述各子系统的同源词的分布及其特点的探讨，可以给解决这些疑难问题提供重要的线索。"①

当然，从语言学的角度去探讨稻作农耕文化，虽然极大地拓展了问题的讨论空间，但如何不拘泥于琐碎的语言材料而又对所用材料进行语言年代学的计算和测定，似乎又是一个较难的问题。

（4）神话学的研究方法

相对而言，云南的成文史较晚，在没有文字记载以前的历史过去多靠考古材料，显得比较单一。而各民族的民间口耳相传的用于解释人类和万物起源的神话传说，虽然隐藏着远古大量历史史影，却也因神话中的不确定因素很多，尤其是断代很难，致使我国学术界在往昔的稻作研究中，很少有人去问津。但在国外的稻作研究中，看似荒诞的神话传说，就常是人们笔下妙笔生花的好材料。如日本学者大林太良除了著有专门的《稻作神话》② 一书外，在其他的《东亚的王权与神话》等著作中，也不忘记从神话学的角度，对稻作与王权的关系作了精辟的论述。工藤隆在《中国西南少数民族文化与日本神话》一文中认为，日本积极地引进了以律令为代表的中国古代先进文化，推进了日本古代的近代化发展，为了建构"古代的古代"这一表现模型和日本古代国家成立以前的日本文化的整体形象，就有必要参考现在处于与绳文时代和弥生时代相差不远的生产阶段，以及没有固定文字的现实社会的生活实态。

近年来，随着人们对神话学术价值的认识，在我国学术界也出现了对谷物起源神话研究的力作。如李子贤先生的《云南少数民族谷物起源神话与多元文化》③ 可堪称这方面的典范之作。

我们认为，透过云南少数民族民间大量的活形态神话，可以捕捉到一些稻作起源的信息，抑或启迪我们去追踪寻根，至少也可以把谷物起源神话作为稻作起源的旁证。所以，在将来对稻作文化某一个或几个方面的研究中，神话学的材料与方法应给予一定的重视。

（5）生态植物学的研究方法

人类对植物的驯化这一根本性的变革，把人类与环境的关系从直接依赖于自然生物周期的被动适应，转变为创造新生态系统的积极适应，

---

① 详见张公瑾主编：《语言与民族物质文化史》，民族出版社2002年版，第23~45页。
② 弘文堂，1973年版。
③ 李子贤：《探寻一个尚未崩溃的神话王国》，云南人民出版社1991年版。

由此揭开了新石器时代的帷幕。随着"第一次经济革命"大幕的徐徐拉开,居处各异的人类群体在从野生的杂谷群中驯化并学会栽培稻谷,几乎碰到的是可供选择的不同的环境条件。由于人类从事稻作之初,经济技术手段的限制,生物物理条件的有限性、复杂生态系统的相互依赖性之间相互关联的因素,制约着稻作农业的走向和各种不同稻作类型的出现。即使是现在,生态环境依然是人们稻作生产中不可扬弃的一个基本因素,生态环境的多样性及其本质联系,导致了稻作文化的多样性和多元性。

基于如上的认识,我们在复杂多变的自然环境中探索云南稻作的起源及发展轨迹,自始至终将其放在农业生态这个大系统中,既对与稻谷及其相近种属的生态系统进行分析,又对稻作展开过程中所呈现出来的各种类型进行生态环境的分析,自然要用生态植物学的材料与方法。

上面我们选介的几种有代表性方法,提供的只是一个思考的视角,并不是在本书的任何一个章节都要去实践,况且稻作研究的具体方法远非上述几种可以囊括,也没有哪一种方法可以包打天下,如在研究稻作的起源中,就需要整合历史学、考古学、农史学、植物学、遗传学、分子生物学、人类学等多学科的研究成果,方能提出令人信服的观点。有鉴于此,我们在对云南稻作的研究中,必须充分汲取自然科学和社会科学的研究成果,树立多学科交叉研究的意识。

(二) 研究的意义

稻作文化是人类共同的文化遗产之一。稻作农业,是古代东亚、东南亚和南亚等地农业民族的重要生计方式,它对整个东方各民族的社会、经济和文化等方面有着较深远的影响。目前,稻作仍是世界上最大宗的粮食作物之一,全球稻谷有90%以上在亚洲种植和消费,世界上有一半的人口以稻米为主食。而中国是稻作的故乡,把野生稻驯化为栽培稻使之种遍全国并传播到周边的一些国家和地区,是古代东亚文化交流史上一件非常重要的事情,也是中华民族对人类文化的重大贡献之一。所以,在今天研究稻作的起源、发展和向周边国家和地区的传播、影响,认真总结和继承这一份优秀的稻作文化遗产,我们认为它具有以下三个方面的现实意义和学术认识价值。

首先,研究长江流域的稻作文化,有助于了解稻作文明在中华文明中的地位，具有文化史和文明史认识的价值。在人类谷物栽培史上，麦和稻是最为重要的两个类别，麦适宜干燥地带生长，稻适宜于温湿地带种植，由于两者生态环境和栽培技术的差异，由此而形成的麦作文明和稻作文明在内容和形式上都有着极大的不同。过去，我们认知的古代文明的四大发源地，几乎都是以干燥地带旱地农业作为文明基础的，温湿地带的稻作文明几乎没有提及。我国的情况亦是如此，往昔我们所接受的是黄河流域是中华文明的摇篮，我国农业肇始于黄河流域，尔后渐次传播到周边地区。

自20世纪70年代以来，随着长江中下游一系列年代久远的稻作遗址的发现及其对遗址丰富文化内涵的揭示，学界深感过去对中华文明史认识的缺憾，开始重新认识稻作文化在古代东亚历史上的地位，以及如今以稻作为基础的文化在世界文化体系中所占有的重要性。这样一来，作为长江文明的主轴的稻作文明，自然就上升到可以和黄河流域所孕育的粟作文化相媲美的高度来认识，长江流域亦成了中华文明的发源地之一。

长江流域和黄河流域各自孕育的稻作文化与粟作文化，构成了中国农耕文化的有机整体，而农耕文化又是中国古代传统文化的根基和基础，要认识中国古代的传统文化和中华民族对人类文化的重大贡献，既要讲粟作文化，也不能忽视稻作文化。尤其是在今天，稻作农业养活着中国绝大多数的人口，稻谷依然是一种关乎国计民生的作物，研究其"如何起源，如何传播，如何发展，给我们留下的是什么样的文化遗产，对中国及周边地区的文化又有何影响，这无论对农业史、科技史、经济史或文化史，都是重要的课题。"[①]

其次，通过对云南稻作的起源及其历史的系统考察，有助于了解中国稻作农业的起源和发展。如同我们在本主题的缘起一节所阐释的那样，在20世纪60~80年代，稻作起源于云南说曾经一度占有主导的地位，影响很大，云南也一度成为学者们关注的焦点。但80年代以后，长江中下游更为古老的史前稻作遗址的发现，云南在稻作起源研究中的价值随之降低，更多的稻作研究者则是把精力投入到了长江中下游稻作的考察与研究之中，并出版了一些相当有份量的研究成果。相比之下，云南这一

---

① 李根蟠：《传统农业与传统文化研究的重要成果——读游修龄的〈中国稻作史〉》，《农业考古》1996年第1期。

块却显得有点冷清寥寂，除了有就某一个民族或某一个地区的稻作研究成果问世之外，从各个不同的视角系统地研究云南稻作的起源及历史发展的著作，至今尚是一个需要大力开展以补白的领域。缘于此，我们把云南稻作作为长江稻作文明这一环链中一个重要的环链去进行系统的研究，希望既有助于对长江稻作文明的了解，又可以加深对中国稻作农业起源的认识。

从具体的实践层面而言，云南作为一个具有多样的自然生态和文化生态的多民族省份，独特的自然地理环境，众多民族汇聚交融的客观历史发展过程，决定了云南稻作农耕类型的多样性和复杂性。今天我们采用多学科交叉研究的方法，探讨云南远古居民是如何把野生稻驯化为栽培稻，稻作农耕是如何在这块土地上发生、发展和演变的规律，还具有区域稻作文化史的认识价值。

第三，加强对云南稻作的研究，对目前云南的稻作农业实践也具有一定的指导和借鉴意义。自20世纪50年代以来，在云南广大的稻作区，伴随着社会改革的逐渐深入，不同的复种制度、稻谷品种、耕作技术和农业机械在山区和坝区得到了不同程度的推广，水利设施和灌溉系统也比从前更为完善。尤其是80年代以来，随着土地和山林经营权承包到户，产业结构的调整，现代化的客观要求和民族寻求发展变革的内部需要，使稻作文化的传统受到剧烈的冲击，具体表现在传统农耕技术、生活方式、精神信仰和道德观念的变化。可以肯定，在相当长的一段历史时期内，稻作农业仍然是稻作民族主要的生产方式和经济活动，仍然是推动其社会发展的基础。稻作文化应该如何转型？如何可持续发展？如何整合、发展为新型稻作文化体系？也就是说，在传统农业向现代农业转变之际，如何对各民族的稻作文化给予现代定位，如何既继承又革新，把传统稻作文化与现代文化有机整合，实现稻作民族传统文化的现代转化，是人文学者面临的一个大课题。

在面临此课题时，首先我们要做的就是对云南稻作历史有一个深入的了解。因为，古今稻作农业有前后的承继关系，历经千百年形成的农耕制度和农耕技术是一个完整的系统，具有很强的生命力，且这种生命力来自于对制约农业生产的自然条件及客观规律的认识，来源于对人与生物和环境的深刻认识。所以，我们对云南稻作农业的历史研究，对目前云南的稻作农业实践当具有一定的借鉴意义。

第一章　云南稻作农业的起源

一　农业起源的基本理论

我们探讨云南稻作农业的起源，一个最基本的理论分析框架是将其置于中国乃至世界原始农业起源这个大的分析背景之内。因为，虽然原始农业的起源和稻作农业的起源是两个不同的概念，前者大于后者，但要弄清稻作农业的起源，它必然涉及到农业产生的诱因、时间、地点以及农业产生的方式、最初农业栽培的对象等诸多问题。也就是说，稻作的起源不可能孤立于农业起源之外，找寻农业起源的诱因是开启稻作起源的钥匙。

（一）农业发生的机制及主要学说

自 18 世纪以来，中外学者就原始农业、农耕的起源提出了各种不同的假说与推测。概括而言，主要有"文化进化主义说"、"绿洲说"、"原生地说"、"新气候变化说"、"周缘地带说"、"人口压力说"、"宴享说"等几种学说。①

1. 文化进化主义说

关于农耕的考察似乎可以上溯到古希腊、罗马时代，但关于农耕即

---

① 关于世界上农业起源的诱因，我们参阅了如下资料：〔日〕スチュアート・ヘンリ编著：《世界の農耕起源》，雄山阁 1986 年版，第 7～33 页；古为农：《中国农业考古研究的沿革与农业起源问题研究的主要收获》，《农业考古》2001 年第 1 期；陈文华：《农业考古》，文物出版社 2002 年版，第 13～15 页；〔美〕斯卡托・亨利著，晓石译：《农业文化起源的研究史》，《农业考古》1990 年第 1 期；孔令平：《关于农耕起源的几个问题》，《农业考古》1986 年第 1 期；〔日〕森本和男著，宋小凡译：《农耕起源论谱系》，《农业考古》1989 年第 1、2 期。

植物栽培是如何发生这个问题，始于 18 世纪的启蒙思想时期。那时，与新大陆的发现相伴，许多异民族或者"未开化民族"的文化与信息，在处于人类文明进化较高的欧美社会里广为传播，于是，人们尝试着通过对"未发达"文化的各个阶段进行考察，来复原远古人类文化的发展过程。

法国人杜尔哥（A•Turgot）认为，采集、狩猎是人类最初的谋生方式，动物饲养早于植物栽培，但其未对各个过程及原因作出具体的考察。其后，他的弟子孔多塞（M•de Condorcet）把人类的发展过程分为狩猎、渔捞到未来的精神发展时代等 10 个阶段，其中的第二个阶段是从游牧到植物栽培的转换期，依然认为动物饲养先于植物栽培。第三个阶段是农耕社会的形成阶段，因从事农耕而开始定居，社会制度与社会规范被固定下来并一代代沿袭下去。

进入 19 世纪后，文化进化的思考方法并没有衰落，相反成为历史观的中心理论。当时，许多学者相信人类精神的整齐划一性，主张任何民族都具有同等的资质和人类属性，故而推导出人类单线进化的结论。即世界上的任何一个民族都是沿着同一模式进化的，只是由于民族不同、环境不同，才导致进化速度的差异。这种社会进化说是在当时资本主义和殖民地政策合法化的外衣下而兴起的学说，很快就影响了历史学、考古学和民族学，以致于有人把在技术上不发达的民族当作野蛮人来看待，且认为他们即使启蒙了也很难适应文明社会，带有明显的种族主义色彩。

到了 20 世纪，汉恩（E•Hahn）认为，从狩猎到游牧再到农耕（植物栽培）这种演进模式未必具有普遍性，为此他把人类历史的演进分为四个阶段，即采集狩猎阶段、不驱使畜力只使用掘棒和锹的初始植物栽培阶段（耨耕阶段）、耨耕＋动物饲养阶段、犁耕阶段，但他没有论及农耕出现的原因。系统论及农耕出现的原因则是与汉恩同时代的康德尔（A•de Candolle）。康德尔综合了许多民族的民族志，推测了农耕产生的五个条件：（1）栽培植物产出大，且用力少；（2）气候温和；（3）一年中有数月不降雨的干旱期；（4）由于植物栽培，社会生活比以前更安定；（5）仅靠采集、狩猎和渔捞，难以补充食物之需。

2. 绿洲说

1904 年，R. 庞培里首次提出"绿洲说"。他认为，一万多年前由于冰河期结束气候变化引发了农业生产。"随着居住面积的逐渐变小和成群的野生动物的消失，人类都聚居到绿洲并和绿洲发生关系，迫使其谋求新的生存手段，开始利用自然的植物，并从其中学会了鉴别在干旱的土地上和大河河口的沼泽地上生长的各种不同的草籽，随着人口的增长，他们学会种植种子。这样做可能是自觉或不自觉的选择，迈出了谷物种植进化的第一步。"这就是说，农业生产是由于气候干燥，迫使人类聚居到绿洲而产生出来的。①

英国考古学家戈登·柴尔德（V·Gordon Childe）是此说的强力推进者。他根据大量的考古材料，提出世界上的人类及其文化是从远古逐步发展而来的。他把人类历史上使用火作为第一次革命，学会植物栽培和动物饲养的食物生产作为新石器革命，于是农业的诞生就成了新石器时代和旧石器时代的标志。他在《文明的起源》和《历史的曙光》等著作中，详细论述了自己的观点。他认为，在冰河末期，湿润而寒冷的近东亚洲气候变得温暖而干燥，由于土地的大量沙漠化，植物只能在河边及绿洲生长，动物栖息在水源近处，人类亦择河源而居，渐渐地在观察周围植物的生长过程中学会了植物栽培。就这样，农业以及由此发生的"新石器时代的农业革命"（Neolithic Agricultural Revolution）引起了食物资源的风土变化，进而导致了食用农作物的生产方式代替采集和狩猎方式。

R. 庞培里和柴尔德所主张的绿洲说，把气候变化作为农业产生的主要原因，它有别于单纯的环境决定论和单系进化论，在强调人类与环境之间的相互关系时，指出环境并不是决定一切的东西，把传播、移动、文化接触乃至特殊化的经济体系、宗教、意识形态也作为改变人类文化的因素来考虑。当然，也有人对绿洲说提出质疑，如有人认为在中美洲和东南亚，环境并没有显著的变化，同样出现了农耕，绿洲说就不适应这种情况。

3. 原生地（中核地带）说（Natural Habitat Hypothesis）

1926 年，在西亚高地发现了野生小麦和野生大麦的原生地，为此皮克（H·Peake）和弗洛尔（H·Flevre）认为，农业首先出现于幼发拉底河上游河谷，或起源于美索不达米亚平原的边缘和山脚下，提出了农业起源于"原生地"的假说。1950 年，美国考古学家布雷德伍德（Braid-

---

① 详见孔令平：《关于农耕起源的几个问题》，《农业考古》1986 年第 1 期。

wood）为了证实上述二人的学说，组织了包括地质学、花粉学、植物学、动物学等许多学科的学者，在美索不达米亚地区进行了一系列的发掘，寻找冰河期以后气候的变化和早期农耕的证据。他们通过自己的发掘，否定了柴尔德的假定条件之一，即间冰期的干燥化，使绿洲说与气候变化为起因的农耕起源理论日渐式微。

通过实地的考察与发掘，布雷德伍德等人认为，农耕发生的重要因素不应在气候变动等外在环境的剧变中求索，而是由于内在的人类文化的派生演变与人类社会的特殊化进程中逐渐兴起的。在近东亚，冰河期后期，曾有栽培植物及家畜动物的野生品种共生的原生地带（the natural habitat zone），洪积世末期，人类已掌握了高度的食物采集技术。由于技术的发展和包括水产品在内的高质量的食物资源的存在，狩猎采集集团的移动变得缓慢，定居时间逐渐变长。长时间的定居，给人类与动植物之间带来较为密切的关系。人类反复试验谷物的收割与种植、动物的捕获与饲养，这段时间乃是农业的曙光期。具体脉络图如下：[1]

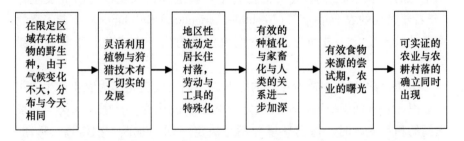

布雷德伍德的学说由于基于实地调查来验证自己的理论，重视包括自然科学在内的学科之间的研究，其调查研究方法开启了农耕研究的新时代。在其理论影响下，相继产生了一些新的关于农耕研究的理论。

4. 新气候变化说

布雷德伍德的学说提出后获得了许多人的赞同，但后来由于新资料的出现又提出了新的说法。根据花粉分析的结果，洪积世末期的近东亚气候是由寒冷干燥转向温暖湿润。以此为基础，由于气候变化引起农业发生说又从新的角度被重新提出来。具体图示如下：[2]

---

① ［日］森本和男著，宋小凡译：《农耕起源论谱系》（下），《农业考古》1989 年第 2 期。
② 同上。

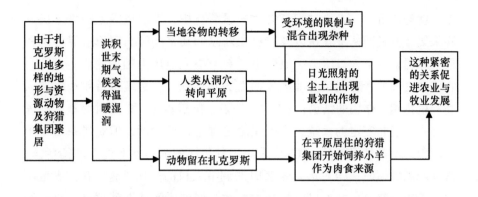

5. 周缘地带说（Edge Zone Hypothesis）

美国文化生态学的代表人物宾福德（Binford），在自己的研究实践中，把人类与环境的关系进行功能性的解释，认为以环境的变化为契机，人类的文化也随之要发生相应的变化。在冰河后期，随着海水水面的变动，以水产食物为主的生产变得重要，定居生活日渐普遍，生产力提高，人口增加。由于人口增加，和环境之间的均衡状态被打破，原来的生活地区难以供给足够的食物，于是人群中分化出一个新的移居集团，向适宜生存的周围地区迁移。这些移居集团在迁徙到周缘地带后，迫切需要开发新的食物资源以补充食物的不足。这样，由于环境的变化和人口分布的变动之间的相互作用，促进了生产的提高，农耕就在这个过程中产生了。

继宾福德之后，弗朗内（K•Flannery）进一步发挥其假说，认为栽培植物并非始于野生植物生存地带，而是在其周围那些条件稍差的地方发生的。

6. 人口压力说

人口压力说注重考察人口增加和人口压力在农业发展中的作用，认为在洪积世末期，由于近东亚温暖的气候，植物繁盛，人口增加。而人口的增加又导致了对植物性食物的依赖程度增强。定居的出现使人口增长更快，而更快的人口增长又使粮食供应成为势所必然。这时，人们才试图将草本植物用人工的方法使其密集培植，试验的成功又导致人口的增加，其结果进一步促进粮食供给技术的提高。这种周期性的循环导致了农业的产生。

科恩（M•Cohen）作为人口压力论的代表人物，在其代表作《史前

史的食物危机——人口过剩与食物的起源》中，提出世界上的许多民族
弃采集、狩猎而从事农耕以及农耕在间冰期几乎同时出现于世界各地的
最大原因就在于人口压力。他列举了 6 个与人口压力相关的假定：（1）
农耕和之前的管理栽培并非因发明而突然出现，乃是若干万年长时期人
类和植物相互作用的结果；（2）与采集、狩猎相比，以农耕为基础的谋
生方式，既非安定的系统，也不保障更加丰富的生活，但农耕系统中单
位面积的产量是很高的；（3）采集、狩猎民的人口并非处于均衡状态，
常有增加的倾向；（4）因具备暂时的调节人口的文化措施，在世界范围
内，采集、狩猎民的人口增长基本一致，但到了间冰期就超过了自然经
济所能承受的临界点；（5）在世界各地农耕起源的过程中所能找到的若
干共同之处，与其对个别地区进行解释，不如寻求一般的带有普遍性的
规律；（6）人口增长率并非恒定，时有伸缩，但史前时代人口确实是逐
渐增长的。我国学者严文明在论述中国稻作的起源时，也主张："（长江
流域）夏季炎热，植物生长茂盛；冬季寒冷干燥，除某些地下块茎植物
外，很难找到就便的植物性食物，而狩猎也难保证稳定的食物供应。在
人口随着史前文化的发展而逐渐增多的情况下，这个矛盾必然会尖锐化，
迫使人们去寻找那种农耕增产又便于储存的食物。一旦发现了野生稻的
食用价值和易于长期储藏的特点，必定会着意培养繁殖。"①

7. 宴享说

1992 年，加拿大学者海登提出了一种动物驯化的竞争宴享理论。他
认为在农业开始初期，由于驯化动植物的数量很有限和收获物的不稳定，
农耕在人类的食谱结构上不可能占很大的比重。一些动植物的驯化可能
是在植物资源比较充裕的情况下，扩大食物品种以增加美食种类的结果，
即驯化植物与充饥毫不相关。我国学者陈淳在谈及稻作起源时，认为原
始先民们为了寻找美味的食物而选择了野生稻，然后有了栽培，也倾向
于宴享说。②

除了上面介绍的主要学说外，也有一些学者认为，气候变迁、人口
压力、定居、病疫、环境结构、遗传学、政治发展、经济发达、战争等
因素都是农业起源的诱因。于是，提出了一种企图整合所有农业起源诱

---

① 严文明：《再论中国稻作的起源》，《农业考古》1989 年第 2 期。
② 陈淳：《稻作、旱地农业与中华远古文明发展轨迹》，《农业考古》1997 年第 3 期。

因的"折衷说"。只不过，要把这些因素囊括在一个统一的框架内创造出一种理论，由于考古学方面基础性资料的不足，以及考古学研究领域的局限性，是非常困难的。另外，20世纪80年代以来，重视某种特定因素的农耕起源论也非常引人注目。如以古病理学研究去探讨农耕的起源就比折衷理论来得更为具体和实在。这个理论，以病疫学和营养学的古病理学研究成果为基础，通过考察各种不同的人类共同体之间遗传的连续性与非连续性，来看某地区的人类群体是否有着移动或是否发生相应的技术体系传播。

　　上面，我们介绍了自18世纪以来有关农耕起源的主要理论。这些理论都不是孤立地产生的，与当时的社会思潮相关联，各有其侧重点，且猜测的成分居多。其实，农业的起源是一个缓慢的无可度量的漫长过程，是相异自然环境中多种因素共同作用的结果，而不是一种突发性的事件，不能简单地归纳为一二种因素。这种情况正如童恩正先生所指出的那样："人类要试图栽培野生植物，必须具备主观和客观的条件。适宜的生态环境以及为人类所熟悉而又适宜于栽培的品种的存在，乃是必要的客观条件，但这却并非唯一的条件。因为部落的经济生活状况（可利用的动植物资源与人口的比例，人们在狩猎与采集中消耗的热量与获取的食物所能提供的热量的比例，食物资源季节性变化的大小与获取的难易程度等）、社会组织、风俗习惯、宗教信仰乃至部落的心理传统等，都可以影响到人们对于试验栽培的态度。除此之外，人类掌握栽培技术的过程也比一般人所想像的要复杂得多、漫长得多。"[1] 有鉴于此，我们在研究农业和稻作农业的起源时，就如同研究其他历史现象一样，需要一点辩证的观点。多种因素的互相影响，同一条件下在不同历史时期中所发挥的不同作用，乃是我们时时刻刻应该注意分辨的。

（二）农业起源研究中的一些相关理论问题

　　在人类的生存发展中，农业的出现和发展极为重要，因为它的出现，使得人类群体的生产生活发生了根本性的变化。由于谷物等农作物的种植，人们便要适应季节的变化和农作物生长规律实行播种、收割，这就

---

① 童恩正：《略论东南亚及中国南部农业起源的若干问题——兼论考古学的研究方法》，《农业考古》1984年第2期。

必须要定居，筑屋而居，以致发展成为村落、集镇。因而，农业的出现是人类发展史上的革命。那么，世界上的农业是在什么基础上发生，最初在哪些地区先发生，是起源于山地还是平地，具体又经历了哪些发展阶段呢？

1. 源于采集、渔猎经济的原始农业

如前所述，农业的出现是一个相当漫长的不可度量的历史过程，不是短时期内就能完成的，它有其产生和发展的基础与条件。

过去相当长一段时间，我国学术界根据摩尔根《古代社会》和恩格斯的《家庭、私有制和国家的起源》等经典著作有关农业起源的论述，一直坚持农业起源于畜牧业之后，是人们为了解决饲料的需要才产生的。后来，随着人们对原始农业认识的深入，各地民族调查的展开，这种传统的占统治地位的观点逐渐被学界抛弃，农业源于采集和狩猎的观点，逐渐成为当代许多学者的共识。

关于农业起源的一些基本理论的探讨，我国学者李根蟠、卢勋较有研究，提出了许多卓有见地的观点。早在20世纪80年代，他们就根据考古发掘的大量的新石器时代遗址，再结合自己的民族学实地调查，对农业起源的传统观点提出了异议，明确指出原始农业直接源于采集、渔猎经济，其间并没有经历一个畜牧经济的过程，不是畜牧业的发展引起了农业。而畜牧业虽然也萌芽于采集、渔猎经济时代，但它的真正发展是以农业生产的一定发展为条件的。也就是说，新石器时代初期人类对野生稻的采集和利用，是其后稻作农业出现的前奏。原始农业之初，人类采集和狩猎的对象是多种多样的，对生存环境中各种资源的利用范围非常广，处于所谓的"广谱开发"阶段。广谱资源开发，导致了古人类的定居性，而定居又导致了人们活动半径缩小，利用某一环境的期间大大加强，这有利于人们更深刻地了解各种植物，为农业的产生提供了条件。[①]

美国哈佛大学张光直先生也有同样主张："在旧石器时代晚期，人们对植物已非常熟悉，有非常彻底的认识，但他不一定是知道植物的属性，

---

① 详见李根蟠、卢勋等：《试论原始农业的产生和发展》，《中国古代社会经济史论丛》（第一辑），山西人民出版社1980年版；《再论我国原始农业的起源》，《中国农业考古》1981年第1期；《中国南方少数民族农业形态》，农业出版社1987年版，第122~123页。

即把它栽培起来，他一定要到需要的时候栽培。在旧石器时代有狩猎的方式、打渔的方式和采集的方式，也采集到可栽培植物，他一定知道这种东西有很大的潜力，可以扩张，等到有什么原因需要这种植物大扩张时，这种资源就得到了进一步的注意，把潜力变为事实，拓展这种资源的产生，逐渐把它由野生的变为人类可栽培的。"同时，他还指出，在农业发展的早期，很难将采集与农耕明确划分开来，因为对那时的人类群体来说，采集自然生成的野生种，对解决人们的吃饭问题既简单又方便。只有到了大自然的供给逐渐稀少，人们的生活结构发生危机时，才会想改变状况，由从大自然摄取到自己栽培。因此，"农业革命不是突然的，一天就产生的，而是逐渐的。"①

如上所述，农业源于早期人类的采集活动，是原始先民在长期的采集活动中对植物的生长规律有所认识的结果。人们在采集活动中萌发栽培植物的意识，并不是偶然的突发奇想，而是基于某种特定的原因。这种原因，有的学者认为是为了补充采集、狩猎食物的不足，而寻求植物栽培的。其实，问题并非如此简单，饥饿不可能使人们立竿见影去发明农业。因为"生活于饥饿状态下的人们没有办法或时间去经历一个缓慢的、从容试验的过程，以便使一种更好的不同的食物供给从中在遥远的未来发展起来，……通过选择改良植物以更好的效用于人类只是生活在需求水平之上的舒适状态的人们完成的。"② 而人类最初的植物栽培试验，是当人们认识到某种野生植物的生长习性后做出的一种尝试，并抱有一种收获的目的，他们不会想到发明一种新的经济生活方式以代替延续几百万年的狩猎和捕猎采集活动。这种作为栽培试验是一个长期的过程，它至少要具备三个前提：一是有适宜作为生长的生态环境；二是人们有充足的食物供给；三是进行作物栽培试验的人们必须长期进行采集活动，以便使他们在长期生产过程中认识到某些野生植物的生长习性。③

在长期的采集、狩猎活动中，人们萌发了栽培的观念，但这只是观

---

① 张光直：《一个美国人类学家看中国考古学的一些重要发现》，《华夏考古》1995 年第 1 期。

② 张光直：《中国沿海地区的农业起源》，《农业考古》1984 年第 2 期。

③ 易西兵：《从华南新发现的考古材料试论中国稻作农业的起源》，《农业考古》2000 年第 3 期。

念形式上的"农业",并不代表实体农业,而实体农业的产生始于人类的植物栽培。那么,自然环境中的哪类植物最先进入人们的培植视野呢?这实际上是关乎原始农业发展阶段的一个问题。

2. 农业的发展:从块根作物到谷类栽培

不同的环境和气候条件,决定了不同种群植物的分布。源于环境条件和植物种群各异的农业,其发展演变并非整齐划一,应各有自己的特点。但这并不妨碍我们对原始农业发展的一些带有普遍规律的认识。

近几十年来,随着对原始农业研究的深入以及大量农业遗址的发掘,学术界对原始农业的发展阶段有了更为清晰的认识。如刘志一先生对原始农业进行系统考察后认为,原始农业起源于采集业中的采集→贮存→重植→移植→栽培过程中的重植阶段,完成于栽培阶段。耕作方式是从点种式园圃农艺向条播、点播、移植等多种方式的大田栽培发展。栽培对象即农作物,是从无性繁殖的根茎作物→薯芋类开始,向有性繁殖的种子作物→瓜果类→蔬菜类→谷物类逐渐发展;从蜜源植物→鸟源植物发展。而在原始农业中,由于特定的地理环境与特定气候条件制约下造成了主食谷物化,才促使稻作农业的产生。所谓"特定的地理环境",指的是不能提供大量的其他品系(如蔬菜、瓜果、薯芋之类)的食物,只有大量的野生稻谷可以维系生存的地区。所谓"特定的气候条件",指的是只对稻谷生长繁殖有利,而对其他作物生长不大有利的气候条件。这两个条件同时存在,才迫使远古居民从以蔬菜、瓜果、渔猎物为主要食物来源的园圃农艺阶段,转向以稻谷为主要食物来源的稻作农业阶段,确定稻作农业的形成。换言之,稻作农业产生于原始农业的谷物栽培阶段,是在特定的地理环境和气候条件下,主食谷物化的必然产物。[①]

从刘志一的推论可以看出,伴随着植物栽培而产生的原始农业,最初是从栽培块根块茎植物开始的,稻作农业是发生在谷物栽培阶段。已故考古学家童恩正先生通过对华南原始农业的实证研究,则更为明确地主张在稻作农业之前有一个种植无性繁殖的芋薯类作物的阶段。所谓无性繁殖的植物,是指有的植物由地下的部分(根茎、块根、块茎等)变态成无性繁殖器,自己进行繁殖;而另外一些植物的茎、叶则有"复原"

---

① 刘志一:《关于稻作农业起源的通讯》,《农业考古》1994年第3期。

与"再生"的能力。南方很多无性繁殖的植物，其生长并无季节性的限制，一年四季都可以成活。而且直接利用根茎栽培，也比谷类作物的收获种子、储藏种子和一年一度的定时播种要容易得多。早在中石器时代，当人们广泛地采集野生植物时，可能就注意到某些被抛弃的块根、块茎有生长出新植株的能力；另外一些植物，则可以用其茎叶来繁殖。这样，人们就在这些植物中选择一些进行照料和栽培，如此逐步熟悉了植物的生长规律，从而走出了农业的第一步。①

　　李根蟠、卢勋等先生，着眼于对我国南方少数民族的实地调查资料，同样发现人类最早栽培的作物可能是块根块茎作物，然后才是谷类栽培。如云南的景颇、阿昌、怒、独龙、拉祜等民族最早的栽培作物是芋薯类作物。相传，景颇族迁离"死省腊崩"不远的时候，即已种芋，这时尚无谷物。景颇族载瓦支最古老的姓氏有"梅何"，意为栽芋；"梅普"，意为犁芋；"梅掌"，意为重堆芋塪，都因种芋而得名。传说他们原是三兄弟，第一个去栽芋头，后来第二个去把它犁了，第三个来了又重新把芋塪堆起来，因而获得了上述称呼，并演变为姓。20 世纪 50 年代前，在景颇族的宗教仪式中，芋头有着极其重要的地位。在送鬼时，必须在坟头画芋，给死者送食物时也是送芋。在其所供奉的诸鬼中，有所谓的"芋头鬼"，每年打新谷时往往和"谷魂"一起献祭。现在人们说话中也经常把谷子和芋头连称，并把芋头放在前面，这些生动地反映出芋头是景颇族最早栽培的作物。怒族最早栽培的作物是芋，它是从野生芋中独立驯化的，而不是引进的。芋也是独龙族最早栽培的作物之一。② 云南块根块茎植物繁多，且这些植物可以利用林间空隙挖穴栽种，种植方便，产量高，炊食简单，它有可能先于谷物被人们栽种。

　　以上诸多学者的研究成果证明，人类最早的栽培植物可能是块根块茎植物，稻作农业的产生可能是在农业有一定发展以后的事。

　　3. 农业是起源于山地还是平地？

　　关于农业起源的地理环境，传统的观点认为，农业起源于大河流域

---

　　① 童恩正：《中国南方农业的起源及特征》，《农业考古》1989 年第 2 期。

　　② 详见李根蟠、卢勋等：《从景颇族看原始农业的起源和发展》，《农业考古》1982 年第 1 期；《试论原始农业的产生和发展》，《中国古代社会经济史论丛》（第一辑），山西人民出版社 1980 年版；《再论我国原始农业的起源》，《中国农业考古》1981 年第 1 期；《中国南方少数民族农业形态》，农业出版社 1987 年版。

的平地。然而，自20世纪60年代以来，有很多学者提出了农业起源于山地的观点。如1962年，美国考古学家R. J. 布雷德伍德和G. R. 韦利就提出，农业发生于半干燥的高地或丘陵地区。[①]李根蟠、卢勋两位先生认为，农业最初出现于山地，再向平地发展，先有旱地农业，后有水田农业。他们根据多年的民族学调查，发现在我国南方的独龙、傈僳、怒、佤、景颇等山地民族中，其原始种植业毫无例外是从山地开始，从而力主农业起源于山地。[②]四川民委的陶利辉先生，首先考梳理了发现于山上或高地边缘的西亚农业遗址，认为西亚农业起源于山地，它是人类由洞穴走向野外定居这一过程中产生的。而东亚的农业起源情况，他根据20世纪50年代以前，我国西南地区尚保存原始农业成分的独龙、怒、傈僳、佤、布朗、基诺、景颇等民族的原始种植一般从山地开始的实际情况，再结合一些神话传说，进行详细考证认为，东亚的农业也极有可能起源于山地。[③]

提到农业起源于山地，日本已故学者盛永俊太郎先生在关于稻作的起源研究中，可以说最早提出了亚洲稻起源于山地或者丘陵地带的学说。盛永氏选择生长在尼泊尔与不丹相间地带的锡金稻和大吉岭稻作为他的研究材料，并以其中的一种与世界上其他任何一种稻谷的籽种进行杂交，其结果显示杂交的第一代的比例几乎相同。也就是说，锡金和大吉岭一带生长着的土生品种群与亚洲各地不同的生态型种群之间显示出一定的杂交亲缘性。基于这一事实，他提出亚洲稻的起源是产生在喜马拉雅山的东南部，具体是以锡金和大吉岭为出发点，稻子的分布逐渐扩大，地理上的隔离也随之加大，并产生了种种分化，出现了适应各种栽培地生态条件的遗传因子群。[④]

目前，农业起源于山地的观点在学术界广为流传。《剑桥古代史》（第一卷）写道："农业的发生和农村的出现，无论在新世界还是在旧世界，在东亚还是西亚，在东非还是东南欧，最早都在山地或高地边缘，

---

① 孔令平：《关于农耕起源的几个问题》，《农业考古》1986年第1期。

② 详见李根蟠、卢勋：《中国南方少数民族农业形态》，农业出版社1987年版。

③ 详见陶利辉：《论农业起源的地理环境》，《农业考古》1994年第1期。

④ ［日］渡部忠世：《亚洲稻的起源和稻作圈的构成》，熊海堂、欧阳忆耘译，《农业考古》1988年第2期。

而不是河流平原或三角洲地带。"①

4. 世界农耕的类型和起源中心

世界农业的起源虽然带有普遍的规律，然而由于各地自然和人文条件千差万别，必然会影响农耕的展开过程，形成各种不同的农耕中心和农耕类型。就起源中心而言，目前学术界争论颇大，尚未达成统一的共识。不过，为了对原始农业发生的多元性与多源性有一个客观的认识，我们可根据手中所掌握的资料，把各种不同的观点简单列表如下：②

表1—1　　　　　　　　　　　世界主要的农耕中心

代表人物	一个或多个中心	中心地区
瓦维洛夫（前苏联植物学家、遗传学家）	8个起源中心说	热带南亚、东亚、印度、西南亚、地中海、阿布西尼亚（东非）、中美洲、安第斯（南美）
茹柯夫斯基（前苏联植物学家、遗传学家）	进一步发展了瓦维洛夫的观点	中国、日本地区，印度尼西亚、印度支那地区，澳大利亚地区、印度亚大陆地区、中亚地区、近东地区、地中海地区、非洲地区、阿比西尼亚、欧洲西百利亚地区、中美洲地区、南美洲地区、北美洲地区
索尔（美国地理学家）	1个中心	东南亚（将植物的某一部分植入土地进行栽培的营养栽培法，先产生于东南亚，又传播到周围地区；在营养繁殖栽培地区的边缘有三个用种子繁殖栽培的地区，即中国、印度西部和地中海）
布雷德伍德（美国考古学家）	1个中心	西亚肥沃的新月型地带，后来，这个新月型地带的观点被演绎发展为"伞形地区"的观点
哈兰（美国植物学家）	3个"中心"和3个"拟中心"	3个"中心"是近东、中国北方和中美洲；3个"拟中心"是次撒哈拉沙漠、东南亚热带地区和南美洲
斯潘塞和托马斯（美国文化地理学家）	11个农业起源中心	在11个农业起源中心中，有东南亚高地、印度东部、西南亚地区、埃塞俄比亚、东非高地、中美洲6个"最初的栽培区"和中国中北部、地中海盆地、苏丹西部丘陵、安第斯高地、南美洲5个"次栽培区"

① 张新斌：《洞穴与中国农业的起源》，《农业考古》2000年第3期。

② 详见［日］森本和男：《农耕起源论谱系》（下），宋小凡译，《农业考古》1989年第2期；吴耀利：《中国史前农业在世界史前农业中的地位》，《农业考古》2000年第3期。

代表人物	一个或多个中心	中心地区
康德尔	7大中心	地中海—西南亚、非洲、中亚—印度、中国、东南亚、中美洲、南美
布鲁斯·史密斯（美国考古学家）	7个中心	西亚肥沃的新月型地带、中国、次撒哈拉非洲、中墨西哥、中安第斯山和美国东部等

　　不同的农耕中心培育出不同的作物品种，都对世界史前农业的起源和发展作出过自己的贡献。如目前公认的是小麦、大麦、燕麦在西亚首先培育成功；亚洲稻、粟、黍、葫芦、油菜培育于中国；非洲稻、谷子（粟、黍）和高粱培育于非洲；玉米、南瓜、土豆、西红柿、花生源于美洲；芋头、薯类、香蕉源于东南亚。

　　表中所列的诸多不同的农耕中心，培育发展了不同的作物种群，有着相异的农耕技术。所以，如果紧紧抓住作物支撑农耕文化的基础条件间的差异性和特性，追寻栽培植物和农耕技术传播的踪迹，人们习惯上又将世界上的农耕分为五种大的类型，即旧大陆三种，新大陆两种。①

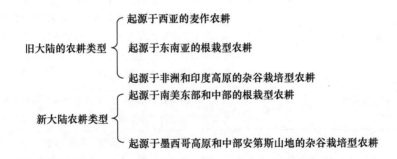

　　5. 中国多元的农耕文化区

　　在中国历史上，稳定而发达的传统农业是中国传统文化的根基，农耕文化始终占据着核心和主导的地位。尤其是唐宋以后，中国经济重心南移，南方广大的稻作区成为中国经济的核心区域。即使是今天，稻作生产养活着绝大多数的中国人口，稻作对中国农业和文化的发展依然具

---

　　① 详见［日］佐佐木高明等：《人类的传统生业》，罗二虎译，《农业考古》1998年第3期。

有举足轻重的地位。如果从水稻的主要产区和延伸分布地域来看，可以从黑龙江瑷珲到云南腾冲之间划一条线，此线东南半壁土地占全国的43%，人口占全国的94%，这东南半壁实际上是中国历史上水稻的主要产区和延伸分布地域，是中国经济的核心区域。

根据经济文化类型的理论来划分，中国的文化类型以长城为界，北部为游牧文化区，南部为农耕文化区。对于这种情况，李根蟠先生指出："长城分布在今日地理区划的复种区北界附近，这并非偶然的巧合，它表明我国古代两大经济区是以自然条件的差异为基础，并形成明显不同的土地利用方式、生产结构和生产技术。长城以南、甘肃青海以东地区，气候和降雨量都比较适合农耕的要求，可以实行复种。在这里，定居农业民族占统治地位，其生产结构的特点是实行以粮食生产为中心的多种经营，粮食是主要的谷物。"①

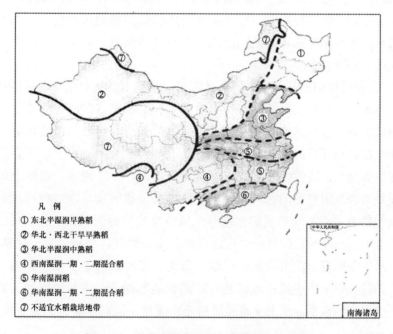

图 1—1 当代中国各种不同类型的稻作地带

凡 例
① 东北半湿润早熟稻
② 华北·西北干旱早熟稻
③ 华北半湿润中熟稻
④ 西南湿润一期·二期混合稻
⑤ 华南湿润稻
⑥ 华南湿润一期·二期混合稻
⑦ 不适宜水稻栽培地带

中华人民共和国

南海诸岛

---

① 李根蟠：《中国农史上的"多元交汇"——关于中国传统农业的再思考》，《中国经济史研究》1993 年第 1 期。

在农耕文化内部，大致以秦岭、淮河为界，北部是落叶阔叶林带，"属温带干凉气候类型，年降雨量400mm～700mm，集中于高温的夏秋之际，有利于作物生物生长。不过降雨量受季风进退的严重影响，年变率很大，黄河又容易泛滥，因此，经常是冬春苦旱，夏秋患涝，尤以干旱为农业生产的主要威胁。黄河流域绝大部分地区覆盖着黄土，平原开阔，土层深厚，疏松肥沃，林木较稀，用比较简陋的工具也能垦耕。但平原坡降小，地下水位高，泄水不畅，内涝盐碱化比较严重，上古尤其如此。这种自然条件下，黄河流域最早被大规模开发，并长期成为我国经济和政治的中心，同时又决定了该区农业是从种植粟黍等耐寒作物开始的，"① 所以人们习惯上把之称为粟文化区（或旱作文化区）。粟文化区孕育的文化统称为粟作文化，其主要的文化特点从以农业为主的新石器时代的遗址中可以看出，它是以种植粟黍等作物为主，饲养猪狗牛羊等家畜，使用耒耜，住半地穴式或平地起建的房子，窖穴储粮，发达的制陶业等。粟作农业是一种旱地农业，它由山地向比较低平的地区发展后，不像埃及和两河流域那样依靠大河的泛滥，或者从事灌溉，而是在与洪涝斗争中发展了沟洫农业。②

"在秦岭以南的长江中下游及其南境，基本上属于亚热带和暖温带气候类型，雨量充沛、河湖密布、水源充足、资源丰富；但雨量亦受季风进退的影响，有些河流容易泛滥，旱涝不时发生。河流两旁往往有肥沃的冲积带，是理想的农耕区，但缺乏华北那样广袤的平原，山区丘陵多为酸性淋余土，适耕性较差，山多林密，水面广，洼地多，也给大规模开发带来许多困难和问题。这种自然条件决定该区很早就以种植水稻等喜温作物为主，"③ 所以人们把这一区域的文化统称为稻作文化。从以农业为主的新石器时代的遗址中可以看出，南方地区以种稻为主，饲养猪、狗、水牛等家畜，使用骨耜、石犁、石锄、有段石锛等多种具有地方特色的工具，住干栏房或平地起建有防潮设施的房子，木器制作和玉器制作达到很高的水平，水上交通和捕捞业很发达，是稻作文化的主要特点。

① 李根蟠：《中国农史上的"多元交汇"——关于中国传统农业的再思考》，《中国经济史研究》1993年第1期。

② 李根蟠等：《中国原始社会经济研究》，中国社会科学出版社1987年版，第135页。

③ 李根蟠：《中国农史上的"多元交汇"——关于中国传统农业的再思考》，《中国经济史研究》1993年第1期。

稻作农业较早实行水田耕作，因此原始灌溉设施的出现比中原早。①

南部是常绿阔叶林带，水田稻作农业是主要的生产方式，我们称之为稻作文化区。在上述两个农耕地带的西部即森林地带的西部内陆地，是干燥或半干燥的地带，以灌溉的麦作农耕或畜牧业为主要的生产方式。森林地带和干燥地带之间的过渡地带，以半农半牧的生产方式为主。

如上以秦岭、淮河为界划定的两个大的农耕文化区，既是历史发展的结果，也是自然和文化选择的结果。从自然与文化方面来看，中国南北差异大，北方由于地势高，雨量少，气候干旱，适宜种植耐寒的作物——粟类，由此而产生了粟作文化；南方由于潮湿多雨，发展了水稻生产，由此产生了稻作文化。这种生产布局，从考古发掘来看，至少有上万年的历史了。以北方的仰韶文化和南方的河姆渡文化来看，时间都在7000年左右。当然，南北方的文化并不是粟作和稻作可以概括的，社会越发展，文化的头绪越繁杂，除了以粟作文化和稻作文化为两地的标志之外，还有其他各种文化现象和文化形态。

由上所述，中国古代农业不但起源是多源的，发展也是多元的，是一个多元交汇的体系，并不是从单一中心起源而向四周辐射，而是在若干个地区同时或先后发生的。② 对这些不同的农业发生地区，北京农业大学的王在德、陈庆辉两位先生更为具体地概括为如下8个地区：西南古羌族块根稻作农牧起源地、西北古羌族黍稷油菜旱作农牧起源地、中原华夏族粟芥旱作农牧起源地、东北辽河流域黄帝族黍粟豆旱作农牧起源地、黄淮流域少昊族粟稻鱼农牧起源地、长江中游古三苗族（古越族）稻渔农牧起源地、长江三角洲古越族稻渔农牧起源地、珠江流域古越族块根庭园农牧起源地。③

① 李根蟠等：《中国原始社会经济研究》，中国社会科学出版社1987年版，第135页。
② 李根蟠：《中国农史上的"多元交汇"——关于中国传统农业的再思考》，《中国经济史研究》1993年第1期。
③ 王在德、陈庆辉：《再论中国农业起源与传播》，《农业考古》1995年第3期。

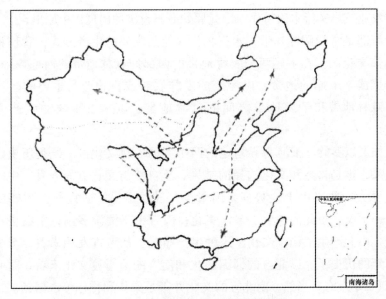

图1—2　中国农业起源与分布示意图

（据王在德、陈庆辉，1995年）

二　稻与稻作农业的起源

（一）稻的演进与稻作文化的形成过程

1. 稻属起源与分化

栽培稻的祖先来自野生稻，要探索稻作的起源，理所当然必须对野生稻进行生物学的研究。一般而言，根据野生稻的植物性状特征，可以将之分为普通野生稻、药用野生稻、疣粒野生稻三种。根据野生稻的繁殖方式，又可分为一年生型和多年生型。多年生型主要以株的形式（或营养）繁殖，秆高，开花期迟，他殖性，多见于低湿地带，尤喜古老的水塘、河道等水域稳定的环境。一年生野生稻主要以种子繁殖，秆低矮，开花早，自殖率高，结许多种籽后母株死去，适应于干旱季节水分完全消失的严酷的干燥地。野生稻和栽培稻的最大区别在于前者有自生能力，而后者不具有自生能力，要人工栽培才能繁殖，这点导致它们在脱粒性、种子休眠性等形态和生态特征上有明显的区别。

栽培稻起源于普通野生稻，然而，如今在科学意义上具有确切含义的亚洲栽培稻的两个亚种①——粳稻与籼稻在起源上的传承关系，学界尚存在着不同的看法。传统上有这样几种观点：一是"粳源于籼说"，认为普通野生稻先演化为籼稻，而后在不同的环境条件下再演化为粳稻。这一论断的出发点是在于籼稻特别是晚籼的生态习性与普通野生稻相似。②二是"陆稻演化说"，认为粳稻是起源于云贵山地的陆稻，首先是籼稻或普通野生稻的个别植株向山区旱地发展，演化为陆稻，然后由陆稻演化为粳稻。③ 云南的光壳陆稻被认为是由籼稻演化为粳稻的一个阶梯。④ 三是普通野生稻引上山演化为粳稻，引向洼地演化为籼稻。⑤

　　近几年来，人们通过更为细致和科学的研究发现，造成籼稻和粳稻分化的原因是多方面的，既有气候的原因，也有人为的因素。而且野生稻在自然条件下已产生变异，分化为籼型和粳型，经人工栽培后成为籼稻和粳稻。对于以上粳籼起源的各种观点，周晓陆先生曾简明扼要地以A、B、C 三种模式图示如次：⑥

　　A 型模式是最为传统的观点，即人们从普通野生稻中培育出籼型亚种，再从籼型亚种中分育出粳型亚种，但是遗传植物学研究的成果显示，粳籼型杂交结实率很低，结实后的后代广泛不育，两亚种之间分化相当早，亲缘关系相当远。同时，在考古发掘早期的栽培稻遗址中，常能见到粳型和籼型，所以可以排除人工培育造成两大亚种之可能。B 型模式说的是没有分化的野生稻，经过人的作用分化为粳型和籼型两个类型。C 型模式强调的是，野生稻在自然作用下，已经分化为粳型和籼型两种，这两种野生稻经人的作用，又各自分化为粳型栽培稻和籼型栽培稻。周晓

---

　　① 所谓亚种是一个地理型、生态型、地理同群种或遗传生态同群种，是种内个体在地理和生殖上充分隔离后所形成的群体，有一定的形态特征和地理分布（见游修龄编著：《中国稻作史》，中国农业出版社 1995 年版，第 62 页）。

　　② 参见丁颖：《中国栽培稻种起源及其演变》，《农业学报》1957 年第 3 期；梁光商、戚经文、吴万春：《我国籼粳稻的起源和分类的探讨》，《中国古代农业科技》，农业出版社 1980 年版。

　　③ 详见俞履圻：《粳型稻种的起源及耐旱型耐冷性》，《2000 年稻作展望》，浙江科学技术出版社 1991 年版；俞履圻、林权：《中国栽培稻种亲缘的研究》，《作物学报》1962 年第 2 期。

　　④ 王象坤、陈一年、程侃声等：《云南稻种资源的综合研究与利用》，《北京农业大学学报》1984 年第 4 期。

　　⑤ 王象坤等：《云南的光壳稻》，《北京农业大学学报》1984 年第 4 期。

　　⑥ 周晓陆：《稻作起源的考古学笔记》（一），《农业考古》1994 年第 3 期。

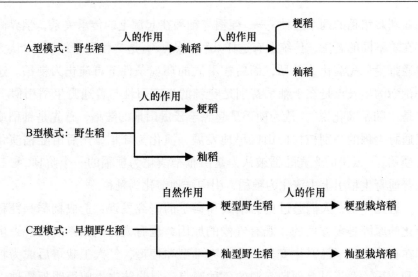

陆认为 C 型模式更接近于事实。

张锴生先生也和周晓陆先生持有同样的看法，他更具体地从现代普通野生稻具有的籼粳倾向、稻谷遗存的基因的分析研究、原始栽培稻的考古发现等三个方面考察指出，很可能野生稻在成为栽培稻以前就已经开始了粳籼分化。结合现代水稻品种数以千计的情况推想，稻谷作为一个变异性较大的物种，它在野生状态下由于内部基因和不同生态环境的作用，也不会始终只有一个品种存在。稻谷从本质上讲是喜暖好湿的植物，多少年来由于地球气候不断发生变化，不同地域的野生稻的生态环境也并非一成不变。稻的籼粳分化，简单地说也是耐寒性与非耐寒性的分化。野生稻本身可能包含了籼和粳的双向基因，或者讲，在一定的低温条件下，普通野生稻有分化出耐寒品种的能力。总之，普通野生稻遗传基因所具有的变异能力是籼粳分化的基础，气候的冷暖是引起籼粳分化的必备条件，而人工栽培技术是加速籼粳分化的动力。①

学术界对栽培稻与野生稻的渊源关系所持的多种观点，反映了人们对这个问题关注和研究的深度与广度。其实，在我们看来，野生稻的研究比栽培稻要复杂得多，且不说分布广泛的野生稻由于各地气候和环境条件的差异，必然会在形态上、生态上和遗传基因上存在着较大的差异，即使是在多年生型、一年生型和中间型野生稻之间，何为最直接的祖先

---

① 张锴生：《关于中国稻作起源的二个问题》，《农业考古》1998 年第 2 期。

种也很难确认。就是我们今天用作研究标本的野生稻，也主要采自栽培稻分布地区，大多都可能和栽培稻有了一定的渗交，这对野生稻的分类和栽培稻起源的研究都是一大障碍。如其中的一年生型和中间类型，它们是由多年生型衍生出来的还是渗交的产物，就不易辨明。所以，对野生稻的研究，它需要把形态、生理、生态和遗传基础的研究结合起来，需要将最野生的野生稻及其衍生种同已经和栽培稻渗交的次生种区别开来。

2. 稻与稻作文化的形成

野生稻被人类驯化为栽培稻经历了一个漫长的过程。最初人类在众多的采集植物中发现了野生稻并将之作为一种重要的采集对象加以强化采集，这是人类对野生稻的第一阶段选择。到了原始农业发生后，稻谷最初当是在杂谷栽培阶段和其他禾本科的夏季作物——小米、黍子、高粱等一同被培育。稻包括在这个种群中，栽培化初期的稻不是我们今天所说的水稻，而是水陆未分化的稻，或者说是一种属性上比较接近于陆稻的稻，和其他杂谷一起在旱地里混种。①

但是，由于稻和其他禾本科夏季作物相比，具有可以水田连续栽培、宜于施肥、单产量高、食味好、粒大、易脱壳、收获稳定、种籽数量多且易于储藏等诸多优点，很快它就从杂谷群中分离出来，单独在水田里种植，并慢慢的演进发展为不同的类型。其演进的模式，日本学者佐佐木高明在"照叶树林文化论"中提出两种类型：一是部分进行杂谷间种的刀耕火种地成为常年耕作的旱田，其中一部分旱田进而变为水田，形成了水田稻作农耕这一类型。二是在庭园化经常耕种的田地之中选择水源比较丰富的地方，把耕地地表弄平，在耕地周围造田埂，设立堤堰和水路等把多年耕种的旱田改为水田。这样一来，极其古老的"原始的天然水田"和"庭园化了的旱田耕作"等，由于水利、耕地条件的改善，一旦转化为"设施完备的水田"，就不再同时种植杂谷和稻子，实现了水稻的单作。稻子本身也形成适合水田种植的品种，一系列水稻种植技术也日臻完备。水田稻作农耕体系就从杂谷种植的农耕体系中分化独立出

---

① 这是日本学者渡部忠世等人的观点。

来。具体图示如下：①

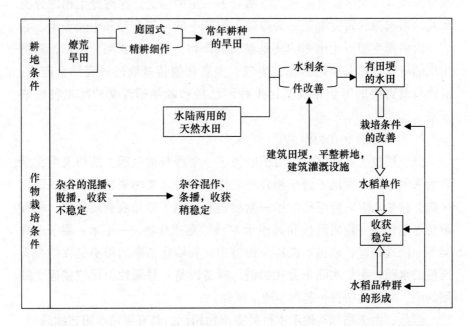

　　稻被专门从其他杂谷中挑选出来，集中在水田里种植，进而形成相应的品种、栽培技术和水田稻作这种农耕技术形态，较之前一个阶段的"杂谷栽培型稻作"，可以把之称为"水稻栽培型稻作"或者简单的"水田稻作"。

　　在水稻栽培型稻作中，围绕着水田的修造、灌溉、水利设施，需要以共同体为单位的协同劳动。同时，由于水稻生产稳定，产量高，水田稻作农耕就能够养活更多的人，众多的人群就组成了稻作社会，相应的，以水稻栽培型稻作为基础的稻作文化也就形成了。

　　稻作文化是在稻作的演化过程中形成的，关于其形成的具体途径和过程，旧时习惯用古典水利社会的理论来加以解释。所谓古典水利社会（Hydraulic Society）的理论，是韦特弗格（K·Wittofogel）提出的，它的基本模式是水——灌溉——共同组织——共同劳动——共同体——国家

---

　　① 详见［日］佐佐木高明：《照叶树林文化之路——自不丹、云南至日本》，刘愚山译，云南大学出版社1998年版，第157～161页。

的形成。① 用这个理论来解释与水利社会密切相关的稻作社会，可以作出如下的演绎和推理：在稻作社会，为了栽培稻，从河之上游来的水，必须很好地调节、控制、管理和按比例分配给沿河各地，为此，需要共同的组织来进行调节。同时，在水田稻作农耕的劳动过程中，修建和维护灌溉用的水渠、插秧和收割，也需要共同的组织来进行协同性的劳动，于是，像村落共同体这样的组织就应运而生了。如果水的分配超过村落共同体所能控制的范围的话，那么就需要更大的地域组织或者是国家形式的组织。换言之，在稻作社会，水利社会的原理发挥作用，形成很大的共同组织，产生了总管这些组织的权利机构，进而形成王权的基础，随着稻和王权之间联系的日趋紧密，作为王权基础的稻的重要性被确认，甚至上升到神话和礼仪的层面上去认识。这样，具有非常典型的象征意义和特点的稻作文化就形成了。②

（二）稻作起源研究中的诸多学说与观点

1. 聚讼纷纭的稻作起源说

稻作的起源乃至稻作文明的问题，是一个跨学科的学术问题，它涉及到遗产学、农学、考古学、民族学、气候学等多门学科的诸多领域。20 世纪 50 年代以前，国外大多数学者认为稻作起源于印度的低湿地带，然后渐次传播到周边各地。之后的半个多世纪，随着各地出土稻谷标本的年代越来越早，探讨稻作的起源地早已超越了印度等地，且不同学科的学者都分别从各自学科的角度出发，作了一些有益的探讨和研究，提出了十数种不同的观点，可谓歧说纷陈，莫衷一是。为了直观地了解各种不同的观点，我们择其颇具代表性的观点图示如下（＊代表影响指数）：

---

① 1977 年，玉城哲出版了《稻作文化和日本人》一书，其理论分析方式就是以水为中心来考察稻作的历史和文化，所以该书被认为是提倡日本稻作文化论的一个标志性著作。

② 关于稻和王权象征性关系，大林太良在《东亚的王权与神话》一书中有过系统的研究。从神话传说来看，天上的神授子民以稻，正是占统治地位的作物，神圣的稻是王权的象征。在日本神话中，稻的象征性是很明显的，如铜镜、铜剑之类的祭器所显示的青铜文化的象征性和稻的象征性组合在一起又进一步和王权结合在一起，赋予了稻作文化非常强烈的象征意义。至少在日本的稻作文化中，稻不仅是经济性的重要作物，还明显具有政治性、宗教性的象征意义。

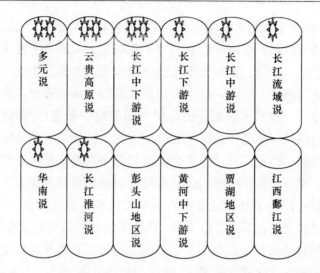

图示中所见各种不同的观点，或基于考古学事实，或基于遗传学、植物学的材料，或以稻作农业遗存、野生稻的存在为依据而提出来，他们有其各自不同的方法和分析的视角，在论证中国乃至世界稻作农业的起源问题时，侧重点各不相同。我们在这里不准备对各种观点的演绎和推理过程作专门的介绍，不过为了便于人们的了解，还是把各种观点的出处列表如下：

表1—2   中国稻作起源诸多学说的资料来源

名称	资料	备注
云贵高原说	柳子明：《中国栽培稻的起源及其历史发展》，《遗传学报》1975年第2卷第1期；汪宁生：《远古时期的云南稻谷栽培》，《思想战线》1977年第1期；李昆声：《云南在亚洲栽培稻起源研究中的地位》，《云南社会科学》1981年第1期；游修龄：《太湖地区稻作起源及其传播和发展问题》，《太湖地区农史论文集》（第1辑），1985年；鸟越宪三郎著，段晓明译：《倭族之源——云南》，云南人民出版社1985年版	风行于20世纪70到80年代末
长江中下游说	安志敏：《江南文化和古代的日本》，《考古》1990年第4期；《长江下游史前文化对海东的影响》，《考古》1984年第5期；《日本吉野ヶ里和中国江南文化》，《东南文化》1990年第5期；林华东：《中国稻作农业的起源与东传日本》，《农业考古》1992年第1期	

续表

名称	资料	备注
长江中游说	向安强：《长江中游史前稻作遗存的发现与研究》，《农业起源和发展》，南京大学出版社 1996 年版；《论长江中游新石器时代早期遗存的农业》，《农业考古》1991 年第 1 期；郭学仁：《湖南新石器时代农业试论》，《农业考古》1991 年第 1 期	
长江下游说（太湖说）	严文明：《中国稻作农业的起源》，《农业考古》1982 年第 1、2 期；《再论中国稻作农业的起源》，《农业考古》1989 年第 2 期；闵宗殿：《我国栽培稻起源的探讨》，《江苏农业科学》1979 年第 1 期；扬式廷：《从考古发现试探我国栽培稻的起源演变及其传播》，《农史研究》（第 2 辑），农业出版社 1982 年版	
华南说	丁颖：《中国栽培稻种的起源及其演变》，《农业学报》1957 年第 3 期；童恩正：《略论东南亚及中国南部农业起源的若干问题——兼论农业考古的研究方法》，《农业考古》1984 年第 2 期；李泳集：《华南地区原始农业起源试探》，《农业考古》1990 年第 2 期；李富强：《华南地区原始农业的起源》，《农业考古》1990 年第 2 期；李润权：《试论我国稻作的起源》，《农史研究》（第 5 辑），农业出版社 1985 年版；裴安平：《彭头山文化的稻作遗存与中国史前稻作农业》，《农业考古》1989 年第 2 期；《彭头山文化的稻作遗存与中国史前稻作农业再探》，《农业考古》1998 年第 1 期；朱乃诚：《中国新石器时代早期文化遗存的新发现和新思考》，《东南文化》1999 年第 3 期	自 20 世纪 50 年代起就有人主张此说
贾湖地区说	张居中：《舞阳史前稻作遗存与黄淮地区史前农业》，《农业考古》1995 年第 1 期；陈报章：《河南贾湖遗址水稻跬酸体的发现及意义》，《科学通讯》1995 年第 4 期	
洞庭湖畔说（彭头山地区说）	刘志一：《关于稻作农业起源问题的通讯》，《农业考古》1994 年第 3 期；张佩奇：《彭头山遗址与九黎祝融氏——兼论水稻的起源》，《农业考古》1995 年第 3 期；申友良：《全新世环境与彭头山文化水稻遗存》，《农业考古》1994 年第 3 期	

名称	资料	备注
多元说	何炳棣：《中国农业的本土起源》，译文见《农业考古》1985年第1、2期；冈彦一：《水稻进化遗传学》，译文见《中国水稻研究所丛刊之四》，中国水稻研究所出版1985年版；裴安平：《彭头山文化的稻作遗存与中国史前稻作农业》，《农业考古》1989年第2期；王在德：《再论中国农业起源与传播》，《农业考古》1995年第3期	
黄河中下游说	李江浙：《大费育稻考》，《农业考古》1986年第2期；李洪甫：《江苏连云港地区农业考古概述》，《农业考古》1985年第2期	
南中国栽培稻起源中心说	张居正、孔昭宸：《贾湖史前稻作遗址与黄淮地区史前农业》，《农业考古》1994年第1期	具体包括长江、淮河两大流域和整个华南地区
长江中游·淮河上游说	王象坤、孙传清、张居中：《中国栽培稻起源研究的现状与展望》，《农业考古》1998年第1期	
江西鄱江起源说	张佩琪：《论水稻起源的环境条件与历史背景》，《农业考古》1998年第2期	

2. 稻作起源研究的一些基本趋势

半个多世纪以来，学界在对有关稻作起源的激烈讨论中，形成了各种不同的观点与假说，使人们对这个问题的认识越来越深入，并形成了一些基本的趋势。

趋势之一是，无论国内还是国外学界都普遍认为，亚洲栽培稻起源于中国南部的广阔地区，即中国是最早的稻作起源地，很多学者都把关注的焦点投入在长江流域及其以南地区。这样一来，关于稻作起源的研究，实际上已经突破了传统的印度起源说的框架，把视野投向了更为广阔的东亚大陆南部。这一突破传统的进步，拓展了人们的思维空间，使大量的关于稻作起源的学说不断涌现。而在诸多学说中，长期以来一直存在一元说与多元说的纷争。

在一元说与多元说的纷争中，持一元论的学者认为，各地发现的稻作文化遗址不是各自独立产生的，相互之间应该有某种内在的联系，特别是稻作农业这样一种在人类历史上具有划时代意义的发明创造，它不是一种普遍性的发现，不是每个地方的人们都可以随意发明。如主张洞庭湖畔是世界农业最早的发祥地的刘志一先生认为，从产生的地区来看，稻作农业只能产生于温带生长普通野生稻而其他食物来源较小的湖滨平原地区，不会产生于热带与亚热带多食物来源的山区和丘陵地区。而洞庭湖河网平原就是中国和世界最早的稻作农业发祥地，是中华民族与中华文明的最早的发祥地。中国和亚洲、欧洲、大洋洲、美洲所有的稻作农业文化，都是在不同的历史时期，因不同的原因，随着民族迁徙和交流从这里传播出去的。①

　　针对一元说的观点，持多元说的学者在栽培作物起源这一层面上的哲学方法论，主张稻作的起源是多元的，而非单元的，它将视角投向了更为广阔的人文背景，论证和论据更加具体化、规范化和科学化。这当中，如华裔学者何炳棣指出："史前驯化稻谷的地理分布比迄今所认为的广泛得多，稻谷大概是在中国南方、东南亚大陆和印度次大陆独立驯化的。"② 冈彦一认为："栽培稻是多元起源或分散起源的。"③ 裴安平指出："在中国，与其将长江流域当作稻作农业的起源地，不如将其看作是稻作农业的早期发达区域。即使认为这些区域就是某种意义的'中心'，那么在中国也不止一个或两个，而是更多。而且，所有的中心，可能都有自己独特的发展经历。"④ 著名学者严文明先生，虽然主张长江下游说，但在其具体的论述中也认为："既然适宜栽培的野生稻在中国、印度、东南亚等许多地方都有分布，那么栽培稻也就可能在许多地方较早的独立发生。中国的水稻固然不必到外国去寻找根源，而中国本身也不必只有一个栽培稻起源中心。"⑤ 吴诗池先生提出："稻作农业的起源，无论在亚洲，还是在中国，都是多元起源，且不仅起源地有多处，其起源时间也有所不同（不排除起源地不同而起源时间相同者）。"⑥ 匡达人先生列举

　　① 刘志一：《关于稻作农业起源问题的通讯》，《农业考古》1994 年第 3 期。
　　② 何炳棣：《中国农业的本土起源》，《农业考古》1985 年第 1、2 期。
　　③ 冈彦一：《水稻进化遗传学》，译文见《中国水稻研究所丛刊之四》，中国水稻研究所，1985 年。
　　④ 裴安平：《彭头山文化的稻作遗存与中国史前稻作农业》，《农业考古》1989 年第 2 期。
　　⑤ 严文明：《中国稻作农业的起源》，《农业考古》1982 年第 1、2 期。
　　⑥ 吴诗池：《试论中国原始稻作农业的起源》，《农业考古》1998 年第 1 期。

了自人类进入智人阶段，在同样或稍有差异的自然环境条件下，大多数能在互不相干的情况下，从旧石器时代发展演进到新石器时代、青铜器时代、铁器时代，这都是原始先民各自的发明、创造、进步。科学的重大发明同样可以是多元进行的。就稻作起源说，非洲尼日尔河中游和塞纳加尔河上游的水稻，就是由当地的原始先民用当地的野生稻独立驯化为栽培稻的。一元是多元中的一员，彼此平等地独立起源，虽有时间的先后，毕竟是人类从各地实践的结果。①

随着多元说被越来越多的学者所接受，有人又提出了"地带说"。如1982 年时，周晓陆认为亚洲栽培稻的起源中心有两个：一个是澜沧江、红河、珠江上游，泰、缅以及中国云、桂一带存在着普通（籼型）野生稻及广泛的变异材料。这个中心的西溯、北上、南渐，使籼型栽培稻分布到恒河、长江、湄公河、红河流域。另一个是长江中下游、汉水、淮河一带至连云港地区的粳型野生稻中心。而河姆渡、罗家角、草鞋山等重要遗址为典型的二级传播地。到 1986 年，作者又进一步扬弃"二个或二个以上起源中心"说，提出东亚、东南亚、印度半岛是栽培稻起源的地带的观点，即所谓的"地带"说。这个"地带"说主张粳、籼稻有不同的起源区域，其北缘正好是我国旱作农业与稻作农业的分界线。依"地带"说而非"中心"说，使人们感到在东亚、东南亚、印度半岛，线式、波浪式的"传播"说意义并不是太大，因为，传播与二级栽培地并不是一个概念。同时，传播在栽培稻起源地带内有着促进作用但并非决定性作用。②

与周晓陆的"地带学说"相似，最近又有很多学者主张在宽泛的长江流域地带去寻找稻作起源的答案，故而提出了"长江流域说"。如徐旺生在《从农耕起源的角度看中国稻作的起源》一文中认为，全新世以来，中国南部地区能够提供当时人们采集禾谷类种子水稻的地区相当广泛。而长江流域及其以南地区，有可能较早地接触到水稻的是华南的两广地区和西南的云南、贵州地区的远古居民，但由于环境条件的相对优越一些，并没有使他们成为最早的种稻者，或者说其驯化行为没有一直延续下来；而最早必须从事稻作的可能是长江流域地区的古居民，因为采集

---

①　匡达人：《我国稻作起源的各类探索与思考》，《农业考古》1998 年第 1 期。
②　周晓陆：《稻作起源的考古学笔记》（一），《农业考古》1994 年第 3 期。

条件不优越，使他们必须从事稻作，方能维系下去。因此中国稻作的起源地区，确切地说是承担了向周边地区扩散种植水稻这种新的食物获取方式的地区，应是长江流域的某一地区。[①]

综合上述各种学说，我们可以把近半个多世纪以来稻作起源研究的脉络图展示如下：

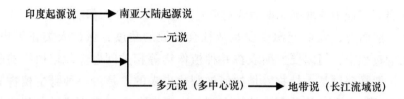

图中展示了近半个世纪以来稻作起源研究的两种走势，即先是突破了印度起源说的窠臼，继又在中国南方广大区域寻找稻作的起源地，于多元说与一元说的争论中，渐渐地倾向于多元说，最后又提出了新的学说——地带说（长江流域说）。

我们认为，稻类作物由野生到人工栽培，需要有野生稻种资源，需要有适宜水稻栽培的环境和气候条件，需要有足够发达的人类文明的支持。探讨稻作的起源不应该采用零星的、片断式的东西，不必只拘泥于各地稻作起源孰早孰迟，而应该考虑环境的因素，注重从古文化生态和农业起源机制等方面综合分析研究。中国地域辽阔，自然条件千差万别，如同史前文化是多中心一样，水稻起源也应该是多元、多中心的。

3. 稻作农耕研究的相关概念

近半个世纪以来，国内外学术界尤其是日本学术界对稻作农耕文化的研究，已经取得了丰硕的成果。然而由于各门学科的学者在对农耕文化进行研究时大都以本学科的研究方法为主，很少兼顾其他学科的方法，不同学科学者之间的交流与合作也还做得不够，这就使得人们在对稻作农耕文化的相关概念的表述上模糊不清，标准各异。所以，这里我们有必要对诸如"稻作"、"稻作文化"、"稻作的起源"、"原始农业的起源"、"栽培稻的起源"等概念作一辨析，以便形成讨论的共同语言和认识基础。

---

① 见《农业考古》1998 年第 1 期。

（1）"原始农业的起源"、"稻作的起源"、"稻谷的起源"、"栽培植物的起源"

在讨论稻作起源时，人们会经常提及"原始农业的起源"、"稻作的起源"、"稻谷的起源"、"栽培植物的起源"四个概念。这四个概念，表面上看来似乎是很易分辨的，而实际上由于在原始农业的起源这个大背景下，农业与栽培植物、稻作与稻谷的起因均有一定的内在联系性，所以在研究实践中要准确无误地区别它们，并不是每个人都能做到的。

一般而言，农业起源主要是从社会发展的角度，探讨人类在采集、狩猎的过程中，何以要发明农耕并种植作物等相关问题。栽培植物的起源，主要是探讨某一植物，是如何被驯化出来的，是由一种野生植物驯化出来的，还是由几种野生植物在驯化中逐渐杂交培育而成的。某些栽培植物的起源过程可能和农业的起源有关，而有些可能和农业的起源关系不大，是在农业的发展过程中驯化出来的。也就是说，农业起源必定伴随着栽培植物的起源，但农业起源并不等于栽培植物起源，这是两个不能相互替代或等同的概念。①

稻作的起源是指人类从事稻谷栽培生产活动的开端，始于何时、何地。也就是说，人类种植稻谷这种行为，在没有受到诸如技术和文化传播等因素的影响下，是以何种方式开始的，它虽然也包含有对稻谷生物属性的研究，而主要还是偏重于历史学、文化人类学等社会科学范畴。稻作的起源除了要求一定的自然条件外，人的主观能动性往往起着主导作用，实际上是一种人类的文化行为，是人类社会发展到一定阶段的产物。稻谷的起源是指稻谷是来源于何种科、属的植物，人类在何时何地如何驯化使稻谷从禾本科植物中分化出来的，探讨的是稻谷本身生物学、遗传学等方面的内容，属自然科学的范畴。稻谷起源的基本条件是远古时代具备野生稻自然生长的条件，又有普通野生稻的发现，就有可能是稻谷的起源中心或起源地带。前者是社会学的问题，讨论的是人的社会生产活动，后者是生物学的问题，讨论的是物种的自然形成。相对而言，人的社会生产活动是"活"的，物种的存在相对人类来说却是"死"的。固然，"稻作农业"的对象是"稻谷"，但"稻作农业的起源"却不是由"稻谷"本身决定的。换言之，人类最初栽培稻谷的起因，并不仅仅因为

---

① 徐旺生：《关于农业起源的若干问题》，《农业考古》1994 年第 1 期。

大自然存在稻谷的野生品种，而是由于别的多种原因的促进，才将稻谷作为栽培的对象的。①

总而言之，上面四个概念是相互关联而又不能互相替代的概念。

（2）稻作文化及其相关概念

人类学会驯化并栽培稻谷，依托于稻谷的种植，渐渐地就形成了相应的技术体系、制度体系和稻作信仰体系，这些我们通称为稻作文化。虽然人们对稻作关注较早，且目前稻作文化这个词语的使用频率很高，但明确提出稻作文化这个概念则是比较晚的事。

据我们目前所掌握的资料，稻作文化作为一个学术用语来使用最早源于具有良好的稻作研究传统的日本学术界。1977 年，玉城哲出版了《稻作文化和日本人》一书，其理论分析方式就是以水为中心来考察稻作的历史和文化，所以该书被认为是提倡日本稻作文化论的一个标志性著作。但非常明确地以稻作文化作为书名的书，大概始于上山春平和渡部忠世的《稻作文化——照叶树林文化论的展开》一书。② 1985 年此书出版时，上山春平在前言中陈述道："以稻作文化作为标题，这本书或许是首次。"与上山春平的发言相呼应，在后记中，渡部忠世提出了这样的疑问："我们在学问上，开始通用稻作文化这个词语，始于何时呢？"

日本学界对农耕稻作文化研究较早，其学术渊源于欧美，受西欧学术传统尤其是文化传播论的影响较大，但稻作文化这个术语却是日本独创的，可以说是日本的专利。在西方语言中，与日本语稻作文化相接近的词语，英语是 Rice culture、法语是 riziculture culture du riz、德语是 Reiskultu、荷兰语是 Rijstcultuur。然而在这些用语中，原本与稻作相关的信仰和礼仪之类的文化似乎没有包括，纯粹是作为农学和农耕技术等方面的术语来使用。也就是说，相对于这些西欧语的日本语，不是稻作文化，而是指稻作。事实上，在图书馆查词典时，上面的单词都是指稻作。那么，词典之外的例子又如何呢？具体看一些事例吧。例如：F·H·King（1911 年）的著作中，有 "Rice culture in the orient" 这样一章，这是日本语的稻作文化流行以前的明治时代的著作。但是，其内容自始至

---

① 刘志一：《关于稻作农业起源问题的通讯》，《农业考古》1994 年第 3 期。
② ［日］上山春平、渡部忠世：《稻作文化——照叶树林文化论的展开》，中公新书 1985 年版。

终是关于何时如何栽培水稻，或者是农耕技术方面的记述，指的是稻作。另外，有趣的是农学家松尾孝岭的英文著作——*Rice Culture in Japan* 中，提到"英文日本的稻作"，而没有出现"稻作文化"的用语。就是说，即使是在现在的农学领域，提到 Rice culture，指的仍是稻作。在现在西欧语的百科词典中，具有日本式的稻作文化基本没有。

"稻作文化"这个词语作为新词语出现之时，以中国为主的亚洲各国也还没有系统的研究，这或许可以说，是日本特有的发展起来的用语。那么，什么是稻作文化呢？

亚洲稻作文化研究的第一人渡部忠世认为，所谓稻作文化，从最普遍的意义即概括性的理解范围而言，包括与稻作栽培相关的农事历法、技术、米的饮食文化，以及与祈求好收成的祭祀活动、信仰相关的象征性的民俗、仪礼或宗教，是把我们的日常行为和周边的各种情况相关连的一种文化体系。

佐佐木高明则是把稻作文化这一术语，限定在以水稻栽培型稻作为基础的文化这一层面上来使用，并且指出，以水稻栽培型稻作为基础的稻作文化，是从照叶树林文化中产生出来的，这种稻作文化的形成，在东亚地区主要是起源于长江流域，约在公元前 3000 年后半期的屈家岭文化或者良渚文化时期发展起来的。① 也就是说，地域稻作文化的原型是在公元前 3000 年后半期于长江流域所谓的照叶树林带形成的。

稻作文化是中国基层文化的重要组成部分，也是长江文明的主轴。但相对于日本而言，中国稻作文化的研究开展得比较晚，稻作文化之名，以前中国较多地在考古学和自然科学领域里使用，相当长一段时期之内，这个术语基本上停留在科学界的圈子里，社会科学和文化界对这个术语还是比较陌生。中国稻作文化的研究是与考古工作的发展相联系的，特别是江南新石器遗址中稻谷遗存的大量发现，促进了考古学家、历史学家和古农业学家对稻作文化的研究。目前对稻作文化的研究，主要集中在稻谷的起源、传播问题和某一民族、某一地区稻作的具体情况方面，系统性的综合性的研究尤其是对于稻谷生产所辐射出来的民间文化的问题，或者称之为"流"的问题的研究，南方不同地区不同民族

① ［日］佐佐木高明：《稻作文化的成立和展开》，载大阪府立弥生文化博物馆编《弥生文化——探寻日本文化的源流》，平凡社 1991 年版，第 76～77 页。

间的比较研究，以及和周边各地区、各国的比较研究，相对而言显得比较薄弱。我们认为，稻作文化是支撑水田稻作农耕的一种文化实态，是稻作民族在长期的生产实践中创造、积淀的一种内涵十分丰富的文化，是一定时期稻作民族的社会、经济、文化发展层次、审美观念、价值观念及民族心态的综合反映，它由"源"和"流"两个方面组成了自己完整的体系，是一个庞大的系统。其具体的内容，除了从考古学和自然科学上研究水稻主体、与生产相关的技术问题以及水稻的起源、流变之外，还包括稻谷的品种和种属、控制用水的技术、稻作栽培技术、谷物收获、谷物加工、谷物储藏方式、稻米的烹调方式、与稻作相关的农耕和渔捞、稻作农耕的性别分工以及围绕稻谷的各种礼仪、有关稻谷的各种观念及信仰体系，涉及物质文化、制度文化和精神文化的各个层面。

另外，与稻作文化相关联，还有原农耕圈、稻作圈、稻作文化圈、稻作地带、稻作文化域之类的概念。这当中，所谓原农耕圈，指的是起源和经营于亚洲的，时代非常古老的，独立性非常强的，由一个"关键组合"的作物群体组成的栽培农耕圈的意思。而这个原农耕圈的范围，正好与中尾佐助、佐佐木高明所提出的"东亚半月弧地带"的核心区域相吻合。这一个地带以稻谷、茶叶、红薯、豆类所构成的"关键组合"，从一开始就具有同质性，构成一个"基层文化圈"。原农耕圈处于丘陵或山间地带，它的农业是采取烧田和旱田的形式，当然比这更古老的阶段也许是和采集并行的时期。稻作文化圈一般是指从印度东部开始，包括东南亚、中国南部到朝鲜半岛、日本这一地理单元。在这个区域内，以稻作为中心或者以稻作为基础，构建各自的民族文化这一点上，彼此有着很强的共通性。稻作文化域则是建立在这样一个大的假设上的，即限定稻作从某个地方向四周扩散，在这个过程中，与稻的种子和稻作技术相伴，以稻作礼仪为代表的稻作文化也传播扩散开来，而这个扩散的面就构成了稻作文化域。稻作文化域受各自的文化领域和地理单元的影响，稻作文化的要素也常发生变化，但无论如何，稻作文化域不局限于"地域"的"域"，不是单纯的地理概念，而是一个通时的概念，接近于文化圈的文化层。

4. 稻作起源研究中存在的问题

稻作起源研究是原始农业起源研究的中心议题之一，同时也是一个世界性的学术课题。对这个命题的研究之所以歧说纷呈，一是反映了人们对这个问题的关注；二是由于研究的视角、认识的标准不同使然。概而言之，目前学术界已经逐渐认识到稻作起源研究中存在如下几个问题：

一是对一些相关概念的把握问题。任何一门学科和任何一个领域的研究都必然涉及到一些相关的概念，对概念的规范统一是达成共识的前提和条件。在原始农业这个大背景下对稻作起源进行研究，必然涉及到"原始农业的起源"、"稻作农业的起源"、"稻谷的起源"这三个概念。这三个概念既有区别又有联系，具体来讲，稻作农业的起源是指人类从事稻谷栽培生产活动的开端，始于何时、何地。而稻谷的起源是指稻谷是来源于何种科属的植物，如何从禾本科植物分化演变成为稻谷的。前者讨论的是人的社会生产活动，后者讨论的是物种的自然形成。相对而言，人的社会生产活动是"活"的，物种的存在却是"死"的。固然，"稻作农业"的对象是"稻谷"，但"稻作农业的起源"却不是由"稻谷"本身决定的。换言之，人类最初栽培稻谷的起因，并不仅仅因为大自然存在稻谷的野生品种，而是由于别的多种原因的促进，才将稻谷作为栽培对象的。[1] 我们不能用某一地区发现野生稻，从而推断可能是稻谷的起源地，进而代替"稻作的起源"或"原始农业的起源"，也不能以稻作农业现象来代替"稻作的起源"这样的问题，更不能把三个概念视为同一个概念，混为一谈。[2]

二是认识标准不统一。在稻作的起源研究中，涉及到许多标准问题。如对史前稻作遗址不仅存在着编年的问题，就是对考古出土的稻种是栽培稻还是野生稻、粳稻还是籼稻、一年生稻还是多年生稻的识别。传统的是借助于肉眼或显微镜进行粒形观察，这种方法的误差很大。近年来，国外采用的植物蛋白石（Plant Opal）方法，即通称的植物硅酸体分析方法，来判断古代的水田位置、稻作年代、稻种类型，虽然较粒形观察法更为全面，但尚存在国内外标准不统一的问题。再譬如国外采用加速器质普仪（AMS）炭素测年法，认为河姆渡的水稻遗址距今约 5000 年，彭

---

① 详见刘志一：《关于稻作农业起源问题的通讯》，《农业考古》1994 年第 3 期。

② 关于对"原始农业的起源"、"稻作农业的起源"、"稻谷的起源"这三个概念的考察，详见稻作文化的相关概念部分。

头山的水稻遗址距今约 6000 年,① 这与国内测定的年代有很大的出入。又如从炭 14 测定的数据来看,彭头山遗址约为 9100 ± 200 年、8200 ± 200 年、7815 ± 100 年、7965 ± 170 年等几个数据,② 上下限的差距也很大。还有用考古发掘中稻粒的粳籼情况来判定是否是栽培稻和野生稻,这一点也并不可靠,因为已有的报道表明普通野生稻已经发生了分化,即野生稻已有偏籼型的野生稻和偏粳型的野生稻之分了,所以粳籼之分已不能作为是否是栽培稻的评判尺度了。③

三是单一学科研究的局限性。稻作的起源问题主要是农学领域的研究课题,但同时也是考古学、历史学、植物遗传学等许多人文和自然科学都共同感兴趣的课题。长期以来,植物遗传学家和植物地理学家提出了诸多关于稻米驯化、驯化品种的最原始祖先以及驯化地理区域或地带的理论。考古学家大多注重考古学提供的"物证",依据考古发掘材料来推论稻作的起源地。历史学家侧重于对历史文献的梳理,再结合人类历史上不同的人们共同体的迁徙活动来探讨稻作的起源及传播。人类学家则主要通过对当今世界各地保存有原始社会经济形态的民族进行深入细致的调查,来复原或推测远古人类植物栽培的情况,即利用的是民族志的"活材料"。这种单一学科研究的局限性,特别是研究方法的单一性,加之认识的标准的差异性以及稻作起源的复杂性,使得从遗传变异多样性中心提出的观点缺乏历史学的依据,从历史学提出的看法却没有确凿的考古资料证明,从民族学方面的推论则缺乏考古学、历史学的依据,从而关于稻作的起源问题被人们戏称为是"摇来晃去的古代米"。

我们认为,事物之间无一不是一个有机联系的整体,植物驯化的真实历史是异常复杂的,单凭某一学科的证据是远远不够的,必须充分整合多学科的资料与信息。同样,稻作起源的研究虽然很多方面是农学的领域,但又往往与历史学、民族学、考古学、民俗学、文化人类学等学科密不可分,因此,加强学科之间的借鉴、交流与合作,从不同的学科角度进行综合的研究才能得出令人信服的观点。从具体的研究方法而言,

① [澳] 彼得·贝尔伍德:《史前亚洲水稻的年代》,陈新灿译,《农业考古》1994 年第 3 期。

② 参见《文物》1990 年第 8 期。

③ 徐旺生:《从农耕起源的角度看中国稻作的起源》,《农业考古》1998 年第 1 期。

由于稻作的起源是一个内涵非常复杂的问题，不能简单地转化为内涵单一的何处有最早的稻作遗存问题。探讨稻作的起源，或从神话传说、民俗入手，或从语言学、考古学、植物学、历史地理、气候学、原始农业工具、陶器的发明等多维视角入手，都是一些非常有意义的尝试，但无论何种方法都不应该忽视原始农业的起源这一视角，任何一种方法都不是万能的，都不是无懈可击的，任何一个观点的提出都必须经得起逻辑的推敲和实践的检验。

三　云南在稻作起源研究中的地位

（一）稻作的"阿萨姆·云南起源说"

在稻作起源的诸多学说中，最先由日本学者提出的稻的"阿萨姆·云南起源说"，曾于20世纪70到80年代风行一时，成为影响稻作研究的一种主要观点与流派。

1977～1978年前后，多年潜心于稻的作物史研究，被誉为亚洲稻作文化研究第一人的渡部忠世，通过对印度和东南亚各地公元前5、6世纪至公元1、2世纪各个不同年代考古遗址中所发掘的古代土基、砖头上残存的谷壳形状进行仔细的分析，推测了各地谷壳的大小和形状的历史变迁，进而将其与民族学、植物学等多方面的材料加以相互印证，弄清了从印度东北部的阿萨姆到中国的云南一带是亚洲稻种最多的地区，推断古代"水稻之路"都集中于阿萨姆至云南一带，提出了有名的稻作的"阿萨姆·云南起源说"，并具体阐释如下：

> "探索亚洲大陆水稻传播的一切途径，归根到底，其根源在于阿萨姆和云南的山岳地带。我的观点不同于以往的常识，Indica 和 Japonica 等所有的稻子都起源于这个地带。这是结论。""对于我们农学家来说，阿萨姆的稻子确实是使人颇感兴趣的作物。在复杂地形上种植了约八千多种原生种，其中当然包括水稻和旱稻，Indica 和 Japonica 分别生存于海拔不同的地点，在曼尼普尔和那加兰两州，山地糯稻占优势，野生稻群分布也很广。在幅员辽阔的亚洲种稻地带，这个地区特别神奇。云南和阿萨姆有很多特别相似的地方。复杂的地形上分布着多种多样的水稻，这两个丘陵地带自古以

来形成了同质的种稻圈。布拉马普特拉河是把两地区连接在一起的纽带。这条大河经阿萨姆流入孟加拉湾，其上游的一部分在云南省境内。不仅是布拉马普特拉河，还有湄公河、伊洛瓦底江、红河和长江等都发源于云南的山地。亚洲的人工栽培稻由此向东、西、南传播。阿萨姆在古代形成了与云南同样的人工栽培稻文明，它是向西边传播栽培稻的门户。这样，亚洲的水稻在大陆纵横复杂地传播着。"①

渡部忠世所推定的稻的起源地，与佐佐木高明等人所主张的照叶树林文化的中心地区"东亚半月弧"的核心部完全一致。这样，稻的"阿萨姆·云南起源说"成为照叶树林文化论的一个理论支撑点，并随着此理论的展开，影响越来越大。

在我国学者中，柳子明、游修龄、汪宁生、李昆声等先生和渡部忠世持有基本相似的看法。柳子明认为："根据云南、西江流域、长江流域、海南岛、台湾省等广泛地区，都分布有野生稻的事实和文献记录，可能说明起源于云贵高原的稻种，沿着西江、长江及其发源地云贵高原的河流顺流而下，分布于其流域和平原地区各处。"② 汪宁生、李昆声认为，云南拥有热带、亚热带和温带植物种类多达15000余种，素有"植物王国"之称，现有稻种资源3000多个品种，从海拔40米~2600米都种植有稻谷，更因其地理、环境、气候特点，云南成为作物变异中心，现代栽培稻又十分接近云南的现代普通野生稻，因此稻作起源于云南的可能性很大。③ 农史学家游修龄教授根据江苏、浙江的水稻品种在历史上既表现出丰富性及特定的地域性，结合长江流域及其以南并非酶谱变中心，只属于重要扩散地，并从文字记述、考古发现、历史语言、野生稻分布等方面论证了中国云南等地是亚洲稻起源中心。具体的传播路线是："西路沿金沙江进入四川长江上游，一直到陕西；中路从粤北、桂北经湘赣至华中，然后至黄河中游；东路沿海则在太湖地区形成独特的内容和

---

① ［日］渡部忠世：《东、西"水稻之路"考》，《本》，第6卷9号，1980年；又见渡部忠世：《稻之道》（NHK books，1977年）和《亚洲稻作的系谱》。

② 柳子明：《中国栽培稻的起源及发展》，《遗传学报》1975年第1期。

③ 见汪宁生：《远古时期的云南稻谷栽培》，《思想战线》1977年第1期；李昆声：《云南在亚洲栽培稻起源研究中的地位》，《云南社会科学》1981年第1期。

丰富的中心。"① 游汝杰从历史语言学的角度进行考证认为，亚洲栽培稻的起源地在中国广西西南部、云南南部和越南北部、泰国北部、缅甸掸邦，也就是壮侗人的家园，即壮侗语族分化为各种独立语言之前，壮侗人的聚居地。② 菲律宾学者张德慈认为，"稻作可能起源于尼泊尔——阿萨姆——云南地区，经由云南引入黄河流域，并自越南经由海路引入长江下游。"③ 鸟越宪三郎则直截了当地说，亚洲稻是起源于云南的滇池一带，其创造者正是以水稻农耕和干栏式房屋为其显著文化特征的"倭族"。其后通过各条江河进行迁徙，一支沿着长江，在 7000 年前已到达长江下游的河姆渡。除此之外，有的倭族则从云南通过怒江、澜沧江、红河等迁徙分布到东南亚一带。④

（二）始于"阿萨姆·云南"的稻作传播路线

渡部忠世认为，从云南向印度半岛的栽培稻的传播路线大多数是沿着湄公河、伊洛瓦底江、萨尔温江以及湄南河、红河伸展开去的。这些大河虽然各自河口相隔甚远，但在云南地区，它们都是从互相很接近的山谷中流出来然后再向南而去的。

稻作始于阿萨姆·云南的山岳地带后，不久就沿各大河而下扩大波及到亚洲各地。向西的一支从阿萨姆经过恒河平原到东印度的低地，此后在作为二次中心的东印度平原，驯化出大量的印度型稻种（Indica），后来又穿过孟加拉湾南传到印度支那半岛南部。不过这一地区可信的古稻作遗址还没有发现，但相当早时期的适合于热带种植的印度型稻（稻的两个品种之一，粒长，黏性小，适合热带、亚热带生长）的品种分化已经较为明显。从公元前 1 世纪末开始，这种稻与印度文明一起传播到东南亚各地，成为 1~6 世纪兴起于东南亚的古代诸王国立国的基础。这一传播路线，被称为"孟加拉系列"。

---

① 游修龄：《从河姆渡出土稻谷试论栽培稻的起源、分化与传播》，《作物学报》1978 年第 3 期；《太湖地区稻作起源及其传播和发展问题》，《中国农史》1986 年第 1 期。

② 游汝杰：《从语言学的角度试论亚洲栽培稻的起源和传播》，《中央民族学院学报》1980 年第 3 期。

③ 张德慈：《早期稻作栽培史》，《中华农学报》1976 年第 9 期。

④ ［日］鸟越宪三郎：《倭族之源——云南》，段晓明译，云南人民出版社 1985 年版。

　　在向南传播一途中，经红河、湄公河、萨尔温江河谷，向东南亚各地展开，最早的例子是泰国北部能诺塔（Non Nok Tha）遗址[①]中，从公元前 4000 年的文化层中发现了稻壳，但是，在这个地区真正的水田稻作农耕是在公元前 1000 年。也就是在这个时期，从云南到越南北部、泰国北部，发展了一种以某种有特色的铜鼓为代表的初期青铜器文化。与这种青铜器文化遥遥相对的是东亚东部的弥生文化，代表器物是铜铎，西方是铜鼓，二者都是被埋在地下的与青铜文化相伴的青铜制的祭器，应当注意的是，这是东亚一种文化并行发展的现象。这一传播路线，被称为"湄公河系列"。

　　在向东传播一途，主要是沿长江而下的。发源于云南的龙川江、普渡河，北流入金沙江（长江上游），所以将沿此路线向东北方向传播直达东海沿岸的栽培稻称之为"长江系列"。这一系列以日本型稻为主要的稻群，先于长江流域展开后，又传到日本列岛。在长江下游发现了公元前 7000 多年前后的古老的稻作遗址——河姆渡遗址。不过，河姆渡文化从整体上来看，对狩猎、渔捞的依赖性很大，通过对出土的杂谷品种的推测，当时的稻还是杂谷的一种。最近在洞庭湖西北发现的彭头山文化（约为 9000 年）遗址中发现了许多炭化了的稻壳，说明在长江中游更古的时代就开始经营稻作了。不过，这个遗址中稻作的详细情况还不太明了。当然，长江中下游稻作比重的增加，水田稻作农业的兴盛是从公元前 3000 年后半期的屈家岭文化或者说是良渚文化开始的。在作为良渚文化代表的钱山漾遗址中，属于稻的两个品种都有发现，同时还出土了大量的与稻作相关的生产、生活用具以及饲养家畜的骨骸，说明当时已经有比较稳定的定居农业了。[②] 关于这一点，中村慎一对长江下游新石器文化的比较分析结果表明，从河姆渡文化期到马家滨文化期，以栽培、狩猎、渔捞、采集相辅相成的经济为主，虽然已经进行了稻的栽培，但稻不是独立的产业，而是和其他杂谷混种，是一种综合性的经济。从崧泽

------

　　① 1965 年，美国梭尔海姆教授负责的泰国艺术厅和美国夏威夷大学联合考古队在泰国北部进行文物普查时，发现了能诺塔遗址，该址位于孔教府西北约 80 公里，在不到一平方英寸的残陶片上发现了稻壳印痕，泰国考古学家认为，这是人工栽培稻谷，很可能是 Indica；日本谷物研究专家木原研究了这些陶片后，认为这些稻是分布于亚洲的栽培稻。

　　② ［日］佐佐木高明：《稻作文化的成立和展开》，大阪府立弥生文化博物馆编《弥生文化——探寻日本文化的源流》，平凡社 1991 年版，第 74～75 页。

文化期到良渚文化期，是以水田稻作为主的专门的经济，即水田稻作农耕成了主要的生产方式独立出来，并且成为稻作社会的基础。

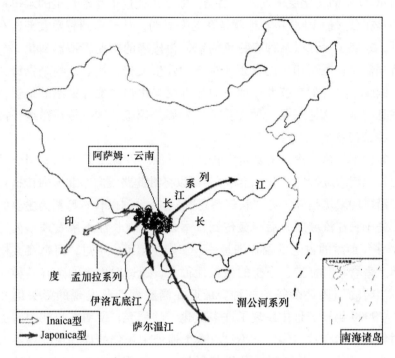

图1—3　水稻发源地和传播路线

（据佐佐木高明《照叶树林文化之道》一书绘制）

（三）阿萨姆·云南起源说的生物学依据："遗传的多样性中心"

阿萨姆·云南起源说把山地作为稻作起源地来考察，有异于大河流域的低湿地起源说，在刚刚提出来的那一段时间，影响很大。短时间之内，许多考古学家、农学家、民族学家在著书立说时，纷纷引用此说，进行演绎推理，于是又产生了新的假说，发展了新的思想和哲学。其实，此说之所以为人们普遍接受，它还有一个理论依据就是同地域"遗传的多样性中心"。

前苏联的遗传学家和农学家瓦维洛夫（N·I·Vavilov），运用达尔文物种变异的概念，追求栽培植物的多样性和变异的幅度与区域性，并把植物栽培的许多品种从世界各地按系统进行了划分归类，创立了植物栽培起源多中心说。他认为，植物栽培的发祥中心地，常常和此种类植物的遗传多样性中心相一致，即植物品种的起源地，多半是多样性的植物品种分布最为丰富的地区。在其学说中，中国被列为世界栽培植物8大起源中心的第一起源中心。在他所统计的世界上640种最重要的栽培植物中，有500种出自旧大陆，其中有400种又出自亚洲，而从印度到中国这一地区又占了其中的三分之二，表明这个地区的农业是最古老的。①

　　那么，多样性的中心在哪里呢？决定世界多样性中心的一个先决条件是，必须在世界上有相当数量的作物品种汇集于此。20世纪70年代，以遗传学者为主，汇集了许多学科的学者，关于多样性中心的研究非常活跃。这当中，以日本农业生物资源研究所植物遗传学家中川原捷洋为首的一个研究小组，使用同工酶把从亚洲各地采集到的数以百计的品种进行了遗传学的分析，他们在对稻的同工酶的特征进行反复多次的实验后，其结果发现，栽培稻的遗传子中心在从中国南部到北泰国、缅甸、印度阿萨姆等亚洲大陆的山地部分的品种是可信的，而与之较远的日本、北中国、南印度这些区域的品种，其可能性就较小了。栽培稻的遗传子中心就是渡部忠世所说的"阿萨姆·云南地域"。② 另外，法国的研究小组在对栽培稻的遗传子中心和稻的同工酶的研究中，也证实了这一地区是多样性的中心。③ 这样，几个不同研究报告的结果，都充分证实了"阿萨姆·云南地域"是一个多样性的中心。④

（四）阿萨姆·云南起源说面临的挑战

　　主要基于生物学事实而提出的稻的阿萨姆·云南起源说，在相当长一段时间内得到许多学者的赞同和支持，并一度成为在稻作起源问题上占统治地位的观点，有着相当大的影响力。20世纪80年代以来，随着长江中下游大量稻作遗址的发现以及稻的生物学研究的展开，阿萨姆·云南起源说在考古学方面的缺环，日渐显现出来，为此，持此学说的不少学者也在逐渐修正补充自己的观点，同时还有人提出了质疑，使得此学

---

① 吴耀利：《中国史前农业在世界史前农业中的地位》，《农业考古》2000年第3期。

② ［日］中川原捷洋：《稻和稻作的故乡》，古今书院1976年版。

③ J·C·Glaszmann: *Isozymes and classification of Asia rice uarieties.* T. A. G, 74, 21~30, 1987。

④ ［日］佐藤洋一郎、藤原宏志：《稻的发祥地在哪里？——面向今后的研究》，《亚洲研究》30卷1号，1992年6月。

说面临着严峻的挑战。具体有：

日本学者佐藤洋一郎的《新·稻起源考——长江起源说》①、《稻米的来路》② 与和佐野喜久生的《飘渺的〈稻米之路〉彭头山遗址的稻粒如是说》③ 等论文中，都有与渡部忠世等人的观点相左的看法。和佐野喜久生对渡部忠世的《稻米之路》提出了许多质疑：（1）调查地域仅限于泰国、缅甸、柬埔寨、老挝等东南亚与印度、斯里兰卡，未包含关键性的云南省在内的中国大陆以及阿萨姆的古代稻资料。（2）用公元前5世纪至公元5世纪左右的材料，去论证公元前5000年前的远古稻作的起源情况，时间出入很大。（3）主要把寺院或城墙等建筑物残砖的稻粒或稻壳痕迹作为调查对象，不好认定这就是当时主要的栽培稻品种。（4）未对泰国史前时代的遗址资料进行调查确认。（5）缺乏稻作农耕有无的物证。（6）没有对阿萨姆至云南地区五六千年前的古代民族的迁徙、移动及文化作出考察。

李晓芩在《云南不是亚洲栽培稻的发源地》④ 一文和《白族的科学与文明》⑤ 一书中认为，亚洲栽培稻的起源问题，需要解决两个前提：即生物条件和文明条件。从生物条件来看，云南同其他发现古稻谷的地区地位均等，所以，仅凭生物条件是不能确定云南具有优越地位的。从文明进程来看，云南新石器时代约发生于公元前2000年的洱海区域，这是一个相当晚并且不值得重视的年代，主张稻谷云南起源说的日本学者也认为考古材料的时代太晚是该学说的缺陷所在。其实，将来即使有更早的考古发现，也不会上溯太多，因为根据考古发掘，在公元前2000年以上年代云南的史前遗址全为旧石器时代，例如保山塘子沟旧石器时代遗址为6250±210年，其技术水平是不可能进行农业生产的，更不可能进行栽培稻种植。从目前已有的丰富的云南考古资料分析，云南新石器时代的发生年代决不可能突破保山塘子沟旧石器时代遗址的年代。因此，云南新石器时代的发生年代远远晚于中原、长江中下游及华南地区新石器时代的发生年代，所以，从文明进程的角度来看，云南已完全失去了作

---

① 《日中文化研究》第3号，勉诚社。

② 《しにか》，大修馆书店，1993年8月号。

③ 日本东亚文化交流史研究会编：《倭与越》，1992年5月。

④ 《云南社会科学》1997年第4期。

⑤ 云南人民出版社1997年版，第18~25页。

为亚洲栽培稻发源地的资格。

1989 年云南学者刘刚发表了《照叶树林文化论与云南民族研究》①一文，文中认为照叶树林文化论作为一个较大区域的整体文化论，其理论构架和理论特色有其新颖独到之处，结合我国西南民族研究，借鉴这一理论是有其积极意义的，可以拓展和加深我们的研究领域。但也同时指出，照叶树林文化论把"稻作文化"与"照叶树林文化"作为两个相对的概念，在论述"山地文化"与"平原文化"的关系，即刀耕火种杂谷栽培型文化如何向稻作文化转化时尚未有所突破，实质上对照叶树林文化的一个理论支撑点——稻的阿萨姆·云南起源说提出了质疑。接着，他在 1994 年又发表了《难以成立的稻作云南起源说——文化史中稻作起源问题考察》②一文，文中围绕着稻作起源的诸多问题，对支撑稻作云南起源说的主要论据进行了逐一的辨析。

林华东先生认为，主张云贵高原是稻作的起源地，有其生态学、植物学、遗传学等方面的优势，即具备了"天时"、"地利"，但缺乏"人文"因素。因为稻作是一种文化现象，原始人从野生稻驯化为栽培稻，在人类历史上翻开了具有划时代意义的一页，不但要有萌发栽培植物的心理欲望，同时还须较先进发达的文化土壤。③

四　从多维的视角来看云南稻作的起源

（一）谷物起源神话：一种可供破译和释读的稻作文化符号系统

云南民间，各民族一直以活的形态口耳相传着诸多不同类型的神话。这些神话，作为原始文化的载体和信息库，是各民族的先民在各自的生存环境下，从事生产活动以及生存竞争的精神产物。今天，发掘这些神话所蕴藏的文化和价值，不仅有助于了解各民族的精神世界与思维方式，还可以间接地复原人类早期历史的史影。

在云南的神话宝库中，曲折地反映人类新石器时代的革命——原始农业产生的谷物起源神话，作为人类原始农业起源的"朦胧"的神话思

---

① 《思想战线》1989 年第 6 期。
② 《农业考古》1994 年第 3 期。
③ 林华东：《中国稻作农业的起源与东传日本》，《农业考古》1992 年第 1 期。

维式的记忆，内容最为繁杂，形式最为多样。多年潜心于神话研究的李子贤先生，曾经把谷物起源神话大致分为自然生成型、飞来型、动物运来型、死体化生型、英雄盗来型、祖先取回型、天女带来型、穗落型、神人给予型九类进行过系统的研究。[①] 这里，我们采用李子贤先生的分法，对云南谷物起源神话作一简略的探讨。

比较接近历史真实的自然生成型谷物起源神话，所描绘的是人类的孩提时代，大地生长着各种可供人类自由享用的粮食作物的美妙图景，如今我们信手掀开彝、傣、哈尼等民族的原始性史诗和创世神话的篇章，随意就可以阅读到这样的画面。

彝族原始性史诗《梅葛》中称，在直眼人时代，地上长满了稻、荞、麦等粮食作物，但人们不会耕种，反而糟蹋粮食。又有"滇池地区的彝族传说，在原始母权制时代，滇池沿岸的沼泽地中，生长着一种水生的野稻，这种'水稻'分布于整个滇池坝子湖面和小河里面。每年夏季稻子开花之时，各氏族的妇女们在女酋长的带领下，驾着小舟巡视自己的'田地'，划分势力范围；秋天稻谷成熟之后，氏族成员集体进行收获，并将收获物平均分配到每一个母系大家庭。人们将这类野生水稻的种子晾干、春净，收存起来可以吃到来年开春。氏族长老凭借他们敏锐的观察和劳动经验，渐渐的把全部精力移向这种植物，终于培育出作为栽培物的水稻。"[②] 叙述哈尼族祖先迁徙的《哈尼阿培聪坡坡》中有这样一节："哈尼还有一位能人，遮努的名声飞遍四方。这位姑娘摘来最饱的草籽，种进黑且最松的土壤；又去背来湖水，像雨神把水泼在草籽上。草籽发出了粗壮的芽，草籽长出高高的秆；树叶落地的时候，黄生生的草籽结满草秆。先祖们吃着喷香的草籽，把它叫作玉米、谷子和高粱。"[③] 傣族的《一颗萝卜大的谷子》称傣族祖先在远古的时候是靠打猎和捕鱼为生，有一天，正在打猎的人们忽然闻到一股清香味，于是跟踪寻找，在山坳的水塘里看到许多又高又密的野生稻，剥开一看，稻米又香又甜，于是给它取了一个名字叫做"香稻米"。自此以后，人们肚子饿了就来摘

---

① 李子贤：《探寻一个尚未崩溃的神话王国》，云南人民出版社 1991 年版，第 238 ~ 260 页。

② 张福：《彝族古代文化史》，云南教育出版社 1999 年版，第 47 页。

③ 见《山茶》1983 年第 4 期。

取香稻米吃。后来日子一长，人越来越多，香稻米就一天天少了下去。这时一个聪明的人提醒大家："你们看，落在土里的那些香稻长出来了，我们为什么不学着种一些在田里呢？将来一颗结几百颗，我们就吃不完了。"于是，人们开始摘一些香稻种在田里，小心培育，香稻米不仅长出来了，而且比野生的还要壮实。① 这些神话传说故事，生动地反映了各族先民是如何发现野生稻并进行驯化栽培的。

结合上面的传说，再联系《山海经·海内经》有关"西南黑水之间有都广之野，后稷葬焉，爰有膏菽、膏稻、膏黍、膏稷，百谷自生，冬夏播琴"的记载，我们可以描绘出这样一幅图画：在远古时代，云南大地生长着各种不同的杂粮杂谷，各民族的先民在漫长的采集、狩猎过程中，发现了杂谷杂粮等自然造化之物的可食性，先是采集而食，继又驯化栽培。换言之，谷物由自然之物向文化之物的转化，始于先民们对谷物的认识及谷种的发现。

飞来型谷物起源神话广泛流传于我国的西南地区和东南亚一带，内容大同小异，说的都是原先稻谷如同鸡蛋、南瓜或萝卜一样大小，成熟后会自动从田里滚到主人家的粮仓，后来这么大的谷粒被人打碎，或飞到了天上，或逃到了海上，甚至变成了其他的东西，人们无奈只好请狗或者其他动物去寻找，将谷粒带回人间，于是谷粒就成了现在的大小。此类神话的流传地区，正好是国内外学术界所主张的亚洲栽培稻的起源地及其周围地区，正好处于照叶树林文化论的"东亚半月弧"地带，当与亚洲栽培稻的起源地有着某种内在的联系。如柬埔寨的《水稻的来历》、越南的《稻子的来历》都属于此类神话。② 流传于西双版纳布朗族地区的神话故事《谷种到人间》也讲到：很久以前，谷子是什么样谁也没有见过。谷神"雅枯索"专门看管谷种，她一人栽种、盖谷仓。那时谷种大如南瓜，不用收割和堆打，既会讲话也长有翅膀，能自己飞回家。谷子快成熟时，雅枯索急忙盖仓房，但由于身怀有孕行动笨拙，未等仓库盖好，谷子已成熟。谷子没跟谷神打招呼，就擅自飞回家中。谷神只好腾出房子先让谷子住下，自己则抓紧时间盖仓房。可谷子仍按耐不住，

---

① 参见《傣族民间故事选》，上海文艺出版社 1985 年版。
② 参见张玉安主编：《东方神话传说》（第七卷），《东南亚古代传说神话》（下），北京大学出版社 1999 年版，第 13～14 页。

纷纷抢着提前飞进仓房。谷神非常生气，用洗衣棒怒打谷子，谷子被打得四处逃散。它们逃进洞里藏身，怎么叫唤也不出来。老鼠将谷种咬碎吃了，跑到田坝里拉屎，谷子落地后就发芽抽穗，长出了谷子，但谷子已经变成鼠屎一般小。人们把它割下来，舂碾成白米煮饭吃，自此便知道种谷子。

顾名思义，动物运来型神话说的是动物帮助人类找寻到谷物的事情。而在众多的动物中，尤其是狗这种具有灵性的动物功不可没，在许多民族的传说中都是主角，扮演着十分重要的角色。

阿昌族《谷种的传说》讲述的是：

> 很早以前，地上稻谷都是自生自长，到处都有，长得同芭蕉树一样高大茂盛。人们做饭时，搬来一颗，剥了皮，舂碎，就能蒸出香喷喷的米饭。全家人一顿还吃不完，剩下的喂狗。后来，人们越吃越懒，渐渐养成了好吃懒做的坏习惯，不好好的管理谷树，到了秋天，也不去采摘稻谷储存粮食了。地上的稻谷大片大片地枯死，谷粒落在地上，牛呵，马呵，连吃带踩，随意践踏。人们在火塘边烧火，还将金灿灿的谷粒拿来当凳子坐。
>
> 一天，观音娘娘来到人间看风景，见人们不爱惜粮食，感到非常痛惜，一气之下，刮起一阵狂风，把地上的谷子全部卷走了。
>
> 没过多久，人们身边的稻谷吃光了，野地里也找不到一粒谷子。人们饿得肚皮贴脊梁骨，第一回尝到了饿肚皮的滋味，后悔当初不该好吃懒做，糟蹋粮食。村寨里的狗更是一条条饿得精瘦，奄奄一息，只剩下一张皮包着骨头，趴在地上望着天嗷嗷惨叫。天上的观音娘娘听到地上凄惨的狗叫声，动了怜悯之心，她想，作孽的是人，何必让狗也跟着受罪呢？就将一把谷子朝着狗撒下去。那些望天求救的人们，见天上有金色的雨点飘落在狗的周围，走近一看，是一种从未见过的细小谷粒。人们把狗撵开，将那一粒粒的谷子拣起，连皮也不舂，就拿去蒸。这时，一位银须白发老人走过来，急忙拦住大家说：孩子们，这是谷种呀！我们饿死也不能吃！说完，就领着人们在河边挖了一丘田，精心地把谷粒一粒一粒播种下去。从此以后，阿昌族人学会了育种栽种的本领，一代接一代，谷种繁衍下来了。阿昌族同时也越来越懂得了'吃饭要敬饭，穿衣要敬衣'的

道理。为了不忘记过去的教训，也为了报答狗为人间讨来谷种的恩情，每年新谷成熟，中秋来临这天，阿昌族在庆贺丰收之际，总忘不了先盛碗米饭去喂狗，这个奇异而有趣的习俗也一直流传下来。①

傈僳族《粮食种子的由来》是这样讲的：

相传，很久很久以前，大地被洪水淹没。洪水退去后，大地上的人类灭绝了，粮食作物也绝种了，惟有躲藏于葫芦里的两兄妹和他们的一只狗还活着。为了繁衍人类，兄妹俩只好结成夫妻，可是地上粮种绝灭了，无法耕种粮食。兄妹俩就叫他们的狗到天上向天神要粮食种子。狗到了天上，要到了种子，把种子放到耳朵里带回到大地。兄妹俩获得粮食种子后撒在地里，一粒发十粒，一蓬发十蓬。这样，人世间才有了今天的各种粮食。据说，狗因为要粮种有功，因此，至今每逢新米节、过年，都要先喂狗，以示慰劳。喂狗时还要吟诵吉祥祈祷的词。②

哈尼族吃新谷时要先喂狗，与此相关联有这样两个传说：

一个说的是，在很古很古的时候，由于天翻地覆，大水淹没了整个世界，世间的各种作物都被大水冲走了，没有了籽种。后来大水退后，在遥远的天边，一只名叫"奴凑"的小鸟，在一个巨大的落水洞边上，找到了一穗金色的稻种，它高高兴兴的叼着稻种飞到一棵树上，准备啄食这惟一的稻种。就在这时，被一只狗发现了，它在树下"汪汪"地叫了起来。"奴凑"鸟吓了一跳，慌乱中稻种掉在地上，狗就把这棵稻种用嘴叼回家里来，自此，人们又有了稻种。③另外一个说的是，在远古时候洪水泛滥，万物淹没，人们为了生存发愁，机灵的狗突然发现在一株大树上比苦鸟叼着一穗谷子正要吃，狗汪汪叫起来，比苦鸟吓了一跳，谷穗掉在地上，狗把谷穗

① 见《阿昌族民间文学资料》第1辑，转引自刘江：《阿昌族文化史》，云南民族出版社2001年版，第57~58页。
② 云南省民族事务委员会编：《傈僳族文化大观》，云南民族出版社1999年版，第195页。
③ 李期博：《哈尼族习俗二则》，载中国民间文艺研究会云南分会、云南省民间文学集成编辑办公室编《云南民俗集刊》（第三集），第94页。

叼来交给主人，从此，哈尼族人种上水稻，有饭吃了。①

又滇南彝族传说，庄稼的种子是狗从天上偷来的，所以每年十月初十尝新米饭时，先献了天地神灵后，再盛一碗让狗先吃，以示对狗的感激之情。据彝族毕摩说，开天辟地人类出现以后，地上的粮食作物长得很好，稻谷一棵长九个穗，包谷一棵背九个包，人们的粮食吃也吃不完。衣物周全以后，人们开始变得懒惰起来，并用糯米煮粥糊田埂，用麦粑粑去堵塞漏水口。有一天"格兹"天神派金龙神和银龙神巡视人间，看到此情此景便十分恼怒，向天神奏了一本。天神遂将人间的粮食统统收到天上，从此以后，田里野草成窝，土地荒芜。人们一个个饿得皮包骨，可怜极了。后来一只天狗从天廷跑到人间，尾巴上粘着几粒谷种，人们又重新种出了粮食，可是谷穗还没有狗尾巴那么长，而且要流血流汗干上一年才得温饱。②

动物运来型神话多与飞来型神话杂糅在一起，以亚洲栽培稻的起源地及其周围为中心，据日本神话学者大林太良系统研究认为，与陆稻、水稻双方都有联系，而不是仅仅同其中一方相关联。云南地区的流传情况，据李子贤先生的不完全统计，彝、怒、佤、德昂、苗、阿昌、壮、拉祜、哈尼等民族中均有流传，为人类寻找谷物的动物有狗、蛇、鼠、蚂蟥、鸟、鸡等，常见的是狗、蛇与老鼠。其母题是人类之初或者大洪水后，没有谷种，然后由神或人让某一动物到天上、大海、远处或水中取回谷物，谷物多与水或某一种特殊的动物有关。在这里，水被赋予了特殊的农业文化的象征意义，具有了某种神秘的属性。③ 具体如佤族的《我们是怎样生存到现在》说的是人和动物一起寻找谷物，结果让大蛇游到水里去拖谷子，人们又拉着蛇尾巴，这才取到了谷种。到头来，动物们嫌麻烦不乐意种谷子，人却把谷子种植保持到今天。在阿昌族的传说中，说是洪水泛滥后，整个世界什么都没有了，人们跑到山头上避难。这时狗游到水里找到几粒谷种，并用尾巴蘸稀泥把谷种粘给人们，从此人们又得以生存发展，长出的谷穗也像狗尾巴一样。布朗族有这样一则

---

① 雷兵：《哈尼族文化史》，云南民族出版社 2002 年版，第 96 页。
② 张福：《彝族古代文化史》，云南教育出版社 1999 年版，第 214~215 页。
③ 李子贤：《探寻一个尚未崩溃的神话王国》，云南人民出版社 1991 年版，第 243 页。

神话：从前，人类没有谷种，派人四处寻找，但无论谁去了都没有办法活着回来。后来，大家决定让野蚂蟥去，因为它走路会收缩，能紧紧的吸附在一处，风雨吹不动它。野蚂蟥提出了一个条件，要是找到了谷种，人类便从此以自己的血液来供养它，人们被迫答应了。于是历经磨难，终于在牙筐考（主管谷种的谷神）那里找到了谷种。它累死累活，才将一颗谷粒搬了回来。种下后，它精心看管，收获后又取种子再种，人们从此就有了谷子，人类也不再饿肚子了。故现在每到傣历九、十月的时候，蚂蟥便很多，据说它们是来看管谷子的。

尸体化生型神话又叫尸体衍生型神话，它在世界各地农耕民族中流传最为广泛。我们耳熟能详的盘古神话就属于古老的尸体化生型神话之一。盘古神话原为中国南方、西南方各民族中流传的神话，到三国以后其影响遍及中原大地。相传当盘古去逝以后，躯体变成了大地，血液变成了江河，皮肤汗毛变成了树林和花草，牙齿、骨骼变成了金玉珠石，气变成了风云，声变成了雷，汗水变成了雨泽。云南地区的尸体化生型谷物起源神话，李子贤先生把之分为神、人或神物死后化生出谷物的 A 型，以及从死鸟的嗉子中取出谷物种粒的 B 型。其中，A 型主要在彝族、哈尼族和佤族中流传，B 型主要在纳西、彝、苗、瑶、佤等民族中流传。弗雷泽在《金枝》中，列举了世界上许多民族相类似的尸体化生型谷物起源神话，他认为这是人们将稻谷精灵拟人化，使稻谷和人类一样经历了出生、成长、繁殖和死亡的全部过程，这种过程常常被拟人化为亲子关系，或者由一个不朽的女神来代替。①

英雄盗来型又称为普罗米修斯（Prometheus）型，普罗米修斯是古希腊神话中从天上盗来天火给人类的英雄。就云南的情况来看，独龙族的《木彭歌》、哈尼族的《英雄玛麦的传说》、傣族的《九隆王》、彝族的《阿细的先基》与《谷种的来历》等神话中都有类似的内容。

祖先取回型神话说的是人类的某一祖先跋山涉水、历尽艰辛到天边、南海、水潭等远处取回谷种。此类神话流传并不是很普遍，只在大理白族、楚雄苗族、沧源佤族、红河哈尼族等民族中流传。由于是到他地取回谷种，从某种意义上折射出稻作的传播问题。如哈尼族的《塔婆取种》

---

① 参见〔英〕詹·乔·弗雷泽：《金枝》，徐育新等译，大众文艺出版社 1988 年版，第 46 页。

讲述了开天辟地后,哈尼族始祖在岩洞里生下了 21 个儿子,但都先后离开了她,致使塔婆一人孤苦零丁地过着靠采集野果充饥的生活。后来,三儿子龙王欧罗想报答母亲的养育之恩,把老母亲接到龙宫,精心照料。可塔婆过不惯龙宫中舒适安逸的生活,要儿子给她五谷种、六畜种和金银种,带回人间去。于是,欧罗就送给了母亲三个塞得很严密的竹筒。回到人间后,她打开第一个竹筒,是牛马六畜种;打开第二个,是金银珠宝;打开第三个,是一筒金灿灿的五谷种。自此,人间就有了五谷、六畜、金银。塔婆去世后,哈尼族每年农历八月属龙的日子都要用米、酒、猪肉祭献塔婆祖母。① 这则神话透露给我们这样的信息:在采集经济时代,妇女们在长期的采集过程中,逐渐发现一些可食性的植物穗粒落到地上会长出与母体植物相同的植物,于是就将这些穗粒精心收集起来,进行人工撒播。这样,原始农业诞生了。

天女带来型神话主要流传于氐羌族系彝语支各民族中,并大多与天婚神话联系在一起,融会进了各民族的原始性史诗。其母题是:洪水后,人间惟一剩下的男子到天上向天女求婚,在二人结为夫妻后,天女从天上带着各种谷种同男子一道来到了人间。对于这类神话,李子贤先生详细研究后认为,云南地区的天女带来型谷物起源神话,就其内容及文化背景来看,亦当是古代杂粮栽培型文化。② 独龙族的《彭根朋上天娶媳妇》和《聪明勇敢的彭根朋》中,认为谷种是天神的千金下嫁凡人时带来的。普米族的《洪水滔天》说山神的女儿由天上取来谷种失落地界。哈尼族的《奥色密色》说天王的女儿把谷种偷偷送给人间。

神人给型谷物起源神话指的是,半神半人的神带给人类谷物种子或者教人类种植稻谷的神话。这类神话在傣族、佤族、景颇族等民族的民间广为流传,完整的有如傣族《谷种的来历》称:

> 远古时,人类不会耕田种地,也没有谷种。只有天国的一位天神,他掌握着 77 种谷粒,有一大片田地,年年播种收割。犁田时需要 1200 个男子,1200 条壮水牛,犁整整一天;耙田时,也需要这么

---

① 详见云南省民间文学集成办公室编:《哈尼族神话传说集成》,中国民间文艺出版社 1990 年版,第 45~47 页。

② 李子贤:《探寻一个尚未崩溃的神话王国》,云南人民出版社 1991 年版,第 253 页。

多的人和水牛；插秧时，需要 1200 个姑娘，插整整一天；收割时，需要姑娘小伙子共 1200 人，割一天才完；堆谷踩谷挑谷回仓，也需这么多的人。

人间没有谷种，也不会种田，过着采集、狩猎的生活。……有一天，天神的小女儿偷了一袋谷子，变成一位身穿白衣服满脸白胡子的老头飞到人间，把谷种赐给人们。嘱咐说："冬季要犁板田，4 月、5 月挖沟筑堤，6 月撒秧，7 月、8 月插秧，12 月、1 月收割，年年如此，不断反复！"①

又在傣族的另一则神话《布桑盖、亚桑盖》也讲到，人类始祖神布桑盖、亚桑盖从天上降到地上时，带来了一个仙葫芦，他俩把葫芦破开，从中飞出万物撒向大地，其中就包括谷物的种子。佤族的《司岗里》神话讲述了人类从石洞里出来后，在天神莫伟的指点下，学会了猎食野兽和用火熟食。后大地上的野兽不够吃了，莫伟又帮人类找到了谷种，开始种庄稼。景颇族的《太阳神的谷子》中说，谷种是人们向太阳神讨来的。当时，太阳神嘱托人们和谷种，将来一穗稻谷可以长得如牛腿那么粗，一粒谷子有马蹄那么大。可是，在回来的途中，刺猬听到后讥讽道："要是种出那样的稻谷来，你们咋能吃得完！一穗稻谷最多只能有我的尾巴大。"谷子听后竟然忘记了太阳神的嘱托，反倒记起刺猬的话，其结果稻谷就如同现在这般大小。在这类神人给型谷物起源神话中，上天给人类恩赐的谷种，大都具有一点非凡的仙品神性。

鸟把谷物带到人间的穗落型谷物起源神话，在云南仅于傣族、彝族、哈尼族中发现。如傣族创世史诗《巴塔麻嘎捧尚罗》是这样说的：原来傣家人不会种稻，没有谷种。天神知道后，就撒下了谷种，通过鸟雀和老鼠吃后拉出的粪便，把谷种带到人间，在水沟边发芽长大。聪明的首领帕雅桑木底带领人们克服了重重的困难，终于学会了种植水稻。与此相类似，景洪坝子傣族神话说，天神叭英得知景洪坝子无粮食、水果，就命令老雕、孔雀、喜鹊等飞到远方去寻找谷类、水果种子，尔后把种子撒向西双版纳各地。在这里，鸟成了传播谷物种子的使者，具有了某

---

① 详见吕大吉、何耀华主编：《中国各民族原始宗教资料集成》（傣族卷），中国社会科学出版社 1999 年版，第 140～141 页。

种神秘的力量，所以在我国的农耕民族中，鸟崇拜现象就甚为普遍，甚至古代还有"鸟耕"、"鸟田"的记载。[①]

李子贤先生在全面研究了云南少数民族各种不同类型的谷物起源神话后认为，云南存在于民族古籍或民间口头流传与社会生活息息相关的活形态谷物起源神话，既与薯类栽培、杂粮栽培文化以及稻作文化相对应，又与各种宗教形式相联系，充分反映了云南民族文化的丰富性和多样性。从农耕起源的高度来看，这些神话曲折地反映了历史上云南各少数民族的先民从采集天然植物到种植农作物的转变，或由游牧民族向农耕民族的转变，反映了原始农业的产生及其传播。[②] 我们认为，云南各民族呈密集分布状态的谷物起源神话，其之所以类型多样，流传广泛，除了有其特殊的自然、社会、历史、文化的原因之外，还从另外一个侧面折射出云南各民族的先民是如何获取谷物种子并从事原始农耕的过程，既反映了这些民族对稻谷起源的哲理思考，又说明了其稻作的古老性和历史的悠久性。尤其是许多神话的密集流播地区，正好与国内外学者所主张的亚洲栽培稻的起源地的某些观点相同，这也提示了我们，云南当是亚洲栽培稻的起源地之一。

（二）云南地区是栽培稻起源地之一的植物遗传学依据

在有关作物品种的起源研究中，学界有一个普遍的共识，那就是作物品种都是起源于野生种的，稻谷亦不例外。所以，人们在研究亚洲稻谷的起源地时，该地是否有野生稻的分布向来是一个重要的指标。

野生稻是禾本科植物，外型近于栽培稻，稻穗属圆锥花序，谷粒称颖果，呈淡棕红色，结实率低，谷粒边熟边落。[③] 20 世纪 50 年代以后，经过全国范围内的广泛普查，我国的野生稻分布在东起台湾省桃源（121°15′E），西至云南景洪（100°47′E），南起海南省崖县羊栏公社林洋

---

① 关于"鸟田"，请参见董楚平：《"鸟田"神话刍议》，《民族研究》1993 年第 2 期；刘付靖：《百越民族的水稻、浮田与"鸟田"传说新解》，《民族研究》2003 年第 1 期；陈龙：《鸟田考》，见《百越民族史论丛》，广西人民出版社 1998 年版。

② 李子贤：《探寻一个尚未崩溃的神话王国》，云南人民出版社 1991 年版，第 255～256 页。

③ 戚经文等：《我国栽培稻祖先——野生稻的调查研究》，《农史研究》（第一辑），农业出版社 1980 年版。

（18°15′N），北至台湾省桃源（25°00′N）地区。[①] 主要有普通野生稻[②]、药用野生稻[③]、疣粒野生稻[④]三个品种，同时还有李氏禾、假稻和秕壳草三种野生稻亲缘植物。而同时具有野生稻三个品种分布的仅有云南和海南两省。

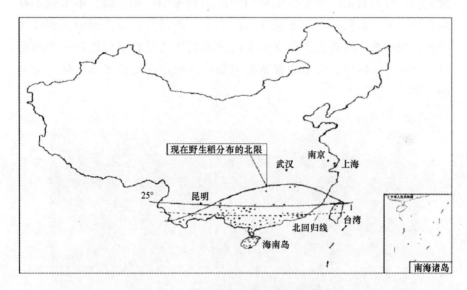

图1—4　中国当代野生稻分布示意图

据调查，在云南的西双版纳、红河、大理、德宏、保山、思茅、临沧等94个地点均发现了野生稻。这些野生稻多分布在海拔1000米以下，特别是热带、亚热带红河附近，还发现有成片的野生稻生长。[⑤] 从全国野

① 广东农林学院农学系：《我国野生稻的种类及其地理分布》，《遗传学报》1975年第1期。

② 普通野生稻（Oryza Sativa），俗称"学禾"、"野禾"、"鹤禾"等，多年生，宿根性，9~11月出穗，多生长在沼泽地、草塘或溪河沿岸，在我国主要分布在北纬18°15′至25°的范围内。

③ 药用野生稻（Oryza officinalis），俗称"山鸡谷"、"神禾"等，多年生，宿根性，10~11月出穗，在我国主要分布在北纬18°25′至24°10′之间。

④ 疣粒野生稻（Oryza meyeriana），俗称"野谷"、"竹草"、"山谷"等，多年生，宿根性，除隆冬外，终年出穗，在我国主要分布在北纬18°10′至24°10′之间。

⑤ 云南日报新闻研究所编：《云南——可爱的地方》，云南人民出版社1984年版，第182页。

生稻资源考察协作组的综合分析报告来看，云南发现的野生稻，主要是
疣粒野生稻和药用野生稻，普通野生稻仅在南部的景洪、元江两县有零
星的分布，每个分布点的覆盖面积也都较小。关于云南的普通野生稻，
严文明先生认为，从元江到广西百色历经多次详细调查都没有发现普通
野生稻，可见云南的普通野生稻与华南的野生稻不相连续，本来就不在
同一分布区。景洪、元江不但在云南南部，而且分别位于澜沧江和红河
谷地，两河都向南流入印度支那半岛，那里恰巧是普通野生稻分布的另
外一个中心。所以，云南的普通野生稻应该和印度支那半岛同属一个分
布区。①

图1—5　绿春县三愣乡发现的神秘鬼稻——疣粒野生稻

（选自《哈尼族梯田文化》）

　　从文献记载来看，我国南方许多地区都有野生稻分布的记述，云南
亦不例外。《山海经·海内经》载："西南黑水之间有都广之野，后稷葬
焉，爰有膏菽、膏稻、膏黍、膏稷，百谷自生，冬夏播琴。"据考，黑水
指金沙江流域，说明在战国以前，川滇一带就有野生稻。明朱孟震《西
南夷风土记》载："缅甸所属地方，名板楞，野生嘉禾，不待耕播种耘

---

①　严文明：《再论中国稻作农业的起源》，《农业考古》1989 年第 2 期。

耨，而自秀实，谓之'天生谷'，每季一收，夷人利之。"此段史料反映的是滇缅边境缅甸一侧野生稻的生长情况，这种情况与现代野生稻的调查结果是一致的。又在如今云南许多民族的神话传说中，都讲到其先民生存的环境之中有野生稻分布的情况。[1]

如上几方面的材料告诉我们，云南远古居民有足够的野生稻资源可供其驯化栽培。

云南作为栽培稻起源地之一，不仅具有丰富的野生稻资源，而且还具有许多得天独厚的自然条件。云南拥有热带、亚热带和温带等各种不同的气候类型，为多姿多彩的自然生命系统提供了得天独厚的生长发育条件，形成了动植物群落的极大丰富性。如仅高等植物就多达 15000 余种，约占全国种子植物的一半以上，各种农作物品种应有尽有。仅稻谷品种就有 3000 多个，且类型多样，既有粳籼、水陆、粘糯、光壳、早、中、晚稻之分，又有籼粳性状交错的类型。[2] 这些不同种类的稻谷垂直栽培在从海拔 40 米（河口县）至 2600 米（维西县攀天阁）地带。

云南特殊的自然、地理、气候条件，使之成为作物变异多样性的中心。云南省农科院有关研究人员，对云南稻种进行了同功酶分析，酶谱一致，在亲缘关系上，云南现代栽培稻种十分接近云南现在的普通野生稻，从遗传学上支持了云南是栽培稻起源地之一的论点。又，以日本农业生物资源研究所植物遗传学家中川原捷洋为首的一个研究小组，对从亚洲各地采集到的数以百计的稻种进行了同功酶研究，并对各组合类型的亲缘关系作了遗传学的分析，无数次反复实验的结果表明，栽培稻的遗传子中心在从中国南部到北泰国、缅甸、印度阿萨姆等亚洲大陆的山地部分的品种是可信的，而与之较远的日本、北中国、南印度这些区域的品种，其可能性就较小了。栽培稻的遗传子的多样性中心就是渡部所说的"阿萨姆·云南地域"。[3] 另外，法国的一个研究小组在对栽培稻的"基因中心"的研究中，也证实了这一地区是多样性的中心。[4] 这样，几个不同研究报告的结果，都充分证实了"阿萨姆·云南地域"是一个多

---

① 详见谷物起源神话部分。

② 详见第三章稻种资源的选育部分。

③ 详见［日］中川原捷洋：《稻和稻作的故乡》，古今书院 1976 年版。

④ 详见 J. C. Glaszmann：*Isozymes and classification of Asia rice arieties. T. A. G.*，74，21–30，1987.

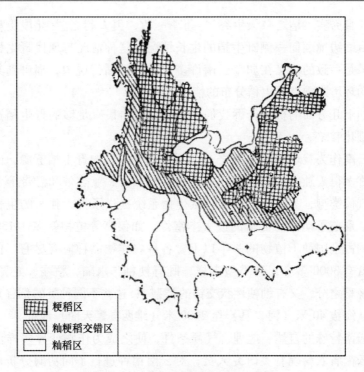

图1—6　云南籼粳稻垂直分布示意图

样性的中心。①

　　总之，从植物遗传学来看，云南作为稻作起源地之一的地位是不容怀疑的。

（三）云南地区是栽培稻起源地之一的考古学依据

　　在农业的起源研究中，英国考古学家戈登·柴尔德（V·Gordon Childe），把人类学会植物栽培和动物饲养的食物生产作为新石器革命，于是农业的诞生就成了新石器时代和旧石器时代的标志，突破了以磨制石器和陶器为新、旧石器的传统标志。由于农业的起源是新石器时代的一个重要标志，那么，要了解业已消逝的远古云南稻作的一些基本信息，新石器时代的考古发掘，是一个基本的着眼点。

　　20世纪50年代以来，随着新中国考古事业的蓬勃发展，在云南的

　　① ［日］佐藤洋一郎、藤原宏志：《稻的发祥地在哪里？——面向今后的研究》，《亚洲研究》30卷1号，1992年6月。

100多个地点都发现了新石器时代的遗址，从各地出土遗迹和遗物来看，当时的居民尽管族系复杂，然而经济生产方式大致相同，即以石斧、石刀和竹木工具经营原始农业，作为生活主要来源。主要农作物是稻谷，种稻大概主要采取旱地作业方法。[1]　当然，也不排除在很多地区狩猎、采集和捕捞仍然是补充食物来源的一种重要手段。

关于云南新石器时代农业或稻作发生的全貌，我们将在云南稻作的历史发展这一章中，分地区别门类详当介绍。这里，仅着重展示云南新石器遗址中出土的稻谷情况。

中国新石器时代的稻谷遗存对研究稻作的起源具有特别重要的价值。自20世纪50年代以来，我国已经在浙江、江苏、湖北、安徽、江西、台湾、广西、云南、广东等省区发现了人工栽培稻谷的遗迹，这些遗迹据陈文华、林华东、汤圣详等人的研究统计，大约有100多处。[2]　其中，云南的稻作遗址，我们据目前已有的考古资料，初略统计如次：

表1—3　　　　　　　　　　云南主要的稻作遗址

出土地点	时代	籼	粳	种属不明	出土情况	资料来源
云南元谋大墩子	1470±55BC		☆		出土大量灰白色的稻叶、稻谷和炭化米	云南省博物馆：《元谋大墩子新石器时代遗址》，《考古学报》1977年第1期
云南宾川白羊村	1820±85BC		☆		炭化谷及其灰烬、稻秆痕迹	云南省博物馆：《云南宾川白羊村新石器时代遗址》，《考古学报》1981年第3期
云南剑川海门口	3115±90年		☆		稻谷穗及其灰烬	云南省博物馆：《剑川海门口古文化遗址清理简报》，《考古通讯》1958年第6期

---

①　参见汪宁生：《远古时期云南的稻谷栽培》，《思想战线》1977年第1期。

②　参见陈文华：《中国稻作起源的几个问题——〈中国稻作的起源〉序言》，《农业考古》1989年第2期；林华东：《中国稻作农业的起源与东传日本》，《农业考古》1989年第2期；汤圣详、佐藤洋一郎：《中国粳稻起源的探讨》，《农业考古》1994年第1期。

续表

出土地点	时代	籼	粳	种属不明	出土情况	资料来源
云南晋宁石寨山	距今3000多年			☆	稻穗、稻壳的印迹	黄展岳、赵学谦:《云南滇池东岸新石器时代遗址调查记》,《考古》1959年第4期;云南省文物工作队:《云南滇池周围新石器时代遗址调查简报》,《考古》1961年第1期
云南昆明滇池官渡	距今3000多年		☆		稻壳印迹	黄展岳、赵学谦:《云南滇池东岸新石器时代遗址调查记》,《考古》1959年第4期
云南耿马石佛洞	距今2925±110年	☆	☆		炭化稻	阚勇:《云南耿马石佛洞遗址出土炭化古稻》,《农业考古》1983年第2期
云南耿马南碧桥	距今2925±110年	☆	☆		灰黑色稻谷凝块	云南博物馆文物队:《南碧桥新石器时代洞穴遗址》,《云南文物》第16期(1984年)
云南江川头咀山	距今3000多年			☆	稻壳痕迹	葛季芳:《云南发现的有段石锛》,《考古》,1978年第1期
云南曲靖珠街			☆		炭化稻	李昆声、李保伦:《云南曲靖发现炭化古稻》,《农业考古》1983年第2期
云南凤庆昌宁			☆		7000克颗粒均匀的炭化稻谷	云南省凤庆县志编纂委员会编:《凤庆县志》,云南人民出版社,1993年版,第125页

　　表中列出了截今为止云南10个新石器遗址中发现的稻谷或稻壳痕迹的情况,最早的稻谷遗存是距今4000年前的宾川白羊村遗址,较晚的是

相当于殷、周之际的剑川海门口遗址。宾川白羊村遗址为云南新石器时代典型的农耕区——洱海区域最为重要的遗址之一。1973 年云南省博物馆在组织发掘时，不仅出土了大量的陶器和石器，还在住房遗址的旁边发现了 48 个用以储藏粮食的窖穴，多数窖穴中有炭化谷粒及其灰烬。其年代，经炭 14 测定，为距今 3770±85 年，即公元前 1820±85 年。[①] 较之晚期距今约 3115±90 年。[②] 石寨山、官渡、石佛洞、南碧桥、头咀山等稻谷遗址，其绝对年代只有 3000 年左右，虽然在云南地区来说仍属新石器时代范畴，可就全国来说，只和商周相当。

图1—7　云南各地出土的炭化古稻

（1 为曲靖出土，2 为元谋大墩子出土）

从遗址中出土的炭化稻特征及属性来看，曲靖市麒麟区珠街乡三源董家村北马槽洞所发现的炭化稻均呈墨黑色，表面无光泽，较粗糙，绝大部分无胚，为脱颖米粒。硬度中等，重压后为粉状炭末，水溶液在纸、布、木片上易着色。稻粒断面呈焦炭光泽。少数炭化稻粒上有虫蚀蛀孔，部分米粒胚乳亦有蛀蚀现象，轻压即碎，多数为脱壳米粒，经专家鉴定认为是人工栽培粳稻型。[③] 剑川海门口出土的炭化稻粒，谷粒短圆，谷有颖毛，颖面有整齐的方格，颖尖有芒，并有清晰的护颖，可证实属于人

① 中国社会科学院考古研究所实验室：《放射性测定年代报告（5）》，《考古》1978 年第 4 期。

② 中国社会科学院考古研究所实验室：《放射性测定年代报告（3）》，《考古》1972 年第 5 期。

③ 范建华等：《爨文化史》，云南大学出版社 2001 年版，第 19 页；李昆声、李保伦：《云南曲靖发现炭化古稻》，《农业考古》1983 年第 2 期。

工栽培的粳稻，与今天的粳稻类似，而粒稍小。① 滇池区域出土的稻壳遗迹，呈阔圆形，类似今天的粳稻。元谋大墩子的炭化稻粒，经初步鉴定也属粳稻一类。石佛洞遗址所发现的炭化稻，经植物学农艺形态鉴定认为，属于亚洲普遍栽培稻杂合群体，其中以粳稻为主，并有少量籼稻，且不排除其中有光壳稻生态类型。今云南南部地区栽培稻种中的陆稻如澜沧、西盟、沧源等地的地方品种"札鲁札拉"、"札西尼"、"阿丫莆"等稻种，与此遗址中发掘的稻谷在粒形上有相似之处，因此，此遗址中的稻谷有可能是陆稻。②

各地出土的稻谷经鉴定多属粳稻品种，而在稻种分类学中，稻谷"分为水稻和陆稻，陆稻偏粳而水稻偏籼。"③ 据此，大多数学者倾向于当时人们主要种植耕作技术要求较粗放的陆稻，亦即我们通常所说的"旱谷"。

云南发现的这些新石器时代稻谷遗存，在某种程度上曾经是云南稻作起源的重要依据之一，但自 20 世纪 80 年代以后，随着长江中下游以及其他地区更为古老的稻作遗存的发现，云南稻作遗存年代上的劣势逐渐显现出来，甚至成为人们否定云南作为稻作起源地之一的论据。我们认为，虽然云南地区的稻作考古在年代上相对较晚，存在着缺环，但并不能排除随着将来云南考古发掘工作的展开，发现年代上更为久远的稻作遗存的可能，甚至是石破天惊的大发现。退一步讲，考古发掘并不是论述稻作起源的惟一依据，且稻作的起源也应是多元的，云南在稻作起源研究中当有其独特的地位。

（四）云南地区是栽培稻起源地之一的民族学依据

从民族史和民族学的角度，动态考察历史上民族的空间地域分布及民族之间的离散聚合、融汇交往、迁徙演变情况，是近年来在稻作起源研究中人们开始关注并有人尝试的一个新的视角。因为，稻谷虽然是自然造化之物，但稻谷栽培却是一种人类行为，即与稻作相关的文化活动离不开人类活动这一主体。

① 诸宝楚：《云南水稻栽培的起源问题》，《学术研究》1962 年第 4 期。

② 阚勇：《云南耿马石佛洞遗址出土炭化古稻》，《农业考古》1983 年第 2 期。

③ ［日］渡部忠世：《稻米之路》，尹绍亭译，云南人民出版社 1992 年版。

基于这种认识，我们在讨论云南稻作的起源时，不能忽视远古时期中国南方尤其是云南各种不同的人们共同体的活动情况。从历史记载来看，活跃在长江以南这个历史舞台上主要有分属于氐羌系统、苗瑶系统、百越系统三个大的民族集团。这些民族集团在长期的历史发展和演变过程中，共存共荣，杂居相处，彼此不断的融合交流，形成了今天的各个不同的民族。虽然由于在民族的发展演变过程中，"同源异流"和"异源同流"的情况异常复杂，但也不能把今天的某一个民族同历史上的某一个民族群体完全等同起来，亦即不能简单地认为就是今天某一民族的先民发明了稻作，但基于诸多的史志资料和考古材料，目前学界普遍认为最早驯化野生稻的民族是古代的百越民族。

百越族群是我国南方一个较大的民族集团，其先民早在原始社会晚期的尧、舜、禹等传说时代，便同其他族人被划分为蛮苗族系。大约在商代早期，百越已从"蛮苗"中分离出来，形成了各种不同的支系，具有广阔的分布面。据《汉书·地理志》颜师古注引臣瓒言："自交趾至会稽七八千里，有百越杂处，各有种姓"，即古越人环居于今从苏南、皖南循东南沿海至两广和越南北部。古之百越族群有着共同的渊源和文化特征，是典型的稻作民族。《史记·货殖列传》载："楚越之地，地广人稀，饭稻羹鱼，或火耕水耨，果隋蠃蛤，不待贾而足，地执饶食，无饥馑。"《汉书·地理志》亦载："江南地广，或火耕水耨。民食鱼稻，以渔猎山伐为业，果蓏蠃蛤，食物常足。"这是他们经济生活的主要特征。

那么，云南历史上有没有百越民族的分布，他们的活动情况又如何呢？

在云南大地，震惊中外的距今 800 万年"禄丰腊玛古猿"头骨化石的发现，170 万年前"元谋猿人"牙齿化石的出土，都充分说明这是人类活动较早的地区之一。历史演进到了新石器时代，遍及云南的属于各个族系的考古遗址的发掘与整理，昭示了在这块所谓"蛮荒之地"确实有着众多的人类群体的活动。从考古发掘来看，古越人重要文化遗物——印陶纹，在滇西北的维西、剑川、宁蒗、德钦，龙川江流域的元谋、永仁、姚安、禄丰，洱海区域的下关、大理、宾川、洱源、祥云、红河，澜沧江下游的麻栗坡、景洪、勐腊、孟连、金平、新平，澜沧江中上游的云县、景东、澜沧、保山、福贡，滇池区域的昆明、呈贡、安宁、晋宁、江川，滇东北地区的昭通、鲁甸、大江、绥江等地均有出土和发现。① 又在民族考古学的研究中，普遍认为双肩石斧、有段石锛、有肩有段石锛和贝丘遗址是百越先民的重要文化遗物。这些文化遗物分别在滇东南麻栗坡小河洞遗址（出土了磨制精细的双肩石斧）、西双版纳景洪曼蚌囡遗址（出土双肩石斧）、云南滇池地区（出土双肩石斧、有段石锛、有肩有段石锛）等地发现，且器形和其他百越地区发现的基本相同。进入青铜时代，云南地区发现的属于百越族系的文物数量更多，且特征非常明显。李昆声先生依据出土文物再结合文献记载，全面考证认为，云南百越民族的考古学文化特征是："双肩石斧、有段石锛、种植稻谷、喜食异物、使用铜钺、青铜农具、精于纺织、居住干栏、铜鼓文化、以图代文、绣身绣脚、习于操舟、跣足佩环、贵重海贝、崇拜孔雀、一字格剑、羊角钮钟、猎首祭祀。共计十八项。其中，双肩石斧和有段石锛属于云南百越先民在新石器时代的文化特征，进入青铜器时代后，已不用或极少使用此类石器。种植稻谷和喜食异物是产生于新石器时代的文化特征，延续至现代；其余十四项文化特征，大都产生于青铜器时代。……云南百越文化特征，与我国东南沿海并不完全相同，只是大同小异。"而"大的方面相同，证明出自同一族系，小的方面不同，说明支系不同。"这与百越民族分布广泛、支系繁多的情况是相吻合的。②

在文献记载中，商代甲骨文记有西南地区的羌、濮、蜀、寮等族的活动，而"寮"就是"僚"，为越人，早在汉代以前，一部分"僚"人就居住在云南南部地区。汉晋时期，越人在云南境内分布是比较广泛的。《史记·大宛列传》载："昆明之属无君长，善盗寇，辄杀略汉使。然闻其西千余里，有乘象国，曰滇越。"《华阳国志·南中志》载："南中，在昔盖夷越之地，滇濮、句町、夜郎、叶榆、桐师、巂唐，侯王国以十数。"又同书《蜀志》也说："（蜀）东接于巴，南接于越。"《三国志·蜀志》亦云："西和诸戎，南和夷越。"此中的越、滇越即"百越"系各族。濮人，据《华阳国志》记载，在堂琅县（今云南东川、巧家等地）有濮，兴古郡（今云南的罗平、师宗、弥勒、泸西、建水、元江、开远等县境）多濮，晋宁郡谈槁县（今云南陆良县境）有濮，永昌郡（今云

---

① 江应樑：《傣族史》，四川民族出版社 1983 年版，第 21～22 页。

② 李昆声：《百越文化在云南的考古发现》，《民族学报》1983 年第 3 期。

南祥云县以下至德宏州一带）有濮。其族属，江应樑先生详细考证认为，"从两汉到唐宋，文献中所记西南地区的濮与僚关系密切，有的地方濮僚就是一族。濮的分布地与后来的金齿、白衣、百夷，即今天壮侗语诸族的分布地是吻合的，因此，文献记载南中地区的濮，是属百越族系，或称百越族群。"① 又张增祺先生对云南发现的"百越"文化遗物、云南古代百越族群的分布变迁等情况进行详细考察后认为，古代云南越人分布较广，今文山、红河、滇池区域、西双版纳、思茅、临沧、德宏等地都有"百越"民族。近代云南的壮、傣、水、布依等少数民族即古越人的后裔。②

　　由上考古和文献材料的双重印证，再结合江应樑、张增祺等先生的考证，明白无误地告诉我们，云南地区自古就有古百越族群的分布，越人是云贵高原上的古老居民，并非后世迁入。他们较早培育了稻谷，并在和其他民族的相处中，共同成就了云南独具特色的稻作文化。

（五）云南地区是栽培稻起源地之一的语言学依据

　　"'精神'从一开始就很倒霉，受到物质的'纠缠'，物质在这里表现为振动的空气层、声音，简言之，即语言。语言和意识具有同样长久的历史；语言是一种实践的、既为别人存在因而也为我自身而存在的、现实的意识。语言与意识一样，只是由于需要，由于和他人交往的迫切需要才产生的。凡是有某种关系存在的地方，这种关系都是为我而存在的。"③ 天才的马克思这一精辟的论述，揭示了思维与物质之间的辩证关系，即物质决定精神，有什么样的物质基础，就会有相应的思维意识。这种辩证关系放在语言的发生学原理中，那就是事物的名称是随着这一事物的出现而出现的，有其物才有其名。产生于原始的采集、狩猎活动中的语言，是随着人们经济活动的展开而日渐丰富的，所以，具有相对的稳定性的语言，作为文化的主要载体，是了解各民族历史发展的"活化石"。

　　自然语言是人们经济活动的客观反映，那么，人类历史上重要的稻

---

①　江应樑：《傣族史》，四川民族出版社 1983 年版，第 73 页。

②　张增祺：《中国西南民族考古》，云南人民出版社 1990 年版，第 125～143 页。

③　马克思、恩格斯：《马克思恩格斯选集》（第 1 卷），人民出版社 1995 年版，第 81 页。

作活动及稻作文化事象必然在一定的语言中得到应有的反映。鉴于此，国内外学者在研究稻作的起源或某一民族某一地区稻作的历史发展时，就非常重视来自语言学方面的证据。德国语言学家 T·Grimm 甚至把语言看作是比之骨头、工具和墓葬更为生动的证据。①

从语言学的角度探讨稻作的起源和稻作文化的传播情况，国内外均有许多成功的典型事例。如 1967 年，美国语言学家本尼迪克特（Paul K Benedict）发表《澳—傣》一文，认为在古代，傣语，与傣语相近的侗水语（kam-Sui），翁胚语（ong-be），以及加岱语（Kadai），再加上印度尼西亚语系（Indonesian）和南岛语系（Austronesian），联合构成一种单一的语族，本尼迪克特称之为"澳—傣语族"（Austro-Thai）。本氏认为，操这种语言的民族，最初起源于中国南部，以后再迁徙到东南亚各地。而且经对词根的分析对比，本氏认为汉语中某些栽培作物的名称如稻、香蕉、椰子、姜、甘蔗、薯芋，以及与这些作物有关的名词，如水田、园圃、臼、犁、种粒、簸箕等，均是向"澳—傣"语借用而来的。因此，上述作物最初可能是由生长在华南的"澳—傣"语族创造，再传播到黄河流域去的。②

与本尼迪克特的研究相类似，王军于《傣族源流考》一文中，在涉及到中国稻作向南传播的关系时，注重从泰缅语与壮傣语的语言关系上去找寻踪迹，通过对泰、傣、壮三种语言词汇的比较，结果显示在 2000 个常用词中，泰、傣、壮三种语言相同的约有 500 个，泰和傣语相同的约有 1500 个。三种语言都相同的词是基本的单音节词根，表明这三种语言起源于共同的母语——越语。三种语言都没有本族的"冰"、"雪"之类的词，而同有"船"、"田"、"芭蕉"等词，表明他们的祖先一直生活在温暖多雨不见冰雪的南方，都以种稻为业。③覃乃昌先生考察了以"那"字作为地名的分布区域，刚好是壮、布依、傣、越南的侬族、岱族、老挝的老龙族、泰国的泰族等民族的分布区域。他收集壮侗语 7 个民族有关稻作的词汇 228 个。各民族语言尤其是壮傣语支和侗水语支内部的词相

---

①　容观瓊：《人类学概论》，中山大学 1982 年油印本。

②　童恩正：《略述东南亚及中国南部农业起源的若干问题——兼谈农业考古研究方法》，《农业考古》1984 年第 12 期。

③　王军：《傣族源流考》，朱梭明主编《百越史研究》，贵州人民出版社 1987 年版。

同和相近率极高，涉及稻作农业的各个方面，可以反映和代表稻作农业从生产到加工再到以稻米为主的饮食全过程，并自成系统，藉此证明它们的原始母语分化为各民族语言以前，已经经历了稻作农业的悠久历史。① 游汝杰先生从历史比较语言学和地名学的角度出发，考察了壮侗语族"稻"字读音的分化和演变，以及带"那"字地名的分布情况，并同野生稻的地理分布进行了比较，认为"中国广西西南部、云南南部、越南北部、老挝北部、泰国北部、缅甸掸邦是亚洲栽培稻的起源地之一。"② 刘建勋在其《壮侗语族诸族的稻作文化》一文中，从壮侗语内部中关于自然环境的同源词、关于聚落的同源词、关于农业词汇的同源词三个方面，类比总结了许多人的研究成果，从而得出自己的结论——壮、傣等族继承了古越人的稻作文化，并且在稻作文化的传播方面作出了自己的贡献。③

如上几位学者有关"澳—傣"语、泰缅语、壮傣语、壮侗语等语言的考证结果，与学术界广泛认同的长江流域以南地区是亚洲稻作起源和传播的核心区域的观点不谋而合。云南处于这个区域之内，在稻作的多元起源中，我们主张云南也是稻作的起源地之一，同样可以从语言学中寻找到相应的证据。

稻，古有秫、穤、稬、秔、秏、稌等不同的称呼。其中，稻、秏、稌为稻的总称。《说文》："稻，稌也。""秏，稻属，伊尹曰：'饭之美者，南海之秏。'"秔为稻的一个品种。《说文》："秔，稻属。粳俗秔。"粳即粳稻，黏性比籼稻强，亦所谓的"日本型"稻（Oryza Sativa Subsp·japonica）。穤为稻的另外一个品种。《说文》："穤，稻不黏者。"穤即后来的籼，也就是今天的籼稻，又称"印度型"稻（Oryza Sativa Subsp·indica）。秫、穤为黏性最强的稻，即今天的糯稻。魏张揖《广雅》："秫，穤也。"晋崔豹《古今注》："稻之黏者为秫。"吕忱《字林》："穤作糯，黏稻也。"这些稻的不同的称呼，在如今云南各民族的稻作词汇中，亦有反映。

---

① 覃乃昌：《壮族稻作农业独立起源论》，《农业考古》1998 年第 1 期。

② 游汝杰：《从语言地理和历史语言学试论亚洲栽培稻的起源和传播》，《中央民族学院学报》1983 年第 3 期。

③ 详见张公瑾主编：《语言与民族物质文化史》，民族出版社 2002 年版，第 23～45 页。

如今云南西双版纳和德宏傣语称稻为"考"，泰语亦称"考"，缅甸语称"镐"，壮族称稻为"好"，佤族称稻为"老"。《说文》"秏，稻属。从禾，毛声。""秏"是南方对稻的称呼，古音读 xan，与上述语言"稻"的读音相似，这些语言关于"秏"的读音是保留了古音。① 又我国古代把稻谷分为两类，一类称为"秔"（或"粳"），泛指一切黏性不大的稻，包括今天的籼稻、粳稻等各种类型在内。② 一类称为"稬"（或称为"秫稻"），专指黏性较大糯稻。③ 而傣族亦将稻按黏性大小分为两种，一种称"考安"，亦即"硬的稻"；一种称"考糯"，亦即"糯稻"。"安"与"秔"、"糯"与"稬"的音和意义都是一致的。④ 高立士先生认为，稻的古代汉语"秏"、"膏"就是现代傣壮语"考"、"好"的同音、同意字的异写。其中的"秏"，读 hau，既是古越人对稻、米、饭的称呼，也是今壮侗语诸族对稻、米、饭的总称。如壮族称 hau，布依族称 Rau，西双版纳傣族及泰、老、掸均称 xau，而用汉语记音则 hau（"毫"）xau（"考"）不分，通用。⑤

又关于"膏"字，首见于《山海经·海内南经》："西南黑水之间，有都广之野，后稷葬焉，爰有膏菽、膏稻、膏黍、膏稷，百谷自生，冬夏播琴。"黑水一说指金沙江流域，另一说指南北盘江至西江。"都广"之野的"都"，即壮语的"峒"或"垌"。傣语壮语均称山间的平地为峒。傣语习惯用"东"或"栋"记音，"广"即壮傣语"宽广"的意思，"都广"即"宽广的平坝"。在今天的傣壮语语法中，于粮食作为品种之前冠以"膏"（kau）、"毫"（hau）、"考"（xau），如"膏白"（稻谷）、"膏墨"（小麦）、"膏龙"或"膏沙里"（包谷或玉米）等；稻谷的不同品种也冠以"毫"，如"毫纳"（水稻）、"毫海"（旱稻）、"毫安"（饭谷、籼稻）、"毫糯"（糯谷、粳稻）；用稻米做的不同熟食品也冠以

① 李昆声：《亚洲稻作文化的起源》，《社会科学战线》1984 年第 4 期。

② 《说文·禾部》："秔，稻属。"《声类·众经音义》卷 4 引："秔，不黏稻也，江南呼粳为籼。"《广雅·释草》："秔，粳也。"王念孙《广雅疏证》卷 10："秫稻自是大名，秔特其不黏者也。"程瑶田《九谷考》："秔之为言，硬也，不黏者也。"

③ 《说文·禾部》："稬，沛国谓稻曰稬。"《广雅·释草》："秫，稬也。"崔豹《古今注·草木》："稻之黏者为秫，亦谓秫为秫。"《字林》："糯（稬），黏稻也。"

④ 汪宁生：《远古时期云南的稻谷栽培》，《思想战线》1977 年第 1 期。

⑤ 高立士：《西双版纳傣族传统灌溉与环保研究》，云南民族出版社 1999 年版，第 56～58 页。

"膏"、"毫"、"考",如"考农"或"考信"（米线）、"考甩"（卷粉）、"考董姆"（粽子）；水稻品种的不同品名也冠以"膏"、"毫"，如"膏猛肯"（猛肯谷种）、"毫糯元江"（元江香糯）、"考书早"（早熟稻）、"毫书腊"（晚熟稻）等。高立士先生甚至认为，今天汉语的"稻"，也是借助壮傣语，同源于古代越语。[①]

"陆稻"、"水稻"、"水田"、"旱地"，是有关稻作的四个最基本的词汇。如今泰国称陆稻为 kao rai（也有记作 kauk lat），称水稻为 kao na。这两个称呼都是百越方言。Kao 是"谷"的系统，rai 是"山"的系统，na 是"水田"的意思。百越的词序是修饰语在名词之后，所以作 kao rai 或 kao na，调换为汉语的词序是修饰语在名词之前，作 rai kao 或 na kao，即"山稻"（陆稻）和"水稻"的意思。缅甸如今称籼稻为 kaukkyi，称粳稻为 kaukyin，这两个词的前半部分 kauk 即"谷"的对音，缅甸现在的稻品种名称，不少都带有 kauk 的词头，这和泰国的品种带 khao 的词头完全一样，都属稻的谷系音，也和云南少数的稻品种名称一样，如傣族的"毫安公"、"毫薄克"等，这里的"毫"即"禾"的同音，属稻的禾系音。[②]"水田"一词，据考证在壮语、布依语、傣语、仫佬语、水语、毛南语、侗语、黎语 8 个民族的语言中，都有对应规律，它们是一个同源词。由此，张公瑾先生推断这些民族的祖先——古代百越民族在分化为不同民族共同体之前，早已有着共同的农业生活。同时，他还把"旱地"一词作为旁证进行一番考证，其结果是旱地一词在傣语、壮语、布依语、侗语、水语等族语言中，"互相间也都有对应规律，可见种旱稻也起源很早。这是因为最初把野生稻培植为驯化稻，其中曾经过种旱稻的阶段。"[③]

在云南各民族中，除了傣族是典型的稻作民族外，哈尼族的稻作文化在其自成系统的稻作词汇中也有明显的反映。如有的学者为了揭示哈尼族农耕生产的情况，以云南省绿春县大兴镇为点，把哈尼族的农耕词汇分为农作物用语、农具用语、肥料用语、土地用语、农活用语 5 类进行了专门的研究。研究结果表明，农作物名称 148 种，其中水稻 25 种，

---

① 高立士：《西双版纳傣族传统灌溉与环保研究》，云南民族出版社 1999 年版，第 57～58 页。

② 游修龄：《百越稻作与南洋的关系》，《农业考古》1992 年第 3 期。

③ 张公瑾主编：《语言与民族物质文化史》，民族出版社 2002 年版，第 2～3 页。

反映的是以水稻种植为主的农业生产；农具名称 102 种，其中出现汉语借词 7 种，说明哈尼族农具大多是自己制作，只有少数从外族购入；农用肥料名称 21 种，其中出现汉语借词 4 种，且都是解放后才使用的化肥的名称，反映出哈尼族已经根据自然资源就地开发了许多种农家肥；土地名称 55 种，其中稻田类 34 种，说明人们已经对稻田的土质土壤有了细致的认识；农活名称 65 种，且以种田名称为主，说明人们对稻田的耕作已较精细。[①]

五　云南最早的稻作形态是旱地稻作

在我国农史学领域，最早的稻作形态是水田稻作还是旱地稻作？过去大多根据早期的文献记载，倾向于在我国内地水田稻作发生比较早这样一种认识。

《诗·小雅·白华》说："滮池北流，浸彼稻田。"《小雅》一般认为是西周末年的诗篇，这说明西周末年黄河流域已开始有人工灌溉种稻方法。《周礼》中设有"稻人"之官，专管"猪（储）蓄水"、"防止水"等事。《战国策·东周策》中记载了战国末年发生在今洛阳的一个故事："东周君"和"西周君"发生内讧，"东周欲为稻，西周不下水。"这些记载说明，到了战国时期内地种稻主要靠人工灌溉，水田已成为稻作的主要形态。[②]

和内地的水田植稻相比，云南的水田稻作形态的出现则要晚得多。较早有关云南水田稻作的记载是文齐于朱提（今昭通地区）为官时，"穿龙渠，溉稻田，为民兴利。"[③] 任益州太守时，又在滇池地区开造稻田二千余顷。[④] 之前，各种材料透露给我们的有关云南水田稻作的信息是很少的，所以，文齐修造水田之事才会在云南历史上留下重重的一笔。从云

① 李泽然、白居舟：《从梯田农耕词汇看哈尼族农业生产状况》，李期博主编《哈尼族梯田文化论集》，云南民族出版社 2000 年版。

② 汪宁生：《远古时期云南的水稻栽培》，《思想战线》1977 年第 1 期。

③ 《华阳国志》卷 4《南中志》。

④ 《华阳国志》卷 10（上）《先贤士女总赞论》："文频（齐）字子奇，梓橦人也。孝平帝时以城门校尉犍为属国，迁益州太守，开造梯田，民咸赖之。"《后汉书》卷 86《西南夷传》："及王莽政乱……以广汉文齐为（益州）太守，开通灌溉，垦田二千余顷。"

南与内地的关系来看，当时云南的水田稻作似与来自内地的移民和官吏有关，不同程度地受到内地的影响。

西汉以后，水田在云南逐渐推广，至东汉魏晋时，"越巂郡……其土地平原有稻田"、[①] "云南郡……土地有稻田"，[②] 水田已由滇东地区扩展到滇西、滇北一带。到了隋唐时期，不仅云南的许多地方"土俗唯业水田"，[③] 就是在一些山区或半山区也修建了梯田，史称是"蛮治山田，殊为精好。"[④] 梯田的修造使坡地变为良田，使原来只能种植旱稻的山地也能种植水稻。这样一来，水田稻作在云南成为一种主要的稻作形态，云南稻作农业进入了一个新的发展阶段。

如上纵向的历史考察说明，云南水田稻作出现较晚，迟于旱作。

从民族调查材料来看，云南部分民族种稻历史旱稻早于水稻。典型的例子有：

——居住在德宏的景颇族，在20世纪50年代前虽然以水田农业为主，然其农业最初发生在山地上，旱地作物有芋、旱稻、小红米、玉米、豆类等。大约在200多年前，他们南迁入德宏地区时，坝区的汉族、傣族和部分德昂族已经经营着坝区水田农业，而景颇族依旧沿袭着其山地农业，不从事水田农业。那么，是否是因为没有可开垦的水田了呢？间接回答这个问题的材料是景颇族迁来之前的居住地也有一些河流和平坝，可供开垦水田，但他们没有种植水稻。所以，真正的原因是德宏的山地环境适合当时景颇族的生产力发展水平。

100多年前，景颇族开始种水田，且水田农业逐渐在经济生活中占据主导地位。发生这种从山坡旱地农业向水田农业的转变，固然有受汉族、傣族、德昂族先进生产技术影响的因素，然其最根本的原因"在于景颇族山地农业自身的危机，这种危机在世界上农业民族的经济发展史上或大或小、程度不等地都存在过。景颇族实行撂荒制和砍倒烧光的山地农业对山林的破坏是十分严重的。水土流失因之日益显著。加之人口繁衍，荒地减少，撂荒期缩短，杂草增加，以前那种地多、土肥、草稀、省工

① 《后汉书》卷86《西南夷传》。
② 《华阳国志》卷4《南中志》。
③ 《蛮书》卷7《云南管内物产》。
④ 同上。

而产量高的局面已一去不复返了。解放前，旱地产量一般只有种子量的一二十倍，然而水田产量却要高得多。每年从山上冲下来的沃土为它提供了优质肥料，使得它产量高而稳定，优越性日益显著。在这种内外因的促使下，景颇族终于逐渐转而经营水田农业。"①

——又从阿昌族的农业历史来看，也同样经历了一个由山地农业向水田农业的发展过程。德宏州户腊撒区的阿昌族，在迁居到当地时，住在山坡上，以种植旱稻为主，不会种植水田。明代汉人大量进入这个地区后，带来了先进的农具和耕作技术，阿昌族才学会种植水田和使用铁器。潞西县高埂乡以前居住过德昂族，并在这里开种过水田，阿昌族迁到这里后，长时期内只会种植山坡旱地，德昂族种植的水田一直荒芜着，直到汉人大量迁入后，阿昌族才逐渐学会垦种水田。②

从稻谷的种植技术而言，水稻生产要求土地平整，土壤肥沃，灌溉用水，能去除杂草和采用配套工具，需要投入比旱地农业更多的物化劳动，劳动强度大，种植技术含量较高，相应的产出也较大。与此相反，旱作陆稻采取直播方式，耕作要求粗放，技术含量较低，产量相对也低，一般每亩单产二三百斤。但由于旱作陆稻多在雨季充沛的季节抢种，受气候的影响大，收成往往得不到保障。所以，考虑技术发展的一般规律，似乎也应是旱作早于水田耕作。

从人们对陆稻和水稻品种的认识发展来看，过去在植物学上简单地认为水稻源于陆稻，而考古发掘和文献记载却恰恰相反，使学界各执一词，争论不休。后来，随着实地调查研究的展开，对稻的生物属性认识的深入，更多的人倾向于水稻和陆稻是野生稻在向栽培稻的演变过程中为适应不同的生态环境而分离出来的两个生态类型，这种现象遗传学上称之为获得性状（Acquired character）的生态选择适应方式。如刘刚认为，从稻作起源的遗传序列看，水稻与陆稻之间不具有先后阶段的历时性关系，既不是陆稻承自水稻，也非经过陆稻才能衍变为水稻，它们只是共时性的空间生态变异型，是栽培化以后的生态适应品种。③ 又被誉为

① 陶利辉：《论农业起源的地理环境》，《农业考古》1994 年第 1 期。
② 详见国家民委《民族问题五种丛书》云南省编辑委员会编：《阿昌族社会历史调查》，云南人民出版社 1982 年版，第 103～107 页。
③ 刘刚：《难以成立的稻作云南起源论——文化史中稻作起源问题考察》，《农业考古》1994 年第 3 期。

亚洲稻作文化研究第一人的日本著名学者渡部忠世，通过他对东南亚一带的考察研究，再联系他在云南勐海县南糯山的一个叫作罕帕寨调查时发现的"且谷"（20粒谷子的苯酚反应，10粒为正，即籼型，10粒为负，即粳型）的分析，认定最初的稻子是在烧田或者是普通的旱田上栽种的，以后扩大到山间小河的盆地、扇状地上，再晚便于河流的高段位坡地和中段位坡地种植，再进一步扩大的话，便延伸到非常古老的三角洲地带和古冲积平原地域。最初的稻，既可以在旱地里栽培，也能在水田里栽培，是一种"水陆未分化的稻"或"水陆兼用稻"。这种稻谷如果长时间在旱田里栽培，按照自然淘汰的原理，那作为水稻特性的一面就慢慢消失，而作为陆稻的特性就得到了强化；相反，如果长时间在水田里栽培，那陆稻的特性就衰退，不久便形成具有水稻特点的品种。所以，水稻和陆稻不是分别起源于两地，而是一种数千年前就出现于包括云南在内的阿萨姆地域森林当中，是从一种兼有水稻和陆稻特性的水陆未分化稻种分化出来的。[①] 渡部的分析与研究，从另一个侧面支持了水田稻作发生在火烧地农耕陆稻和其他禾谷混播以后的观点，而这种"陆稻"正是原始的水陆形质未分化的稻谷。[②]

如上五个方面的推论，使我们有理由相信云南最早的稻作形态是旱地稻作，这或许是云南特殊的自然环境选择的结果，亦或许是一条具有普遍意义的规律。

<hr/>

① ［日］渡部忠世：《亚洲稻的起源和稻作圈的构成》，熊海堂、欧阳忆耘译，《农业考古》1988年第2期；同时参见其《稻米之路》一书和《西双版纳的栽培稻和野生稻》一文。

② 游修龄编著：《中国稻作史》，中国农业出版社1995年版，第52页。

第二章 云南稻作的历史发展

一 新石器时代的云南稻作

在中国悠久的文明史中，云南的成文史是不太悠久的，但以成文史前的原始社会而言，云南的历史却不亚于内地。云南高原是人类文明的重要发祥地之一，古滇大陆展示了从800万年前的"禄丰腊玛古猿"，到三四百万年前的"蝴蝶人"，再到250万年前的"东方人"和170万年前的"元谋人"这一从猿到人的演化过程。元谋人作为目前我国和亚洲所发现的最早的人类群体，他们生活在旧石器时代的原始丛林中，与稍后的"蒙自人"、"丽江人"、"西畴人"等人类群体一起，在云南这块红土高原上，使用粗糙的石器和竹木工具，过着极为艰苦的采集、狩猎生活。但我们从上述人类群体的活动遗迹中，很难完整地了解到云南远古居民的生产情况，而要探讨云南原始农耕文化的起源，只有依靠新石器时代大量的考古发掘。

新石器时代是以发明农业、制陶术和磨制石器为特征的时代。半个多世纪以来，考古工作者在对云南文物的普查与发掘中，于全省的300多处遗址和地点发现了新石器时代的文化遗存。从遗址的自然环境看，有河旁台地、贝丘遗址和洞穴遗址三种。对于这些遗址，李昆声、肖秋根据已经发表的资料和文化内涵，将其分为滇池地区—石寨山类型，滇东北地区—闸心场类型，滇东南地区—小河洞类型，滇南、西双版纳地区—曼蚌囡类型，金沙江中游地区—元谋大墩子类型，洱海地区—马龙类型，澜沧江中游地区—忙怀类型，滇西北地区—戈登类型8个大的类型，并对其每个类型的文化特征进行了系统的研究。在这些类型中，李、肖二氏认为，忙怀类型居民的社会生活很可能是以游牧为主。[①] 而其他类型的居民，我们从代表长期定居生活的很厚的文化堆积层、[②] 较为发达的石质农具、数量可观的陶器以及出土的谷物痕迹来推断，当从事的是原始农业。其中，尤以洱海区域、滇池区域、金沙江中游和滇东北地区最为典型。

（一）洱海区域的原始农耕文化

探索云南的原始农耕文化，洱海区域是一个不可或缺的重要地区。[③] 这里属低纬度高原季风气候，具有热带、亚热带、暖湿带、中温带等6个不同的气候带，河谷热、坝区暖、山区凉、高山寒，适宜不同作物的生长，也很适宜于原始农耕。但关于洱海区域原始农耕的情况，史载缺略，要窥其全貌，只有依靠这一地区史前文化的考古发掘资料。

依据现代考古规程对大理地下遗物进行科学发掘，当推吴金鼎、曾昭燏等人。1939 年至 1941 年间，我国老一辈考古工作者吴金鼎、曾昭燏、王介忱 3 人奉李济之命，对大理古迹进行了调查，在苍山脚下发现了马龙、佛顶（甲、乙）、白云、龙泉等 21 处自成体系的新石器时代文化遗址。其中，在属于早期新石器时代的马龙遗址中，发现有圆形、长方形的半地穴式房屋遗迹和 6 个储藏粮食的窖穴。出土石斧、石凿、石刀、石纺轮、石网坠、石垫等磨制和打制石器 553 件，完整石器 30 件。陶器出土多为残片，能复原者不足 20 件。佛顶甲、乙二址中发现五处圆形结棚居室遗址、二处炉灶、一处窖穴。出土大量黄、棕、灰色陶片，可辨器形有碗、罐、瓶、带流器等。石器有石刀、石斧、石凿及"吕"字形石器等 8 件。白云遗址发现有城墙、居室居址、炉灶、台层、水池

---

① 参见李昆声、肖秋：《试论云南新石器时代文化》，云南省博物馆编《云南人类起源与史前文化》，云南人民出版社 1991 年版。

② 定居与农业的产生和发展密切相关，因为只有在农业产生并有了一定的发展以后，人们的生活来源才有了保障，加上农业的载体和人们的劳动对象——具有可反复耕种以及农作物生长周期较长等特点，使人们才有可能结束游猎生活，选择有利于生产生活的地方营建居室，过上定居生活。而稻作离不开水和田，为了便于耕作和田间管理，人们必须在傍水近田的台地上构建居所，所以云南史前居民大都"缘水而居"，聚落也相对集中地分布在各大河流域及其支流的台地上。

③ 我们这里所说的洱海区域是以洱海沿岸为中心，包括澜沧江以东、金沙江以南、祥云以西和巍山以北的广阔地带。

等遗迹。出土大量夹砂橙黄陶片，可辨器形有碗、罐、盆、瓶、带流器等。石器有石刀、石斧、石凿、石球等 30 件。龙泉遗址出土陶片及陶纺坠 2 件，石斧、石刀、石凿等 11 件。这些遗址都是洱海居民新石器时代的居住遗址。[①]

上述苍山诸遗址，一般高出洱海面三四百米，海拔约 2300 米至 2500 米之间。根据考古发掘情况，吴氏等人在分析研究报告中认为："苍山坡上，凡经古人居住之地，必有阶梯式之平台，台之周边，至数里以外，或高山顶上望之，极为清楚，至近处反而不易辨明。经发掘后证明此类平台为古人住处及农田两种遗址"，而且"史前遗址所在，多为山之缓坡，每址包括四五台，直至十余台不等。每址居民，散处各台上，不相连接。大概当时居民，同一血统，或同一部落者，散居同一山坡上，每家各就其住处，营其附近农田。"这当中，活动在马龙遗址时代的人们，沿马龙峰麓的"溪流两岸高岸上"，挖掘"红灰土坑"的半穴居，定居下来，已"有长久的历史"了。另外，马龙遗址"发现各圆洞中不似有炉灶及柱穴，疑为储米粮等物之处"，同时"又有台层者，其构成原因，除居人习惯为重要原因外，盖由于种植及储水。"[②]

较苍山诸遗址稍晚的宾川白羊村遗址，是洱海地区新石器时代遗址的重要发现。白羊村遗址位于洱海之东，宾川城北 4 公里的白羊村之西，为紧靠宾居河的墩形遗址，保存面积约 3000 平方米，文化层厚 4 米多，高出河面 6 米。1973 年云南省博物馆组织发掘时，发现住房遗址 11 座，屋近旁窖穴 48 个，墓葬 34 座。在窖穴中发现许多灰白色的粮食粉末和稻壳、稻秆的痕迹。出土陶器碎片两万多件，器形以圆底器为多，主要有罐、碗、钵、盆、缸、壶、杯、皿、纺轮、网坠等，并有少量带流器、三足器。石器 340 多件，以磨制为主，类型有斧、刀、凿、镰、锥、镞、刮削器、印模、杵、砺石、纺轮、网坠、球等（见图 2—1）。骨器有凿、锥、抿、镞、针等。另外，猪、牛、羊、狗、鹿、野猪等动物的骨骼在遗址文化层中到处可见。[③]

---

① 详见吴金鼎等：《云南苍洱境考古报告（甲编）》，南京国立中央博物院 1942 年专刊乙种之一。

② 同上。

③ 详见云南省博物馆：《云南宾川白羊村遗址》，《考古学报》1981 年第 3 期。

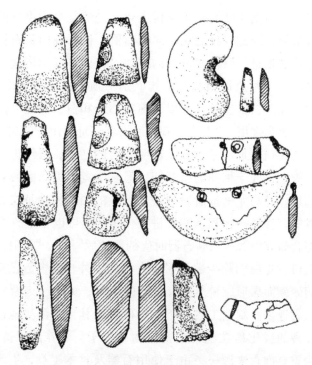

图 2—1　宾川白羊村出土的石刀、石斧

（选自《考古学报》1981 年第 3 期）

　　从宾川白村遗址住房面积之大、文化堆积层之厚、窖穴之多来推断，当时的人们定居于此当有较长的时间，而定居是从事原始农耕的基本条件。从生产工具来看，我们知道，有肩石斧可用于砍伐树木，长条形石斧装柄可作掘土工具，新月形有孔石刀穿绳系于手指，可作收割谷穗的手镰用，这些都是"刀耕火种"原始农耕必备的生产工具。再加之大量窖穴中出土的炭化谷粒及其灰烬，可以证明稻谷栽培是当时人们获取食物的主要来源，且有一定的余粮。

　　对于洱海区域的原始农耕文化，赵橹先生从原始农耕文化的发生、发展序列，以及谷物种植的生态学来推论，认为"洱海区域的原始农耕文化的发源地带，必有更早于白羊村遗址者，亦即最初栽培旱地农作物和栽培亚洲粳型陆稻（旱谷）的文化遗址存在。"同时，他又对马龙遗址出土遗物进行了一番考察，并与白羊村遗址对比研究后指出，马龙遗址文化是白羊村遗址文化的母体文化，它们之间在文化上有承继关系和亲缘关系。但是，马龙遗址的原始农耕文化，仍然是继承更早的原始农耕文化发展起来的，因此，我们还得向上追溯。依据苍山新石器文化诸址的"地势愈高之遗址，时代愈早"的规律，我们将苍山诸遗址的高差序列排序如次：以马龙遗址为基点，其上是佛顶甲址，再上是龙泉遗址，最高是佛顶乙址及白云遗址。所以，佛顶乙址和白云遗址可供研究马龙遗址农耕文化源头之用。"总之，苍山新石器诸址所出土的文物，从最早的白云遗址及佛顶乙址而论，足以证明当时的初民，已经进入了原始农耕文化。尽管它还处于稚拙的萌芽期，但它毕竟是洱海区域农耕文化的母胎和发源地，经马龙遗址阶段到进入坝区的白羊村遗址文化，在不断的进步和发展，都是一脉相承的农耕文化，这是可以肯定的。"[①] 王大道先生则在综合研究洱海区域新石器时代的遗址后写道："那时洱海区域已有较多的人口，先民们除少数仍居住在山洞中外，大多数已定居河、湖边上，他们聚族而居形成村落。有自己的住屋、炉灶（火塘）和储藏粮食的窖穴。就近采石制造工具。用石斧砍伐森林，开辟耕地，用石刀收获粮食。发现的炭化稻粒说明主要作物是稻子。驯养的家畜有牛、羊、猪、狗，为重要肉食来源……由于使用石器及竹木工具，生产力是相当低下的。家畜的饲养尚未取得足够的经验，为补充食物来源之不足，还必须用狩猎和打鱼来加以补充。"[②] 张增祺先生也根据洱海区域新石器时代的文化特征推断，当时的"居民不仅是定居的农业民族，而且是我国长江以南的'稻作民族'。"[③]

分析至此，我们可以把洱海区域新石器时代稻作农耕文化的演进序列表述如下：白云遗址及佛顶乙址→龙泉遗址→佛顶甲址→马龙遗址→白羊村遗址。

（二）滇池区域的原始农耕文化

滇池及其周边的抚仙湖、星云湖等湖泊边缘地带，土质肥沃，水源充足，宜于农耕，是云南开发最早的地区之一。20 世纪 50 年代后，我国

---

① 详见赵橹：《洱海区域原始农耕文化初探》，《云南民族学院学报》1992 年第 3 期。

② 王大道：《洱海区域南诏以前的考古文化》，杨仲录等主编《南诏文化论》，云南人民出版社 1996 年版。

③ 张增祺：《中国西南民族考古》，云南人民出版社 1990 年版，第 183 页。

考古工作者在对这一地区的考古发掘中，于昆明、呈贡、安宁、晋宁、富民、澄江、江川等市县，共发现新石器文化遗址 30 余处。其中，较为重要的有官渡、石碑村、乌龙铺、石子村、安江（古城）、团山村、石寨山、河泊所、渠西里、兴旺村、后村、白塔村、白塔山、老街等①（见图 2—2）。

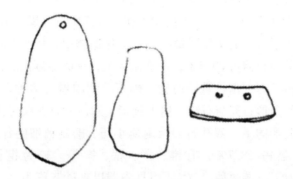

图 2—2　滇池地区出土的石斧、石锄与石刀

这些遗址大多分布在沿湖的台地和几米至几十米高的小山岗上，也有的在平地螺丝壳的堆积中，属"贝丘遗址"，距滇池不远。遗址中出土的石器多系磨制，种类有斧、锛、锤、铲、锥、刀、砺石、敲砸器等，典型器物为有肩石斧和有段的石锛。另有少量骨铲、骨锥和穿孔蚌刀。陶器有泥质红陶、夹砂红陶和夹砂灰陶三种，器型有凸地浅盘、平地小碗、卷边小碗、侈口罐、直口罐、带流罐、盆、钵、圈足器、纺轮、网坠。这些陶器多为手制，火候低，质地差，制作粗糙。制作时以谷穗或谷壳作羼料，所以器物上还可以看到谷壳的痕迹。从出土器物及其所反映的文化面貌上看，新石器时代滇池周围的居民以经营原始农业为主要的生活来源，种植农作物主要是稻，据陶片上的谷壳痕迹来看，其品种也是一种粳稻。② 然而，虽然当时滇池周围的先民们，已过着定居的农耕生活，种植水稻，但由于粮食生产有限，在滇池中捕鱼和捞螺仍是一种补充食物来源的重要手段。

---

① 参见黄展岳、赵学谦：《云南滇池东岸新石器时代遗址调查记》，《考古》1959 年第 4 期；云南省文物工作队：《云南滇池周围新石器时代遗址调查简报》，《考古》1961 年第 1 期。

② 参见诸宝楚：《云南水稻栽培的起源问题》，《学术研究》1962 年第 4 期。

（三）金沙江中游的原始农耕文化

金沙江中游地区的新石器时代遗址主要分布在元谋和禄丰县境内，其中禄丰县境内有十八犁田、火车站等处，大部分在金沙江支流龙川江沿岸的河旁台地上；元谋县境内有龙街、张二村、下马应登、马大海、下棋柳、大墩子、大那乌、新发村等遗址，而尤以元谋大墩子最为典型。

1972 年至 1973 年，云南省博物馆在金沙江中游元谋大墩子进行了三次发掘，出土了大量的文化遗物。这些文化遗物中，生产工具以石、骨、蚌器居多，其中石器占 69.5%，以磨制为主，琢磨兼制次之，打制最少；类型有斧、锛、刀、凿、镞、纺轮、砺石、刮削器等多种。其中，扁平梯形、圆角长条形石斧与石锛，扁平圆形、双凸圆锥戴尖形陶、石纺轮，长方形及半月形的单、双孔石刀及扁薄小巧、磨制精细的各式石镞为典型器物。骨器占 18.7%，有锥、凿、抿、镞等，较为粗糙。蚌器占 11.8%，仅有刀、镞两种。[①] 生活用具陶器以夹砂灰陶为主，手制为多，器形有罐、盆、钵、瓮、杯、壶等；容器多侈口、小平底鼓腹，极少圈足器和带耳器，以小平底深腹罐和体型高大的瓮为典型器物。

考古工作者结合遗址所处的地理环境，对元谋大墩子遗址中出土的建筑遗址、窖穴、生产工具和生活用具等文化遗物进行综合分析后认为，"大墩子的先民早已过着定居生活，建造了原始的居屋，且形成规模较小的村落。他们使用以磨制为主的生产工具，从事锄耕农业，辅之以狩猎、采集与饲养数量不多、种类有限的家畜；掌握了比较熟练但仍然是手工制陶器的技术。"[②] 另外，在此遗址的窖穴中出土有灰白色禾草类的叶子、谷壳粉末，火塘陶罐中发现大量的谷类炭化物，经鉴定前者属于禾草类（如稻子）粉末，后者属于粳稻炭化物。[③] 而经炭素测定，此遗址的年代为公元前 1470±55 年，这也就是说在 3500 多年前，此地区的居民已经懂得种植稻谷了。

---

① 参见阚勇：《元谋大墩子新石器时代遗址及其研究》，云南省博物馆编《云南人类起源与史前文化》，云南人民出版社 1991 年版。

② 阚勇：《元谋大墩子新石器时代遗址的社会性质》，《文物》1978 年第 10 期。

③ 云南省博物馆：《元谋大墩子新石器时代遗址》，《考古学报》1977 年第 1 期。

（四）滇东北地区的原始农耕文化

滇东北地区包括昭通、东川、宣威、鲁甸、巧家、盐津、彝良、会泽、威信、镇雄、大关、永善等县、市，地处川、滇、黔三省交界处，是中原通往云南的交通孔道，受内地文化影响较深，是云南开发最早的地区之一。长期以来，研究者在对该地古代文化的命题研究中，曾有"千顷池文化"、①"爨文化"、"朱提文化"②等不同的提法。综合各个历史时期的文化特点，我们认为，滇东北地区是云南古代文化系列不可或缺的一个重要地区。

早在旧石器时代，滇东北地区就有了古人类的活动。1982年，在昭通城北15公里的过山洞内，发现了一枚人类牙齿化石。经鉴定属于早期智人，称之为"昭通人"。昭通人上承较早的元谋人，下接西畴人、丽江人、昆明人等晚期智人，填补了二者之间的空白，增强了云南地区古人类化石的连续性。③

进入新石器时代，滇东北地区自成体系的文化遗址，目前已发现的有鲁甸野石村、马厂遗址，昭通闸心场遗址、官寨遗址，绥江县的金银山遗址，大关县寮家营遗址，宣威尖角洞穴遗址等多处。

1982年发现的鲁甸野石村遗址为一大型的村落遗址，遗址中发现了半地穴式的房屋、火塘和大量的陶器，说明当时的居民已然定居，过着较为稳定的生活。④鲁甸马厂遗址出土梯形、长条形和有段石锛各一件。陶片500余件，以泥质灰陶为主，夹砂灰陶次之，泥质黑陶甚少。泥质和夹砂完整陶器9件，器型有碗、单耳小罐、平底罐、勺形器等。闸心场遗址出土石器4件，其中梯形和长条形石锛各一件，扁圆形石器一件，残斧一件。完整陶器2件，一件是平底侈口罐，另一件为单耳细颈小瓶。其余陶片亦以罐、瓶为主，多泥质灰褐陶和橙黄陶。⑤聚落遗址和陶器的

① 参见王文光：《滇东北千顷池文化初探》，云南大学中国西南边疆民族经济文化研究中心编《文化·历史·民俗》，云南大学出版社1993年版。
② 潘先林：《朱提文化论》，《贵州民族研究》1997年第1期。
③ 郑良：《云南昭通发现的人类牙齿化石》，《人类学学报》1985年第2期。
④ 游有山：《鲁甸野石新石器时代遗址调查报告》，《云南文物》1985年总18期。
⑤ 云南省文物工作队：《云南昭通马厂和闸心场遗址调查简报》，《考古》1961年第1期；葛季芳：《云南昭通闸心场新石器时代遗址发掘》，《考古》1960年第5期。

发现，透露的是原始农业发生的信息（见图2—3）。

图2—3　鲁甸马厂出土的石斧、石锛、石刀

（选自《考古》1962年第10期）

　　1983年7月发现的宣威尖角洞穴遗址，出土斧、锛、穿孔石刀等大量的磨制石器。陶器主要有罐、瓶、盘、碗、杯、纺轮等，制作较精细，纹饰多样，部分陶器内壁尚残留有烟垢。从出土石器、陶器的形制可以看出，尖角洞穴遗址兼有滇池和昭通两种地域文化类型的特征，属于滇池区域向滇东北过渡的一种典型的新石器时代文化遗址。①

　　综合上述四个地区新石器时代典型的考古遗址来看，当时云南的许多居民已经定居，会制造陶器，使用大量的石质生产工具，从事的是原始的农业，并以捕捞为补充食物来源的一种重要手段。

二　青铜器时代的云南稻作

　　从新石器时代结束到西汉时期，内地有关稻作生产的情况，屡见于文献记载。然而边省云南，有关这个时期稻作的文献记载，可谓是寥寥数字，无以成文。所以要探究这一时期云南稻作的基本情况，只得靠地下考古发掘材料。20世纪50年代以来，考古工作者在云南省70多个县市200多个地点发掘出土了一大批青铜文物，这批青铜文物作为一本"无文字记录的历史书"，它代表着云南历史发展的一个重要时代——青铜器时代，由此所展现在人们面前的青铜文化，其重要意义并不亚于我国黄河流域殷周时代的青铜文化。

---

①　详见云南省曲靖地区文物管理所、云南省宣威县文物普查办公室：《云南宣威县尖角洞新石器遗址调查》，《考古》1986年第1期。

辉煌灿烂的云南青铜文化，从各地出土的青铜器的器形、纹饰、铸造工艺及合金成分来看，可以分为两个主要的支系，即滇池区域青铜文化和滇西青铜文化。下面，我们就以这两个地区的青铜文化为考察的重点，来看青铜器尤其是青铜生产工具为我们所展示的当时社会生产的情况。

（一）滇池区域青铜文化

20 世纪中叶以来，考古工作者在昆明、呈贡、澄江、江川、新平、陆良、曲靖、富民、安宁、禄丰、路南等 14 个县市 40 多个地点发掘了大批墓葬，出土了数千件青铜器，其中，尤以晋宁石寨山、江川李家山、曲靖珠街八塔山、呈贡龙街石牌村、安宁太极山为典型。这些重要的青铜文化遗存，以滇池为中心，东北到曲靖，南不过元江，西至禄丰，空间跨度正好属于战国至西汉时期滇王国的领地。时间跨度，上至春秋晚期，下至东汉初期，与滇王国的兴衰相始终，它无疑是滇王国的重要文化遗存，为我们研究当时人们的社会生产状况提供了弥足珍贵的资料。

生产工具是社会生产力发展水平的重要标志。在滇池区域出土的青铜文物中，生产工具是一个主要的类别，在滇文化中具有广泛性。具体表现在：一是数量多，且是成批出土。如仅晋宁石寨山出土的青铜生产工具就有铜斧 108 只、长方形锄 17 只、尖头锄 22 只、宽叶平刃锄 7 只、铜镰 5 只和数量不等的爪镰、铜锯、刀削等，且制作工艺较高，有些工具上还刻有纹饰。二是分布广，在滇池区域的 10 多个县市均有出土。三是使用时间长，从春秋晚期一直延续到东汉初期。四是类型多样，既有用于砍伐树木、开辟耕地的铜斧，又有用于起土、铲地、中耕锄草的铜锄、铜镢、铜锸，还有用于收割的铜镰，涉及农业生产的各个环节。五是使用普遍，无论是贵族墓还是平民墓都有出土。[1] 根据以上特点，有人主张云南"在古代曾经历过一个大量使用青铜农具的时期，可以说是构成了独立的农具发展阶段。"[2]

在对这批青铜农具的研究中，王大道、冯汉骥、汪宁生等诸位先生

---

① 参见王大道：《滇池区域的青铜文化》，《云南青铜器论丛》编辑组编《云南青铜器论丛》，文物出版社 1981 年版。

② 华觉明：《论商周青铜农具及其制作使用》，《自然科学史研究》1990 年第 2 期。

都曾进行过卓有成效的考释，为我们展示了"滇"人经济生活和社会生活的风采一斑。1977 年，王大道先生对滇池周围及其附近的 10 个县市的 22 个地点发现的 420 多件青铜时代的金属农业生产工具，进行了系统的分类研究。他认为，这 420 多件农具，大部分是铜制的，铁制的只有 9 件，包括锸、锄、锸、镰、斧。其中，锸类有尖叶型铜锸 42 件，宽叶型平刃铜锸 14 件，其功能相当于现在云南使用的条锄和板锄；锄类有长条形铜锄 31 件，半圆筒形铜锄 5 件，主要用来中耕锄草，也可用于点种；锸类有铜锸、铁锸各一件，可能是像铲一样使用的农具；镰类有铜爪镰 29 件，铜镰 5 件，铜柄铁镰 1 件；斧类有铜斧 287 件，铜鋈铁斧 5 件，铁斧 3 件。"就已出土的青铜农具看，确实已使用在开垦耕地、起土、中耕除草、收获等农业生产过程中。从出土的地点和数量来看，分布较广，数量较多，统治阶级和平民墓里均有出土，足见在当时的农业生产工具中青铜农具的使用是相当普遍的。最近我们在楚雄万家坝发掘了春秋战国时期的土坑穴竖墓，其中 1 号墓出土的 110 件青铜器中，农具就有 83 件，而农具中，又以锸和锄最多，达 55 件，这正是当时大量使用青铜农具的有力证据。"[①] 那么，当时滇池区域的农业发展到了哪一个阶段呢？

　　在滇池区域青铜农业生产工具中，曾发掘出土过一种整体像一片上阔下尖的树叶，刃部呈尖状，有鋈突出于器身正中的类似中原地区犁铧的工具，最初的发掘报告把它定为"铜犁"，认为是破土犁田的工具。再结合大量青铜器上的牛的图案形象，有的学者主张，当时已经发展到牛耕阶段。但在后来的研究中，许多学者从器形的形制和功能上进行详细考证认为，这不是犁，而是一种尖叶形铜锄或尖叶形铜锸。而青铜器上所镌刻的数以百计的牛的图像，反映的是牛或被用作祭祀牺牲，或当作供品，或被放牧，或被掠夺的实情，代表的是当时畜牧业的发展情况，并不代表牛耕。因为，"如果牛已用于农田耕作，这样与滇族生活密切相关的题材，是不会不在它上面反映的。"[②]

　　在滇池区域出土的若干青铜器上，铸有或镌刻有各种不同的人物活动图像，这些图像有不少是以当时农业生产中的"祈年"、"播种"、"孕

---

　　① 王大道：《云南滇池区域青铜时代的金属农业生产工具》，《考古》1977 年第 2 期。
　　② 王大道：《滇池区域的青铜文化》，《云南青铜器论丛》编辑组编《云南青铜器论丛》，文物出版社 1981 年版。

育"、"报祭"、"上仓"作为直接模写的母题的。如 M20：1 铜鼓盖面上有一组图像，描绘的是十多个人扛锄、背箩、顶筐的场面，类似古代滇国首领或奴隶主贵族举行"亲耕祈年"的一种仪式或播种仪式。M12：1 铜贮贝器盖上铸有运粮上仓的场面，图像分为两组，第一组右边是木构仓房，左边是粮囤，粮食均装在袋内。一些人正从囤中将粮袋放在地上，其余为头顶粮袋运往仓房，也有头顶箩筐运送粮食。箩筐中所运的粮食到底是何种谷物，冯汉骥先生根据盛器的外形，再结合有关文献记载推测，当是稻。[①] 如上这些珍贵的图像材料，它反映当时滇国"肥饶数千里"[②]、粮食丰收的场面。

综上所述，在青铜时代滇池地区的人们，主要从事以种植稻谷为主的发达的锄耕农业，广泛使用各种青铜农具。虽然铁制农具的使用尚不普遍，但由于滇池地区土壤肥沃，气候良好，农业生产当有相当程度的发展。

当然，滇池区域的青铜文化，并不是孤立地封闭发展的，尤其是在西汉时期，随着西汉王朝在西南地区的设治与经营，中原汉文化不同程度地影响着云南的青铜文化。反映在出土器物中，墓葬的时间越往后，汉式器物的数量越多，至西汉末和东汉初，出土的器物和中原地区几乎完全相同。如农业生产工具一类中，"铜锄、铜銎铁镰、铜锸、铁手镰等都和中原地区的农具相似。这些农具，在云南只见于西汉中期以后的墓葬中，显然是受了中原的影响而仿制的。"[③]

（二）滇西地区青铜文化

我们通常所言的"滇西"，是指今楚雄、大理、丽江、保山、临沧、怒江、德宏、迪庆等云南省的西部地区。在这块土地上，早在旧石器时代就有"元谋人"、"丽江人"等人类群体的活动。到了新石器时代，坝区和河谷等自然条件良好的地带，人类群体活动的遗迹分布就已相当密集。进入青铜时代，在剑川海门口、祥云大波那、楚雄万家坝、弥渡苴

---

① 冯汉骥：《云南晋宁石寨山出土铜鼓研究——若干主要人物活动图像试析》，《考古》1963 年第 6 期。

② 《史记》卷 116《西南夷列传》："（庄）蹻至滇池，方三百里，旁平地，肥饶数千里。"

③ 张增祺：《从出土文物看战国至西汉时期云南和中原地区的密切关系》，《文物》1978 年第 10 期。

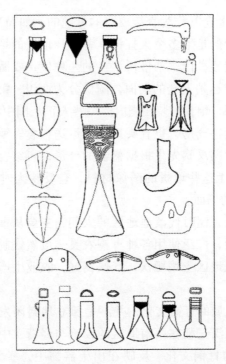

图 2—4　滇池区域出土的各种不同类型的铜质生产工具

力、宾川夕昭寺、楚雄大海波、德钦永芝、禄丰黑井、牟定琅井、姚安羊派水库、姚安白鹤水库、宁蒗大兴镇、巍山营盘山、永胜金官龙潭、大理的鹿鹅山、大墓坪、五指山、金梭岛等 40 余处出土了成批的青铜器。这些青铜器的器形、纹饰及合金成分基本同属一个类型，和滇池区域差别较大，我们统称为"滇西青铜文化类型"。

滇西地区的铜锡蕴藏量极其丰富，为青铜文化的发展提供了优越条件。这一地区的青铜文化分布在东到禄丰，西至德钦，南到弥渡，北达宁蒗的广阔区域内。时间跨度上，始于商周晚期（约公元前 12 世纪），至春秋战国之际（公元前 4、5 世纪）进入鼎盛时期，西汉末（公元前 1 世纪）跨入铁器时代，前后延续千余年，反映的是战国中期至西汉初期滇西的社会生产状况。在滇西的青铜墓葬和遗址中，无论时代的早晚，几乎都伴有青铜生产工具的出土（见表 2—1）。[1]

①　张增祺：《滇西青铜文化初探》，《云南青铜器论丛》编辑组编《云南青铜器论丛》，文物出版社 1981 年版。

表 2—1　　　　　　　滇西出土的青铜农业生产工具（不完全统计）

地点 名称	剑川海门口	剑川沙溪鳌峰山	大理大墓坪	大理金梭岛	大理鹿鹅山	大理五指山	昌宁新街	祥云大波那	永胜金官龙潭	姚安白鹤水库	禄丰黑井	牟定琅井	楚雄万家坝	德钦永芝	合计
斧	5	3		2	1	1	43	3	17	1	2	6	43	1	128
锄			1		1			8	1	7	2	13	99		132
犁	1														1
凿	3								3				5		11
鱼钩	1														1
锛								1							1

　　上表是 1981 年以前张增祺先生的不完全的统计，反映的只是一个时期滇西青铜农业生产工具的一个侧面。整体而观，在滇西青铜文化中，楚雄万家坝、祥云大波那和弥渡青石湾、石洞山、新民村墓葬中出土的数量众多的青铜农具中，铜斧、铜锄最为普遍。如楚雄万家坝出土青铜农具 142 件，其中铜锄多达 99 件；又 1 号墓出土的 110 件青铜器中，生产工具 28 套，每套由四方形铜锄、长条形铜锄和铜斧各一件组成。这种组合表明它们各自已有明确的用途。金属农具的明确分工是当时农业经济日益发展的重要标尺。

　　在滇西青铜文化遗址中，以剑川海门口、祥云大波那最为典型（见图 2—5）。

　　滇西的洱海区域作为云南典型的农耕文化区，在当地新石器文化发展的基础上，至迟在 3100 多年前，便已跨入青铜时代的门槛，标志是剑川海门口遗址的发现。剑川海门口遗址位于剑川县甸南海口村，距剑湖 250 米，遗址长 140 米，宽 12 米，是云南最早的青铜时代的遗址。1957 年云南省博物馆在清理发掘中，共出土文物 1000 多件，这当中，有石斧、穿孔石刀、石箭簇等 169 件，铜斧、铜钺、铜刀、铜凿等 14 件和罐、瓮、壶、钵、盘、盆及陶纺、陶水管、陶网坠等大量的陶器。同时，还出土

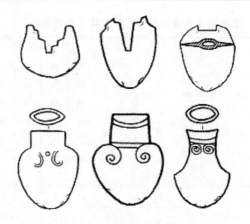

图 2—5　滇西出土的铜斧、铜锄

木结构建筑——干栏式建筑的成排木桩，总数 224 根。在生产工具中，仍以石器居多，其中的农耕工具就多达 150 件，锄土工具如石斧、石锛等 84 件，收割工具如石刀、石镰 66 件。[①] 出土如此之多的锄土、收割工具，表明此遗址时期的居民较白羊村遗址时期有了更为发达的农耕文化。另外，"海门口出土的石器和陶器略同于宾川白羊村新石器时代遗址同种器物，其中石刀类似。可见海门口早期青铜文化是从这一带的新石器文化中演变而来的。"[②]

　　在剑川海门口遗址中还有一个重要的发现，那就是在四个地方发现了炭化谷物，经鉴定，稻的谷粒短圆，稃壳有稃毛，稃面有整齐的方格，稃尖有芒，并有完整而清晰的护稃，属于粳稻。[③] 从遗址的地理环境、出土谷物及生产工具来看，当时的人们滨水而居，经营农业，种植粳稻和其他农作物，建造"干栏式"房屋，过着稳定的定居生活。

　　继剑川海门口遗址之后，考古工作者又在西起洱海，东到楚雄、禄丰，北止金沙江，南迄哀牢山这一广阔区域发现了一批青铜时代的墓葬和青铜器。这当中，祥云大波那木椁出土的青铜器堪称洱海区域青铜文化类型的典型代表。1964 年云南省博物馆在清理祥云大波那木椁中，出土 90 多件随葬品，主要有兵器、农具、乐器、六畜模型、生活用具、纺

---

　　① 云南省博物馆：《剑川海门口古文化遗址清理报告》，《考古通讯》1958 年第 6 期。

　　② 蔡葵：《论公元前 109 年以前的云南青铜器制造业》，云南大学历史系编《史学论丛》，云南人民出版社 1988 年版。

　　③ 诸宝楚：《云南水稻栽培的起源问题》，《学术研究》1962 年第 4 期。

织工具和一面早期铜鼓，其中生产工具有铜锄、铜斧、铜凿。1997 年祥云县文物部门又在距此墓约 1 公里的地方清理了一座"木椁墓"，出土了锄、剑、豆、杯、釜等文物 40 件，与大波那出土文物形制完全一样，属于同一时代的遗存。祥云大波那古墓群属于战国早期墓葬，那时的青铜器已经广泛使用于生产、生活、战争、娱乐、礼仪、丧葬等诸多方面，青铜铸造技术已达到相当高的水平。

祥云大波那木椁出土的铜斧多呈扁平状，銎为椭圆或半圆形，通长 10~20 厘米，上有卷云纹、弦纹和圆圈纹，形制上与澜沧江沿岸的云县、景东县等地发现的有肩石锛十分相似。铜锄整体近方形或半圆形，一般长 10~30 厘米，宽 10~25 厘米，銎有作半圆形者，亦有凹形或三角形者，其中的三角形者和汉代常见的铁锸相似。在这些青铜农业生产工具中，铜斧可用于砍伐森林和开辟土地，铜锄为起土和平整土地之用，它们的大量出土，反映了当时滇西农业生产的发展情况。再结合这一地区新石器时代出土的大量石斧、石锛和半月形穿孔石刀以及炭化稻的史实来推测，当时滇西的稻作生产应该较新石器时代有所发展了。

综合滇池区域和滇西地区出土的数量众多、品种齐全的青铜农业生产工具来看，当时这两个地区的居民从事的是比较发达的锄耕农业，代表着当时云南稻作农业发展的最高水平，人们聚族而居，形成比较稳定的村落，这和司马迁《史记》所记的"耕田有邑聚"的情况是相符的。

三 秦汉、魏晋时期云南稻作的发展

如果说，石器时代和青铜时代云南稻作的发展，是一个在本地区自然发展的过程，外因对之影响较小的话，那么，秦汉、魏晋时期云南稻作的发展，不可忽视的是它有一个来自外部的强大的推动力，与中原王朝对西南地区的开拓与经略至为紧密，发展的历史背景更为广阔。

（一）中原王朝在云南地区的开道置郡

云南与内地的联系较早，远在秦以前的公元前 320~315 年间，一些蜀、楚商人就在西南崇山峻岭之间踏出了入滇的通道。到了战国晚期，蜀守张若、楚将庄蹻经略西南夷地区，就是循着蜀、楚商人入滇通道而来的。公元前 316 年，秦遣司马错发兵攻灭巴、蜀，置巴郡、蜀郡，移民万家实之，以此为据点，着手开发"巴蜀徼外"。当时的滇东北地区，属于蜀郡的范围，所以秦对云南的开发肇始于在此地区的"开道"。公元前250年，蜀郡太首李冰采用积薪烧岩的方法，自僰道（今四川宜宾市）顺江开山凿岩，修筑通往滇东北地区的通道。公元前221年，秦灭六国一统天下，奋六世之余烈，在战国时经略川、滇、黔的基础上，派常頞"略通五尺道，诸国颇置吏焉。"① 此道起于今四川宜宾，经高县、筠连，入云南盐津、大关、昭通、镇雄，折入贵州毕节、威宁，再入云南宣威、曲靖，长千八百公里，因地处险阨，栈道广才五尺，或沿途多僰人，故称"五尺道"或"僰道"。随着此道的开通，内地大量汉人移居滇东北地区。

秦王朝昙花一现，刚开通的"五尺道"，因中原战事复又中断。西汉高后六年（前182年）复议西南事，于僰道故地置僰道县，作为经略西南的据点。至武帝时，又开通往西南地区的"西南夷道"。《华阳国志》卷3《蜀志》载："武帝初欲开南中，令蜀通僰道、青衣道。"《水经注》卷13"江水"载："汉武帝感相如言，使县令南通僰道，费功无成，唐蒙南入斩之，乃凿山开阁以通南中，迄于建宁，二千余里，山道广丈余。"又《史记》卷30《平准书》云："唐蒙、司马相如开路西南夷，凿山通道千余里。""西夷道"为武帝遣司马相如在原来"旄牛道"的基础上所开凿，即灵关道。起自成都，抵于大理。"南夷道"为唐蒙所开，沿"五尺道"向东入黔境，直下两广，又称"唐蒙道"。西汉王朝第一次开西南通道，从武帝建元六年（前135年）到元朔三年（前126年），计十余年，后来由于凿道甚艰，耗资巨大，加之北方匈奴来犯，不得不暂罢西南开道之事，但西汉王朝已为进一步深入西南夷腹地奠定了基础。

在中原王朝把云南纳入封建王朝版图的恢宏历史过程中，云南先后设置了许多郡县，得到了不同程度的开发。汉武帝元封二年（前209年）在云南设置益州郡，辖24个县，其范围与今云南省相当。东汉永平十二年（69年）在云南西部设永昌郡，开拓并巩固了西部边疆。三国蜀汉时，诸葛亮平定南中后，实施"南抚夷越"的方针，将原西南夷四郡（益州、越巂、牂牁、永昌）分为南中七郡（建宁、牂牁、朱提、兴古、越巂、云南、永昌）。其中的建宁郡，相当于今昆明、楚雄、玉溪、曲靖等地

---

① 《史记》卷116《西南夷列传》。

区；朱提郡，相当于今昭通等地区；兴古郡，相当于今红河、文山等地区；永昌郡，相当于今保山、德宏、临沧、思茅等地区；云南郡，相当于今大理等地区；越巂郡，相当于今丽江、四川西昌等地区；牂牁郡，相当于今曲靖东部和贵州西部地区。西晋在云南设宁州，辖南中七郡，为全国19州之一。此制延续到南朝未改。隋代，于原宁州地设置南宁州总管府。唐武德年间改为南宁州都督府。麟德元年（664年）分设姚州都督府，称姚州云南郡。

上述各郡农业经济的发展水平，"以建宁郡居首，朱提、云南两郡次之，兴古、永昌、牂牁又次之；而在各地区各民族内部，也存在较大差异，平坝、河谷地带以农耕经济为主，山区、半山区则以牧业为主要经济形式，形成立体经济的分布格局。"[①]

（二）内地移民的涌入及屯田制在云南的推行

开凿入滇之通道，设郡置吏，既有效地把云南纳入中原王朝的版图之内，沟通了云南与内地的经济联系，又掀起了云南历史上第一次大规模的移民高潮——大量的汉族官吏、士卒、屯户及罪犯陆续被迁居到今昭通、曲靖至滇池区域的交通要道，在不同程度上改变了云南的民族构成和居民结构。这些人员中，吏卒是西汉王朝派驻云南新设郡县的"长吏"及"郡兵"。《汉书》卷24《食货志》："汉连出兵三岁，……置初郡十七。且以其故俗治，毋赋税，南阳、汉中以往各以地比，给新郡吏卒奉食、币物、传车马被具。"又《史记》卷30《平准书》说："初郡时时小反，汉发南方吏卒往诛之，间岁数万人，费皆仰给大农。"民工亦称"食重"或"转漕"，是为汉廷驻边疆吏卒运送物质的人员，多出吏卒数倍或十几倍。罪犯又称"三辅罪人"或"京师亡命"，大多是监禁于京师或劳役于三辅的在押犯人。屯户也是内地的汉族，他们到云南开荒种田，将粮食交付当地郡县，然后在内地领取货币。

西汉王朝在云南凿道、设郡置吏的过程中，最初边疆吏卒的粮食由内地郡县供应，所以常会看到"千里负担馈粮"挺进云贵高原的情况。如在修"西南夷道"时，敕许自湖南省南下，"及乃拜蒙为中郎将，将千

---

① 范建华等：《爨文化史》，云南大学出版社2001年版，第205页。

人食重万余人",① 从内地调运大量的粮食。后来,为了解决"转糟"的困难,推行"募豪民田南夷,入粟县官,而内受钱于都内"② 的措施,即雇用农民到云南开荒种田,就地将粮食交给当地政府,然后再回内地领取报酬。这种临时性的屯田政策,初始确实解决了"转糟"困难之急,但因为屯田的临时性,屯户没有长期居住边疆的打算,仍无法从根本上解决屯军吃粮的问题。

东汉时,对"入粟县官,而内受钱于都内"的临时性的屯田制度进行了改革,在边郡广"置农都尉,主屯田殖谷"③ 之事,一些郡县的官吏也以发展生产为第一要务,积极鼓励边郡发展农业生产。同时,"新遣更多的屯户来云南,使其形成一个有组织,有编制,既从事生产,又具有战斗实力的有机整体。而且明确所有屯户(包括其家属)必须长期留居边疆,不能像过去一样,粮食交给当地政府就一走了事。此外来边疆的屯户都有固定的居住区,由专职的大小官员负责管理,每个组织都有定额生产任务,不像以前那样随便。交粮食多在内地多领钱,完不成少领钱,谁也管不着。"④ 这样一来,随着两汉屯田制在云南的推行,一些屯田长官和戍卒由于长年得不到更替,纷纷落籍云南,落籍后的官吏逐渐形成地方大姓,戍兵也就成了大姓的部曲(依附农民)。

蜀汉时期,在汉代屯田的基础上,在打击豪强大姓并分配其所领部曲的情况下,调整屯田组织。部曲依附大姓,平时屯田耕种,战时编入军队,在一定程度上推进了生产的发展。诸葛亮平定南中后,把大郡分为小郡,推行重农政策,积极鼓励发展农业生产,"劝夷筑城堡,务农桑,诸夷感慕德化,皆自山林徙居平壤";⑤ 同时还在各地广置屯田。《华阳国志》卷4《南中志》说:"建宁郡,治故庲降都督屯也,南人谓之'屯下'。"李恢在庲降都督时,在味县(今曲靖市)率军屯垦。屯军退伍遂为农户,仍重其屯事,故相与为"屯下"之称。屯田主要是为了解决驻军的口粮。蜀汉在味县的屯田颇有成效,收成可积谷储藏。⑥ 屯田不

---

① 《史记》卷116《西南夷列传》。

② 《史记》卷30《平准书》。

③ 《后汉书》卷27《百官五》。

④ 张增祺:《滇国与滇国文化》,云南美术出版社1997年版,第315~316页。

⑤ 冯征:《滇考·诸葛武乡侯南征》。

⑥ 《三国志》卷25《蜀书·张翼传》。

仅仅限于建宁郡，在建宁郡以外地区，民屯也具有相当的规模。南征以后，蜀汉分越巂郡、建宁郡地置云南郡，庲降都督李恢"迁濮民数千落于云南、建宁界，以实二郡。"① 蜀汉迁永昌郡濮人数万入云南郡和建宁郡，当是在官府的组织下进行屯田生产，这有利于滇中农业的发展。蜀汉之后，其在云南等地的屯田，被两晋和刘宋所继承。晋代由五部都尉管理今曲靖一带的屯田，在《爨龙颜碑》碑阴题记的官人中有"屯兵参军雁门王口文"和"屯兵参军建宁爨孙记"的提法，由此可见当时设有专门管理农业生产的官员。

两汉、魏晋时期，大量内地军民的涌入以及一系列屯田制度在云南的推行，致使内地先进的生产工具和耕作技术传入云南，一些荒芜的土地得到了开垦，这在客观上促进了云南稻作农业的长足发展。如当时的朱提郡内有龙池，"以灌溉种稻"。越巂郡东西南北八千余里，"特好蚕桑，宜黍、稷、麻、稻、粱。"② 建宁郡，"郡土平敞，有原田。"云南郡，"土地有稻田畜牧，但不蚕桑。"永昌郡，"土地肥沃"，"有蚕桑"，"宜五谷"。③ 滇池地区"河土平敞，多出鹦鹉、孔雀，有盐池田渔之饶，金银畜产之富。"邛都一带"其土地平原，有稻田。"④

（三）稻作农业的长足发展

秦汉、魏晋时期云南稻作农业的长足发展，主要表现在以下几个方面。

1. 铁制农具的使用

迄今为止，云南出土最早的铁器是江川李家山 21 号古墓出土的一件铜柄铁剑、祥云检村大石墓出土的两件铁镯及宁蒗大兴镇古墓出土的一件铜柄铁刀。根据炭素测定推算，学术界普遍认为，云南铁器最早出现于战国中晚期当没有多大问题。但是，从考古发掘来看，西汉时期云南各地墓葬中虽然出土了不少的铁器，但主要是兵器，且多是铜铁合制器物，纯铁器极少，这说明西汉云南的采铁和冶铁技术已经产生。不过，

---

① 《华阳国志》卷4《南中志》。
② 《太平御览》卷791引《永昌郡传》。
③ 《华阳国志》卷4《南中志》。
④ 《后汉书》卷86《西南夷列传》。

铁的使用时间不久，产量不高，尚属贵重器物，使用并不普遍，对稻作生产仍没有重大的影响。

考古发掘资料显示，至迟在西汉晚期，云南已有铸铁器。如曲靖八塔台西汉晚期墓葬中发现过不少器形和大小完全相同的铁斧，很可能就是铸造成型的。另外，还有一种双耳铁釜，釜的两侧也有清楚的铸造缝。① 又晋宁石寨山西汉墓中出土铁器百余件，种类有锸、斧、刀、削等工具和剑、矛、斧、戟等铁器或铜铁合制的兵器，其形制类似滇文化中的铜器。值得注意的是，上述铁器均出土于武帝时和武帝以后的墓葬，表明在汉置益州诸郡之后，铁器制造技术传入了西南夷中部地区。至迟东汉时云南及附近的一些地区建立了冶铁工场。东汉后，铁的产量高了，开采、冶炼、制造技术提高了，随之，铁器的使用也更加普遍。《后汉书·郡国志》曾记云南产铁的地方有不韦（今保山地区）、滇池（今晋宁县）、台登（今临沧地区）等。在昭通地区东汉墓"梁堆"中，发现了铁锄、铁刀、铁剑、铁矛等，可见铁器的使用已相当普遍。两晋时，云南冶铁业又有新的发展。据《华阳国志·南中志》载，贲古县（今蒙自、个旧一带）晋代始产铁，成为一个新的产铁区。晋还在宁州设置铁官令以加强对冶铁税收的管理，建宁大姓毛诜曾任此职。铁矿的进一步开采和铁器的普遍使用，标志着宁州地区的农业又有所发展。

云南铁器的来源，除了本地铸造外，当有可能少量或部分来自内地的四川。我们知道，春秋初期，在滇东之北部和东北部，以成都平原和川东为中心，蜀族和巴族分别建立了蜀国和巴国，共同创造了辉煌灿烂的巴蜀文化。当时的巴蜀文明盛极一时，影响波及到滇东北地区。而蜀之用铁始于战国，其铁的生产，除用于自身消费外，还作为商品倾销周边少数民族地区。《史记》卷129《货殖列传》记卓氏在临邛，"即铁山鼓铸运筹策，倾滇蜀之民。"今昭通、鲁甸"梁堆"汉墓中出土的大量的冠有"蜀郡千万"、"蜀郡成都"字样的铁制农业生产工具，可视为战国西汉以来，四川大商贾卓王孙、程郑之流，把铁器大量倾销给当地"椎髻之民"的继续。② 当然，四川铁器的输入，并不意味着当时云南还没有冶铁业，只能说明当地生产的铁器数量少，质量较差，在供不应求的情

---

① 张增祺：《云南开始用铁器的时代及其来源问题》，《云南社会科学》1982年第6期。
② 参见汪宁生：《云南考古》，云南人民出版社1986年版，第92页。

况下，才部分地输入外地铁器。这种情况，近代犹然。

铁质生产工具的广泛使用作为一种新的生产力因素，发挥着巨大的作用，它使砍伐树木、开垦荒地、农田耕作和水利灌溉都可以较大规模地发展起来，在云南稻作农业的发展进程中是一个具有划时代意义的事情。

2. 牛耕的使用与推广

在经济史研究中，牛耕常常是衡量古代农业生产力发展水平的一个重要标志，因为在热动力农业机械尚未

图2—6　滇池区域出土的汉式铁锸

问世之前，借助畜力可以大大提高劳动生产率，从而扩大种植面积以增加农作物产量；同时牛耕可以深耕翻土，对精耕细作、提高单位面积产量具有重大的意义。

我国牛犁耕田出现于春秋战国时期，到了西汉武帝时虽然赵过曾推行过"二牛三人藕耕"的耕作方法，但牛耕仍未完全取代耒耕。《淮南子·主术训》："一人跖耒而耕，不过十亩。"又《盐铁论·未通篇》："民托耒而耕。"这些史料提到当时的耕作农具，仍多为耒耜，说明在西汉时期中原地区的牛耕并不是那么普遍。

相对于内地而言，云南的牛耕使用较晚。旧时，有的学者曾根据滇池区域出土的大量的"铜犁"① 以及青铜器上镌刻的众多栩栩如生的牛的图案形象，断定为这是云南牛耕产生的标志。后来，人们对"铜犁"的器物形态深入研究表明，这不是犁，而是一种尖叶形铜锄或尖叶形铜镢，其在云南的具体发展演变脉络，李昆声先生认为是这样的：

————————

① 一种整体像一片上阔下尖的树叶，刃部呈尖状，有銎突出于器身正中的工具。对这种工具，在最初的发掘报告中记为"铜犁"。

　　尽管在西汉云南的考古发掘中，尚未发现牛耕的实物证据，但云南牛耕的传入，只不过是一个时间的问题了，因为当时云南的周边地区如中国内地、泰国、古印度都已有犁耕技术。尤其是西汉于云南设郡置县，与内地加强了经济文化的联系，牛耕当是从内地传入的，而传入的桥梁，四川可能性最大。从出土文物看，云南最早使用牛耕是在川、滇交界的昭通地区。1987 年，昭通市城关镇东汉墓中发现一块画像砖，长 25 厘米、宽 7 厘米。砖上有左右画像两幅，其中的右图为一"牵牛图"，图前面为一椎髻披毡人，后随一头双角上翘的黄牛，牛与人之间有一细绳相连，绳端系于牛鼻，另一端牵于披毡人手中。牛被穿鼻系绳，前方为尖状土堆，推测应为耕牛。① 1956 年，在昆明南郊发现东汉延光四年刻石，上记有以牛作为土地交换的代价，并镌刻有"□牛五头□自少罕"的字样。这里，牛与土地在文字上相连，说明实际生活中牛耕已然产生。

　　蜀汉后，云南牛耕已较普遍，并常见于文献记载。《三国志》卷 43《蜀志·李恢传》："赋出叟、濮，耕牛、战马、金银、犀革充继军资，于时费用不乏。"李恢是蜀汉派驻云南的地方军政长官，他向云南的民族征收贡赋，耕牛便是其中的一项。这说明当地不仅早已出现牛耕技术，而且耕牛的数量较多，除供本地需要外，还可输出外地。《华阳国志》卷 4《南中志》记蜀建兴三年（225 年），"亮渡泸，进征益州。……出其金、银、丹、漆、耕牛、战马给军国之用。"又同书记诸葛亮平定南中，"为夷作图谱"，"画（夷）牵牛负酒"以贡，② 其牛，显然是指作为贡赋的耕牛。史称诸葛亮在南中，"令人教打牛以代耕，彝众感悦"，③ 至今云南德宏傣族中还流传着诸葛亮示范牛耕的传说，有的地方还保存着他教人打牛耕田的遗迹——打牛坪，足见蜀汉时期牛耕确实已在云南推广开来。④

　　上面的记载反映的是蜀汉云南牛耕的情况，从常理来推，云南牛耕应早于史载的时期，当在东汉初、中期后，滇中和滇东北经济较发达的地区，使用牛耕应该没有多大的问题。

---

① 李昆声：《云南牛耕的起源》，《考古》1980 年第 3 期。

② 《华阳国志》卷 4《南中志》。

③ 冯征：《滇考·诸葛武乡侯南征》。

④ 详见段玉明：《南中经济初识》，《中国西南文化研究》（3），云南民族出版社 1998 年版。

牛耕的发明、推广、普及和进步，表明自东汉起，云南稻作农业已经过渡到了犁耕农业阶段，这是一个大的飞跃。

3. 农田水利灌溉的发展

水利灌溉是衡量稻作农业发展的一个重要技术指标。在西汉时期云南各地的考古发掘和文献记载中，都没有关于稻作水利灌溉设施的实物和文献资料。所以，人们在述及西汉云南稻作时，大多都赞同当时是以发达的锄耕陆稻旱地种植为主，没有明显的水利灌溉和牛拉犁的耕作方式。

随着云南与内地经济文化联系的日益紧密，到西汉末年，处于内地与云南交往前哨阵地的滇东北地区就有关于水利灌溉的记载了。如西汉平帝元年至五年（公元 1～5 年），在朱提郡任都尉的文齐就曾率领汉族移民，"穿龙池，灌稻田，为民兴利。"[1]《太平御览》卷 791 引《永昌郡传》说："朱提郡……川中纵广五、六十里，有大泉池水，僰为千顷池。又有龙泉以灌溉种稻。"这真实地记录了当时的僰人，利用千顷池、龙泉[2]种植水稻的史实。后来，文齐调任益州郡太守，仍继续率领军队从事生产劳动，"造起陂池，开通灌溉，垦田二千余顷"，[3] 把内地的水稻种植和灌溉技术，从滇东北推广到滇中地区，使云南水稻的种植更为普遍。

东汉时期云南已有水利灌溉技术，从考古发掘中也有这方面的证据。1975 年，在云南呈贡小松山出土了一具东汉时期的长方形陶质水田模型。模型长 32 厘米，宽 20 厘米，从中间被分割成两大部分，一端是一个完整的大方格，其中没有任何东西，应该是蓄水池（池塘）。另一端是代表水田的 12 块小方格，池塘与水田有沟槽相连，形象地表示了蓄水以浇灌水田。[4] 1977 年，呈贡七步场的一座东汉墓中也发现了一件陶质的水田池塘模型，与前者不同的是，池塘中还有莲花、水鸭、青蛙、螺蛳及团鱼等图案，水田和池塘之间的灌溉渠道上还架有一座木板桥，桥头上立一水

---

① 《华阳国志》卷 4《南中志》。

② 据史家考证，龙池为千顷池的一部分，而在昭鲁坝子中的千顷池由水井洼、千顷池正海、永乐海、葫芦口等四个海子组成。由于历史、自然的原因，这四个海子，今已成为平陆，但往昔沧海之势仍依稀可辨。

③ 《后汉书》卷 86《西南夷列传》。

④ 参见呈文：《东汉水田模型》，《云南文物》1977 年第 7 期。

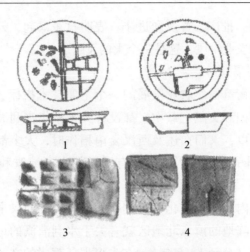

图 2—7　云南出土的陂塘水田模型

（1 为大理大展屯 2 号墓出土，2 为呈贡七步场 1 号墓出土，
3 为呈贡小松山出土陶制水田，4 为通海发现的东汉水田和坝塘）

鸟。[1] 1981 年，在下关大展屯东汉墓葬出土了一件圆盘形陶质水田模型，模型的中间被一道堤埂分割为两部分，堤埂上有一道宽 0.2 厘米、高 0.15 厘米的缺口作为出水口。在堤埂的两端，一端是成方格状的小块的水田，另一端是内有泥质莲花、田螺、蚌、贝、泥鳅、青蛙、水鸭等 12 件水中动植物模型的蓄水池。这个水田模型形象地反映了当时农田和水利的配套设施以及蓄水池的多种用途。[2] 据李晓芩观察，内中有鱼的形象。稻田养鱼的模型多见于内地的四川、陕西等地的东汉墓葬中，所以很可能传自内地。[3] 类似东汉时期的陂池水田模型，在嵩明县黎花村、通海镇海的东汉墓均有发现，而这些水田模型从风格上来看与当时中原和四川所发现的模型基本一致，这应是水田稻作相互影响的结果。

　　从云南出土的水田模型及毗邻的四川、贵州出土的水田模型中的图像来分析，当有相应的整田、灌溉、稻秧移栽技术。于此，可资佐证的间接史料也不少。《新唐书》卷 239 列传 147《南蛮上》载："自曲靖州至滇池，人水耕。"《蛮书》卷 7 亦云："从曲靖州以南，滇池以西，土俗唯业水田。"这两则史料说的是滇东北至滇东、滇中、滇西一带的情况，

①　云南省博物馆：《云南呈贡七步场东汉墓》，《考古》1982 年第 1 期。
②　大理州文物管理所：《云南大理大展屯二号汉墓》，《考古》1988 年第 5 期。
③　李晓芩：《白族的科学与文明》，云南人民出版社 1997 年版，第 140 页。

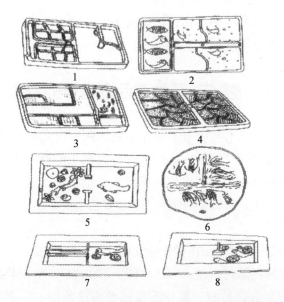

图2—8 云南毗邻的四川地区出土的水田和陂塘模型

（1 为四川合江县草山砖室墓出土的小区划水田，2 为汉代四川彭山县出土的画像砖上的陂塘稻田模型，3 为四川宜宾市草田 3 号墓出土的陶水田陂塘模型，4 为汉代四川乐山市车子乡崖墓出土的水田模型，5 为汉代四川西昌出土的陶制陂塘模型，6 为汉代四川忠县崖墓出土的陶制陂塘模型，7 为汉代四川新都县崖墓出土的陂塘稻田模型，8 为汉代四川新都县出土的陶制陂塘模型）

"人水耕"即耕种水稻田，"土俗唯业水田"指的是人们世代耕种水田相沿成为传统。说的虽然是进入唐以后的情况，"其渊源，当可上溯到两晋南北朝之世甚至更早，而与普及水稻密切相关的农田水利配套设施，亦当自东晋初年爨氏称霸以来便有所发展和积累。"[1]

从总体上来看，经过秦和西汉的开拓与发展，东汉至唐初云南的稻作农业的发展水平，在滇中、滇东、滇东北和滇西的洱海地区发展水平较高，是一种典型的以水田稻作农业为特征的高原型地方民族经济，其他各地则处在原始农耕经济、山地刀耕火种等稻作农业发展的各个阶段。就农业生产技术而言，到了隋初，在云南的经济开发较早的地区，已经完成了由旱地农业向水田农业、由锄耕农业向犁耕农业的过渡，农田水利建设有了一定程度的发展，并由此奠定了云南古代稻作农业发展的基

---

① 范建华等：《爨文化史》，云南大学出版社 2001 年版，第 220 页。

本格局。在这之后的一千多年，云南稻作农业的发展基本上是沿着这一模式在点上和面上逐层向前推进的。

四　唐、宋、元时期云南稻作的发展

在唐宋时期，几乎与唐宋王朝相始终，在云南先后建立有南诏、大理两个地方民族政权，两个民族政权在开疆拓土的过程中，不仅加强了与内地的接触和交往，其辖区内的稻作农业也得到了进一步的发展。大理国灭亡后，元代云南行省的建立，是宏观云南史中第二次大的转折点。

（一）唐代南诏时期云南稻作的发展

南诏是唐时我国西南地区以"乌蛮"、"白蛮"为主体建立起来的一个多民族地方复合体政权，其以洱海区域为统治中心，囊括云南全境，极盛时统辖的区域，北抵大渡河，东及今贵州盘县、普安一带，南与今滇越边境为界，西与摩伽陀国（印度）为邻，西北与吐蕃相接。研究南诏农业生产水平，将为我们完整地展示唐代云南稻作的发展情况。

南诏以农立国，统治者非常重视农桑，在中枢职官中设"巨托"主仓廪，"禄托"主牛，各城镇亦设农事之官。每到耕种季节，各城镇遣监守和官吏监督农事，境内无论是自由民还是贵族均须参加生产劳动，即"无贵贱皆耕。"[1] 同时，南诏还仿照唐朝的均田制，在滇池、洱海等农业发达区推行计口授田的制度，[2] 采取一系列积极有效的措施，促进了生产的发展，致使唐代云南的稻作农业达到了一个前所未有的水平。具体表现在：

——水利灌溉发达，水稻种植更加普遍，大量的田亩被开垦。南诏官民比较重视农田水利，他们建造陂池（水库），开渠引川，修筑堤堰等灌溉工程。《南诏德化碑》载："亿塞流潦，高原为稻黍之田，疏决陂池，下隰树园林之业。"这段史料中的"稻黍之田"即梯田，"陂池"则指的

---

① 《新唐书》卷239 列传147《南蛮上》。
② 据《蛮书》卷9《南蛮条教》载："上官授田四十双，汉二顷也。上户三十双，汉一顷五十亩。中户、下户各有差降。"又《新唐书·南诏传》记手工业者也分给田地，收割两年后，第三年方纳税，即"一艺者给田，二收乃税。"

是一种蓄水灌溉工程，似现在的水库。劝丰佑时（841 年），遣大将军晟君修建了自磨用江至鹤拓（今大理城郊）的"横渠道"，又称为"锦浪江"。这个运河工程灌溉了大理东郊及城南的农田，最后与龙佉江合流流入洱海。又在点苍山玉局峰用大块石板修建了一个"潭深莫测"的大水库，引导山泉，合流成川，"灌田数万顷，民得耕种之利。"[①] 整个南诏境内，灌溉系统相当发达，"浇田皆用源泉，水旱无害。"[②] 由于有了充分的水利灌溉作保障，相应的水稻的种植也就更加普遍。据《蛮书》卷 7《云南管内物产》载，"从曲靖州以南，滇池以西，土俗唯业水田。"《新唐书·南蛮传》亦载："自曲靖州至滇池，人水耕。"梁建方《西耳河风土记》记洱海地区，"其土有稻、麦、稷、豆，种获亦与中夏同。"当时南诏进行精耕细作的高产农田，据有关研究者推算，当不会少于 450 万亩。[③] 此外，南诏在经营坝区农田的同时，还修治山田，或引山泉水灌山田，或引低处的水进行灌溉，史赞是"蛮治山田，殊为精好。"[④] 云贵高原，山高陂陡，垦治山田，殊为不易，既然治山田已达"殊为精好"之境地，足以见得当时的农耕技术已有相当高的水准。

另外，在有关南诏的史籍中，还常常提到两个与稻作农业至为相关的史实。一是以野水牛、牦牛、象代耕。《蛮书》卷 7《云南管内物产》载："通海以南多野水牛，或一千二千为群。弥诺江以西出牦牛，开南以南养处，大于水牛，一家数头，养之，代牛耕也。""象，开南以南多有之，或捉得人家，多养之以代耕田也。"又同书卷 3《六诏》也载："象大如水牛，土俗养象以耕田，仍烧其粪。"这几则史料透露给我们的信息是，当时较滇池、洱海地区落后的傣族先民茫蛮部落居住的地区，同样也普遍使用牛耕犁田了，并兼用野水牛、牦牛代水牛耕田，进入了犁耕农业阶段，但"仍烧其粪"，说明尚不知施肥。又据傣族史籍《帕萨坦》记载，傣历 181 年（819 年）茫乃政权的统治者傣勐王几达沙力带领傣勐民众在原十二"邦"的基础上建立了十二个勐，任命他的随从为十二个勐的地方官——"布闷"。随后，各勐布闷就组织民众开田挖沟，并将开

① 《南诏野史》卷下《南诏古迹·高河》。

② （唐）樊绰：《蛮书》卷 7《云南管内物产》。

③ 参见方铁、方慧：《中国西南边疆开发史》，云南人民出版社 1997 年版，第 166 页。

④ （唐）樊绰：《蛮书》卷 7《云南管内物产》。

垦出的田地分为产量为一百挑、一千挑、一万挑三种规格如数清点教给傣泐王，傣勐王又将这些开垦出来的田地交给百姓耕种，并规定应交的租谷数量。① 另一个是在进行田亩计算时，出现了双（三人使用两条壮牛犁一日的总合，相当于汉区的四亩）、角（相当于汉区的二亩）、己（相当于汉区的一亩）、乏（相当于汉区的半亩）等四个专有的计量词，且进入了书面语。尤其是"双"，李京《云南志略》记载："用双为计算田亩之制度，直至明代，仍沿用勿替。"② 专有计算田亩量词的出现，是唐时云南农业发展的一个重要例证。

——耕种制度和耕作技术大为提高，已采用"二牛三夫"犁耕法和稻麦复种制度。在有关南诏的文献记载中，述及其耕作方法，最为典型的是"二牛三夫"犁耕法（深耕技术）。《蛮书》卷7《云南管内物产》载："每耕田用三尺犁，格长丈余，两牛相去七八尺，一佃人前牵牛，一佃人持按犁辕，一佃人秉耒。"《新唐书·南诏传》亦载："犁田以一牛三夫，前挽、中压、后驱。"王忠《〈新唐书·南诏传〉笺记》说："'一牛'当作'二牛'，因一牛即无需三人。"关于南诏的"二牛三夫"犁耕法，李昆声先生根据文献记载，参证明清文献及现代民族学调查材料认为，其法是"犁田时一人在前面牵牛，一人坐在格上（另一方法可能是站在犁辕侧旁掌辕），用脚掌握犁铧入土深浅，另一人在后扶持犁把。犁田时使用直辕犁，较长。犁铧甚大。每天可犁田五分之四'双'，即四亩左右。"③ 又廖国一、李福宏也认为，"大致是犁田时两头牛抬杠相距2米左右，避免两牛角相互碰撞；一个人在前牵牛，以免牛不听使唤或受惊奔跑，控制牛前进的方向；中间一个人侧身压辕，掌握犁头入地之深浅，兼代吆喝驱牛，到地头转弯时帮助后面'持犁者'抬犁；后面一个'秉耒者'，扶稳犁身，指挥全面。这样看来，'中压者'和'秉耒者'的技术更比'前牵者'熟练。据估计，南诏犁每天可犁田四亩左右。南诏地区犁耕技术的使用和推广，深耕细作就成为可能，直接推动了粮食生产乃至整个农业生产的发展。"④ 时至今日，这种耕犁方法在大理白族自治

---

① 王懿之：《从〈帕萨坦〉看西双版纳茫乃政权》，《思想战线》1984 年第 1 期。
② 详见徐琳：《南诏七个山川土地名量词考释》，《民族研究》1995 年第 6 期。
③ 李昆声：《南诏农业刍议》，《思想战线》1983 年第 5 期。
④ 廖国一、李福宏：《试论南诏的农牧业技术》，《农业考古》1997 年第 2 期。

州剑川、洱源等地的白族及怒江傈僳族自治州独龙江的独龙族中仍然保留使用。①

图2—9　《南诏中兴二年画卷》上的犁

南诏的耕种制度，《蛮书》卷7《云南管内物产》载："水田每年一熟，从八月获稻，至十一月十二月之交，便于稻田种大麦，三月四月即熟。收大麦后还种粳稻。"这实际上是土地利用效率很高的一种集约经济形式，学术上称之为稻麦复种制。我国的稻麦复种技术最早于唐高宗、武则天时产生于长江流域少数发达地区，后在长江三角洲、成都平原和长江沿岸普遍推广。②推行这种制度，"除了要求有适宜的气候条件外，还必须具备以下一些条件：（1）农田水利建设达到相当的水平，土壤肥沃，土质良好，能灌能排，水旱无损。（2）生产工具效能良好，能够迅速地收割与耕作，并能在不同的时候，根据作物生长的需要排灌田水。（3）有较好的施肥技术和较高的栽培技术。南诏能够实行稻麦复种制，说明南诏已具备了这些条件。因此，可以认为，南诏的稻麦复种技术，在唐代是接近内地的先进水平的。它对提高农业用地的利用率，提高单位面积的产量，有着十分重要的意义。"③这种科学的轮种方法，既适合于云南冬季不甚冷的气候特点，又有利于提高土地的利用率，并增加土

---

① 王东昕：《衣食之源——云南民族农耕》，云南教育出版社2000年版，第33页。

② 参见李伯重：《我国稻麦复种制产生于长江流域》，《农业考古》1982年第2期。

③ 寥国一、李福宏：《试论南诏的农牧业技术》，《农业考古》1997年第2期。

壤中的含氮量，所以一直延续下来。现今称种水稻为"大春"，水稻收获后再种其他作物为"小春"。

（二）宋代大理国时期云南稻作的发展

南诏灭亡后，云南地区经历了大长和国、大天兴国、大义宁国等三个短暂王朝的更替后，于公元937年，白蛮大姓段思平创立了传22世，凡316年，几与宋相始终的封建政权——大理国。大理国虽然承袭了南诏的某些旧制，但其封建化程度进一步加深了，其御下之法，以封建性质的分封制为基础，建立之初就推行减税免徭役的政策，使滇池、洱海区域因兵患而衰败的农业经济很快得以恢复和发展。同时，还注重对腹地外围一些山区的开发，广治农田水利。

在洱海、滇池传统农业区，稻作进一步趋于精耕细作，水利灌溉也更加完备。

大理国时期，洱海地区的水利事业较为发展。祥云清湖、弥渡赤水江、凤仪神壮江等水利工程，都是在这一时期修建的。元初仕宦云南的郭松年，途经大理地区亲眼所见是：品甸（在今祥云县），"甸中有池。名曰青湖。灌溉之利达于云南（今祥云）"；赵州甸（今凤仪县），"川泽平旷……神庄江贯于其中，灌田千顷，以故百姓富庶，少旱虐之灾"；点苍山，"上则高河窦海，泉源喷涌"，"派为一十八溪，悬流飞瀑，泻于群峰之间，雷霆砰轰，烟霞晻霭，功利布散，皆可灌溉。"① 郭松年仕滇为大理国灭亡不久，其所见的当为大理国时期洱海农田水利灌溉的情况。又大理国还在今祥云地区兴修了一些蓄水的陂塘。其中位于白塔村的段家坝塘，"东接镜湖"，亦可灌溉较大面积的农田。② 11世纪80年代，当宋朝官员杨佐奉命从成都到大理买马时，经滇中达于滇西，看到沿途开发了许多山田，有些地方的农业生产已和四川资中、荣县一带不相上下。③ 元初李京记大理、滇中一带的白蛮，"多水田，谓五亩为一双。山水明秀，不亚于江南。麻、麦、蔬、果颇同于中国。"④ 又随军征大理的

---

① （元）郭松年：《大理行记》。

② （明）李元阳：《嘉庆大理府志》卷2《地理志》。

③ 《资治通鉴》卷267引杨佐《云南买马记》。

④ （元）李京：《云南志略·诸夷风俗》。

刘秉忠由丽江进击大理时，沿途赋诗数首，其中的《峡西》有："鳞层作屋倚岩阿，是岁秋成粳稻多。远障屏横开户牖，细泉蹬引上坡陀"；《鹤州南川》有"纵横水入稻畦流"；《过鹤州》有"绿水洄环浇万垅"① 这样的诗句。这些诗句为我们勾画出一幅洱海区域农事兴旺的图景。

滇池地区，段氏政权组织疏通了金稜河和银稜河，并保持经常维修，保证了河道通畅。② 宋康定元年（1040 年），大理国王段素兴又于金稜河筑春登堤，于云津河建云津堤。据倪蜕《滇云历年传》自注云："春登，今东门外里名，金汁河之所经，则春登堤，金汁河堤也。云津河，即盘龙江，则云津堤乃盘龙江堤也。此二堤御捍蓄池，灌溉滋益，大有殊功。"这种兼具分洪、灌溉的水利工程的修建，使滇池地区受浇灌的田地达数十万亩。③ 到了元初，马可·波罗出使缅甸时在滇池所见到的情景是，"颇有米麦"，盛行用海贝交易；多大鱼，"诸类皆有，盖世界最良之鱼也。"④

（三）元时期云南稻作的发展

元朝初年，由于连年战乱，统治集团内部的矛盾以及与"大理国总管府"等地方势力之间冲突不断，致使云南社会动荡，大量的田土荒芜，稻作农业的发展一时处于停滞状态。

为了加强对云南的统治，至元十一年（1274 年），元朝皇帝忽必烈任命亲信大臣赛典赤为云南行中书省平章政事，前往云南建行省。赛典赤莅临云南后，在行政建制上，对元初实行军事统治时期所设的万户府、千户所、百户所进行改革，代之以路、府、州、县，在云南共设置了 37 路、2 府、3 个属府、54 个属州、47 个属县，以及更基层的甸、寨和军民府，对云南进行有效的控制，基本上稳定了云南的局势。与此同时，他还广为屯田，大兴水利，鼓励农耕，"教民播种，为陂地以备水旱"，⑤

---

① （元）刘秉忠：《藏春集》卷 1。
② 《滇云历年传》卷 5。
③ 据明陈文《南坝闸记》称，由于金汁河、银汁河两大堤堰的修建，"漳其流从灌者，凡数十万亩。"
④ （元）《马可·波罗行记》。
⑤ 《元史》卷 125《赛典赤赡斯丁传》。

"凡兴利除害之事，知无不为。"①

伴随着元代对云南的征服与设制，大批官兵随之进入云南，为了解决这些人的粮饷问题，元统治者采取"寓兵于农"、"兵农兼务"之法，拘刷漏籍户、签发编民户组织民屯户，以爨僰军为主，组织军屯户。如至元十一年（1274年）赛典赤命爱鲁"阅中庆版籍，得隐户万余，以四千户即其地屯田。"② 至元十二年、二十七年，先后签鹤庆路编民100户立民屯，签爨僰军152户立军屯。三十年，梁王以汉军1000人置梁千户翼军屯。仁宗延祐三年（1316年），发畏吾儿及新附汉军5000人立乌蒙军屯，为田1250顷。③ 屯田的结果，使威楚、大理、金齿、永昌、鹤庆、中庆、曲靖、澄江、仁德、临安、建昌、会川、德昌、乌撒等地大量荒闲土地被开垦出来。各地具体的屯田数目及情况，我们根据《元史·兵制·屯田》所记材料，列表如下：

表2—2　　　　　　　　元代云南屯田的基本情况

地点	田亩数（单位：双，每双合四亩）	地点	田亩数（单位：双，每双合四亩）
中庆路	19624（其中官给田17022双，自备已业田2602双）	曲靖路	4480（其中官给1480双，自备已业田3000双）
鹤庆路	1008（其中军屯608双，民屯400双）	威楚路	7105
武定路	748	大理路	22105
澄江路	4100	仁德府	560
临安路	5152	乌蒙路	1250
乌撒路	不详	会川路	不详
建昌路	不详	德昌路	不详

新兴州梁千户翼军屯3789双

---

① （元）赵子元：《赛平章德政碑》。
② 《元史》卷12《爱鲁传》。
③ 参见《元史》卷100《兵志三》。

　　从表中可以看出，元代云南的屯田分布广泛，凡有一定农业基础的坝区，几乎都设置了屯田，而尤以滇东、滇中一带最为集中。屯田本为一种"守边之计"，意在"以资军饷"，但它却在一定程度上推动了当地农业生产的发展。因为，随着屯田的推行，不仅云南大量的荒芜的土地被开垦出来，农业人口增加，水田面积扩大，还把内地先进的农耕技术和生产工具传到云南，促进了云南农业的繁荣。同时，元代的屯田也为明王朝在云南推行更大规模的屯田打下了基础。

　　赛典赤在广为屯田的同时，还非常重视农田水利建设，在云南各地兴修了许多水利工程。这当中，尤为后人称道的是他发动兴修了滇池水利灌溉工程。

　　大理国后期，滇池水利因疏于管理，时常泛滥，制约了当地的农业生产，影响了人民的生活。据《晋宁州志》卷5《水利志》说："滇池之水，唐、宋以前，不惟沿池数万亩膏腴之壤，尽没于洪波巨浪之中，即城郭人民，俱有荡析之患。"到了元初，仍是"夏潦暴至，必冒城郭（昆明）。"[1] 为根治滇池水患，赛典赤和当时云南劝农史张立道，总结滇池区域历年的治水经验，"求其源头所至"，进行实地勘察，先是清理盘龙江上游水源，疏浚海口河。据赵子元撰《赛平章德政碑》载："昆明池口塞，水及城市，大田废弃，正途壅底。公（赛典赤）命大理等处巡行劝农史张立道，付二千役而决之，三年有成。"又《元史·张立道传》载："立道求泉源所自出，役丁夫二千治之，泄其水，得壤地万余顷，皆为良田。"此次疏通海口河工程，用民工二千，费时三年，降低了滇池水位，露出湖滨大量土地，垦为农田。

　　继疏浚海口河工程后，在张立道的主持下，又选定盘龙江流出山箐的最窄处——凤岭和莲峰两山之间，修建了一座大型的分水坝——松花坝，坝上设"以时启闭"的闸门，用以控制盘龙江部分流量，起到防洪和灌溉的作用。最后以"水分势弱"为原则，开凿疏浚了金汁、银汁、宝象、马料等诸多河流，河堤上设坝闸分水，既利宣泄，又使盘龙江中下游一带和城南低洼处的水旱灾害得到了很好的控制，灌溉田地数万亩。同时，为了确保松花坝及滇池区域水利设施的安全，除了委派专职水利官员，分驻松花坝、海口等地，负责日常的管理维修外，还特设"三百

---

① 《元史》卷167《张立道传》。

六十匹报马，三百六十名看水兵丁，倘遇崩倒水浸，即时飞报上司，齐集乡民挑补修筑，不容怠缓。"① 继赛典赤、张立道之后，云南行省继续兴办鄯阐（昆明）地区的水利工程。如大德四年（1300 年），王惠为昆明县尹，大兴水利。

概而言之，有元一代，随着云南行省的建立，各地屯田制度的推行和水利灌溉工程的修建，不仅滇池区域和洱海区域等稻作生产精华之区的农业得到了进一步的发展，一些山区的少数民族也纷纷迁居坝区，归附行省，逐渐放弃原来的耕作方式，不同程度地经营着稻作农业。

五　明时期云南稻作的发展

在云南的稻作发展史上，明代是一个不容忽视的重要历史时期。在这一时期，超过以往任何一个时代大规模移民的涌入，军屯、民屯与商屯的广泛展开及成千上万亩田土的开垦，大量水利灌溉设施的修建，使得云南各地区的稻作农业得到了不同程度的发展，并初步奠定了如今云南稻作农业发展的基本格局。

（一）明代云南大规模的移民屯田

经元末的战乱，云南大量的良田沃土或被豪强地主、寺院占领，或成为荒芜之地，社会经济遭到严重的破坏。洪武十五年（1382 年），明军基本平定云南后，为保持政局的稳定和社会的安定，在元设云南行省的基础上，置三司、设府县、立卫所，加强对云南的统治。与此同时，为了解决驻守云南各地的数十万大军的军用物资问题，总结历代屯田的经验，特别是军屯经验，加以改善，建立了一套"兵自为食"的卫所屯田制度，在各地推行。

明代云南的军屯从洪武十五年平定云南开始，到洪武二十一年（1388 年）云南各卫基本上都实行了屯田。具体是采用"七分耕种，三分操备"的办法，在流官统治区，划出一部分土地作为世袭军户，分配给驻军，让军人携带家属到那里垦地自食，长期镇守其地，不食军粮或少食军粮。傅维麟在《明书·戎马志》中说："卫所兵所在，有闲旷田，

---

① 《咸阳王抚滇功绩》。

分军立屯堡，令且耕且守。约以十分为率，七为屯，三为守，有警辄集，视古屯营法为近。法则军授田三十六亩，岁收籽粒十有八石，入月粮岁有而石，闰加一石；余六石上仓；余丁所受纳，以差次降。"张志淳《南园漫录》说："洪武之制，外卫军七分屯种，三分操备，盖以七人所种之谷养三人也。但初则一军授田二十亩，种谷三石二斗，岁征谷五十石入屯仓，每月支谷二石，岁支二十四石为家小粮，支三石二斗为种谷。是征五十石入仓，其实在官止二十二石八斗也。后官吏为奸，屯仓既达，渐不可支，七分军岁纳谷五十石盖困；每告诉，皆云莫可改，后都指挥张麟精审其弊，……遂照例以米四斗折谷一石，岁纳米九石一斗二升，于是军不屯而官易征，迄今便之。"又《明史·食货志·田志》也载："其制……军屯则领之卫所，边地三分守城，七分屯种；内地二分守城，八分屯种。每军授田五十亩为一分，给耕牛农具，教树植。"在这一制度下，凡是卫所的兵丁，自然就依附在土地上，定居下来以后，过一段时间就成为当地的住户了。

明王朝在实行军屯的同时，推行"移民就宽乡"的政策，广泛发展民屯。具体是从内地人口稠密地区抽调一部分民户到流官辖区荒芜地带进行开垦，政府贷予粮种和耕牛，减免若干年租税，待生产发展后再征税赋。洪武二十年（1387 年），明廷下令湖广常德、辰州二府，"民三丁以上者出一丁，往云南屯田。"二十二年，沐英入觐后受命还镇云南，"携江南、江西人民二百五十余万入滇，给予籽种、资金，区别地亩，分布于临安、曲靖……各郡县。"次年，又"奏请江南居民八十万实滇"。沐春镇滇七年（1392～1398 年），"再移南京人民三十余万"入滇。① 这些数字虽有夸大，但尤中先生认为，"从各方面看来，明朝时期，通过民屯方式移民入云南的汉族人口，较之军屯方式移入的少不了多少。以民屯形式移入的汉族人口的分布区域与军屯卫所的分布区域相同，主要是靠内地区的各府、州、县。"②

① （明）谢肇浙：《滇略·滇粹·云南世守黔宁王沐英传》"附后嗣略"。
② 尤中：《云南民族史》，云南大学出版社 1994 年版，第 357～358 页。

在实行军屯和民屯的同时，明代在云南的昭通、曲靖、昆明、玉溪、红河、楚雄、大理、保山、德宏等地都先后开设过"商屯"。所谓商屯，就是用国家专营的盐招商投标，对盐与粮食之间规定一定的折换比例，盐商把谷米上缴到国家需用军粮的地方，然后到指定的国营盐场或盐井去换取"盐引"，提取盐准许自由贩卖。为此，一些盐商为了牟取暴利，便用少量的资本招募内地的贫苦农民到边疆地区去开荒屯种，充分利用明初开荒 3 年不上田赋的优惠政策，用剥削来的实物地租（谷米），就地换取官盐进行贩卖，从中获利。这类屯种的土地就称为"商屯"。[1]

明代通过军屯、民屯、商屯和罪徙移民以及因官、因学、因商而流入云南的移民，无论在规模、数量、时间还是在影响、结果方面，都属空前，远远超过以往任何一个时期。具体到移民的人数，因几乎整个明代都有不同数量的人口迁入，移民时间长，起伏变动大，加之移民的类型多样，实难作出一个很准确的统计，但"根据各种情况推算，此时期进入云南的移民，大致占总人口四分之一强，即 100 万左右。"[2] 100 万是一个大多数学者都赞同的基本估计，是一个庞大的数字。如此庞大人群的涌入及在云南的广泛分布，引起了云南社会的深刻变化，从根本上改变了云南的民族构成，自此汉族成为云南的主体民族，以汉文化为主体的格局从此形成，对当时乃至以后云南地区的社会经济文化和民族关系的发展，都产生了重要而深远的影响。

明代移民云南，一个基本的前提是历经元末之战乱，云南出现了大量可供开垦的荒芜田土，这是大规模化屯田的土地来源。关于明代云南军屯的数目，据史载，洪武二十一年（1388 年）云南都司屯田 435036 亩。[3] 三十一年，已新垦田亩约 1400000 亩。[4] 万历年间，云南都指挥使司辖有 36 个卫所，军屯人数约 23 万人，军屯土地面积约 130 余万亩。其中，"百夷"地区的永昌卫，屯田 7214.1471 万亩，屯牛 541 头，屯军 6693 人；腾冲卫屯田 586.7426 万亩，屯牛 716 头，屯军 9758 人；永平卫屯田 161.6733 万亩，屯牛 48 头，屯军 3085 人；景东卫屯田 471.1565 万

---

① 参见王东昕：《衣食之源——云南民族农耕》，云南教育出版社 2000 年版，第 42 页。

② 古永继：《元明清时期云南的外地移民》，《民族研究》2003 年第 2 期。

③ 正德《云南志》卷 2。

④ 《明史》卷 126《沐英传》。

亩，屯牛 103 头，屯军 3405 人；澜沧卫屯田 417.6266 万亩，屯牛 103 头，屯军 9626 人。[①] 天启年间，全省的军屯田亩数已达 11672 顷 9 亩，其中，滇西的永昌卫为 734 顷 43 亩 6 分 4 厘 7 毫，腾冲卫为 394 顷 25 亩 6 分，景东卫为 391 顷 3 亩 4 分 8 厘；滇南的澜沧卫为 338 顷 98 亩 4 分 2 厘。[②] 至于云南民屯的数目，文献中相关的记载并不多，但有两个数字很能说明问题。弘治十五年（1502 年），云南布政司所领的官民田计有 17279 顷，[③] 而到了天启年间发展到 69903 顷 89 亩 7 豪，[④] 100 余年间增加了 4 倍。

（二）明代云南的水利灌溉设施

"屯田必需水利，水利必赖治水之良有司。故民屯者，军国之元命也，水利者民屯之活脉也。"[⑤] 明代云南大量田土的开垦，亦带动了水利设施的修建。

有明一代，随着屯田制度在全省的推行和展开，官方和民间修建、扩建或者改土堰为石堰，兴修和整修了许多具有蓄水、分洪、灌溉等诸多功用的沟渠堤坝，有的沟渠还设有严密的管理与修缮制度，水利治理工程已向理论化、技术化方向发展，内地一些先进的水利技术传到云南。如江南、太湖一带围湖造田的特殊技术——筑圩，被屯田军民运用于曲靖坝子的水利治理中，开辟出了许多圩田。此法具体是通过圩堤把洪水阻在外边，圩内有涝用水车将水抽出，灌田则打开堤上闸门。筑堤所取土处又多为池塘，用以养鱼种莲藕。当时，整个曲靖坝子遍布这种圩，其中的石喇大圩，内有良田上万亩；崔家大圩，内有五千亩良田。

关于明代云南的沟渠堤坝的具体情况，我们根据李中溪《云南通志》、刘文征《滇志》所载各府、州水利设施情况，再参照方铁、方慧的《中国西南边疆开发史》一书的统计与研究成果，列表以观其详。

---

① 万历《云南通志·兵食志》。
② 天启《滇志》卷 7《兵志》。
③ 正德《云南志》卷 2。
④ 天启《滇志》卷 6《赋役志》。
⑤ 杨忠：《宝秀新河碑记》。

表 2—3　　　　　　　　　　　　明代云南水利修建情况

名称	地点	修建及灌溉情况
天生坝、西湖坝、东山河、白石江、大坝、交水坝、西河、龚家坝、土坝、北沼堤、西湖坝、史家闸、梅家闸、杨柳坝、石桥坝、龙潭闸、龙洞渠、归龙堰（万历年间筑）	曲靖地区的曲靖、寻甸、陆良、沾益等地	据景泰《云南图经志书》卷2《曲靖府》记载，位于沾益的交水坝，常常堤土堰水，"宣德十年曲靖卫营屯千户梅用构木凿石为坝，其水则灌田百余顷，军民感之，号曰梅公坝。"
松花坝（元筑，明重修）、南坝闸、西南柳坝、小响水坝、西坝闸、横山石洞	滇池上游南盘江等六条河上	这些坝闸多被修缮、扩建或者改土堰为石堰，增加了蓄水和控水能力，灌溉了更多的良田。如改建后的南坝闸，据陈文撰《南坝闸记》说："……既成，云南之兵民少长老幼皆悦曰：自今以始，田不病于旱潦，而吾民得以足食，兵民蒙惠于无穷。"据正德《云南通志》卷2《云南府》载，弘治十四年，军民数万人治理滇池后，"池水顿落数丈，得池旁腴田数千顷，夷汉利之。"昆明西郊横山石洞的凿通，使龙院村一带4000多亩农田得以灌溉
海口河	滇池下游	曾经六次进行了大规模的清理、疏浚、扩展，使滇池下游的千万顷良田得以免除水害，受到灌溉。
汤池渠	宜良县	此渠长达18公里，由15000名屯军兴修。万历《云南通志》卷2记此渠修成后，"引流分灌腴田若干顷，春种秋获实颖粟，岁获其饶，军民赖之。"
大水渠	兴义州（治今玉溪）	灌溉田万亩
黑龙泉	路南州	灌溉田千亩
乌龙江、蜻蛉河、黄连箐坝、土桥闸、赵家闸、白塔闸、叶家闸、冷水闸、左所冲坝、石夹口坝、大缉麻屯堰、源桃村渠	楚雄地区的楚雄、武定、姚安等地	以乌龙江、蜻蛉河水利工程最为重要
穿城三渠、御患堤、宝泉坝、城北渠堤、四里沟、麻黄渠、双塘、新兴坝等	大理府（治今大理城）	穿城三渠由大马江、卫前江、白塔江组成，直至近代仍然发挥作用

续表

名称	地点	修建及灌溉情况
弥苴佉江堤、横江堤、罗时江堤、罗甸渠、后堤、园井堤、上下登堤	邓川州	这些沟堤或为官府组织修建，或为百姓"引水成渠，垦田自给"。其中的弥苴佉江堤最为著名，堤分东西二堤，各长 5000 丈，建有泄水涵洞 25 孔，剑川、浪穹、凤仪诸水，由此堤汇入洱海。此江堤灌溉百川，人民得利，建立有完整的修缮与管理制度
南供河渠网、西龙潭水利工程、西墩泉堤、石朵潭、青龙潭、黑龙潭、桃树渠、温水河渠、石莱渠、漾工江坝、连江墩水塘、小柳闸场坝（嘉靖年间筑）、桃树渠	鹤庆	南供河渠网包括数条支渠和多条分渠，灌田五万余亩；青龙潭下凿 4 渠，灌田三千余亩；石朵潭灌田一千余亩
宝泉坝工程、段家坝、荒田陂渠、"地龙"水利工程	云南县（治今祥云）	宝泉坝工程分为三沟，设有 10 处闸门，灌溉弥渡、洱海卫和云南卫的数万亩田地。嘉靖《大理府志》卷 2 记此坝"可灌田万顷，而利民于无穷。""地龙"水利工程包括地下蓄水池和暗渠
山根渠、三江口渠、浚登渠、三水陂	浪穹县（治今洱源）	山根渠可灌溉田 3 千余亩
东晋湖堤、城西河堤、甘陶水塘	凤仪	
乌龙坝、大场曲坝、渠王坝、龟山新渠	宾川县	乌龙坝灌溉诸渠
东溪渠	巍山	包括 12 条支渠
石屏湖引水工程、五塘沟、弥勒沟、泸江堤、蚂蟥沟、大石坝、西堤、东湖池、南湖池、西湖池、山后川等	今建水、峨山、石屏、通海等县	其中的石屏湖引水工程灌田数万亩
九龙渠（洪武年间修）、诸葛坝、城南诸堰坝、纪黄坝、丁杨坝、平安坝（正德年间筑）、莲花坝、侍郎坝（侍郎杨宁征籠川时筑，民便之，故名）、黄泥坝、石花堰、卧佛石渠、阿凤坝等	滇西永昌地区	九龙渠修成后，永昌无凶年，渐富强；城南诸堰坝灌田数万亩

由上表可以看出，明代修建的许多大型水利灌溉工程，不限于滇池、洱海等传统的稻作农业区，还遍及滇东北、滇中、滇西、滇南各地，甚至在今保山、思茅、丽江等边远山区的水利灌溉也有所发展。这些水利灌溉工程，或为屯军所修，或为军民同劳共修，汉夷同利。如明代为了在滇南边远地区建立"外藩"，与蒙自县形成犄角防守之态势，于正德十二年（1519年）建立了新安守御所，形成了新的移民区，汉族移民以御城为中心，开垦耕种着附近的土地。他们把先进的生产技术带进了蒙自坝并传之后世，影响当地民族，加速了蒙自坝区的开发。他们兴修水利，据《蒙自县志》记载，明嘉靖年间（1522～1566年）在新安所百夫长王昌带领下，曾经修建了位于蒙自县南15里的"法果泉"，即今响水河至何家寨一带的灌渠，不仅灌溉了军民的田地，而且大大增加了蒙自南湖的蓄水量，至今仍有益于当地。[①] 又如大理府城西的"御患堤"，"府卫共谋作堤，与农隙，特令军筑三分之二，县民之为土军者筑三分之一"，年年加固，成为定制。

在明代云南诸多水利工程中，祥云等地的"地龙"水利工程，可以说它是我国水利技术史上的一项创举，是云南人民的水利杰作。

祥云位于云南省大理白族自治州东部，地势较高，境内河流稀少，是典型的"干坝子"，史称其地"平壤千顷而缺水利，大雨则获，雨少则枯。然土性粘腻如胶，可作塘陂蓄水。"[②] 自明初以来，随着该地屯田制度的推行和大量土地的开发，如何利用祥云一带的地下水灌溉农田，显得十分迫切。为此，当地人民根据祥云一带的地理特点和水利资源情况，效仿内地开"井渠"的灌溉方法，因地制宜，创造性地修建了"地龙"灌溉工程。"地龙"的建造方法是："在山边河谷平地之上，根据地形、水源和灌溉需要的长度，先挖一明沟基槽，深约二百厘米左右，然后沿基槽两边用大小不等的不规则石块垒砌而成沟梆，沟底用卵石或不规则的石块铺垫，沟口再以大块石板逐一盖底而成，而后，再在沟盖石板上回填以田土成为地下沟渠。'地龙'的起端一般连接山阴流水及地下水源丰富的地方。在'地龙'的另一端或中部又再筑以龙塘，作为集水用水

① 参见陆韧：《变迁与交融——明代云南汉族移民研究》，云南教育出版社2001年版，第203～210页。

② 万历《云南通志》卷2。

之地。"① 这种"地龙"式的灌溉工程，可将山坡流水和雨水汇聚起来，保存于地下蓄水池和暗渠当中，既可备旱时灌溉之需，又有利于防洪，同时还不占地面耕地，有似西北地区的"坎儿井"。这样一来，受益于"地龙"灌溉工程，祥云因缺水而荒废的农田，复又变为绿野，有名的干坝子，也成为民谚称的"云南（祥云）熟，大理足"的米粮仓。

（三）明代云南稻作农业的发展

明代，为了加强对云南的控制，在各地开设了卫所，有效地抑制了土司的反抗和割据，削弱了土司势力，保证了云南社会的稳定。卫所所组织的大规模的屯田，最初主要分布在府、州、县以及靠近卫所御城的近郊，而尤以滇中、滇东腹里地区及滇西设卫所府州县坝区最为集中。随着屯田制度的推行，军屯移民的屯田定居从屯聚城镇逐渐分散，向卫所御城周围坝区散布，从城镇到郊区，从近郊到广大的坝区旷野扩散开来，形成了处处设屯、化整为零、"军旗与民杂耕"、"汉夷杂处"的态势。尤其是明中后期在交通干线和全省的各条道路上设置了驿、堡、铺、哨，屯住了不少的汉族移民，这些屯点成为汉族移民深入边远山区和少数民族聚居区的滩头阵地，形成了汉族移民沿交通线向边远少数民族聚居山区纵深推进的态势，使高寒山区的贫富分化、阶级分化加速，为促进山区的开发和少数民族地区的社会进步创造了条件。

明代中央政府在开疆拓土的过程中，在云南大力推行各种不同形式的移民屯垦，并在明法律中明确规定："凡屯种去处，合用犁、铧、耙齿等器，着有司经给铁、炭铸造发用。""凡屯种合用牛只，设或不敷，即便移文即索。"② 这样，依靠国家政策和强大的军事力量而组织起来的大规模的移民，在迁入云南各地后，能够很快获得土地、籽种和耕牛，立马投入生产，并实现与土地的初步结合，为将来长久的定居开垦打下了一个良好的基础。而定居下来的内地移民，他们有足够的发展空间，因为在明以前云南人口稀少，很适宜农耕生产的坝区并未完全达到饱和状态，尚有一些可供开垦的土地或因战乱而荒芜的田土急需垦种；在广阔的山区或半山区，土地的开发程度亦不高，耕作技术粗放，也很有发展

---

① 何超雄：《祥云明代的水利工程——地龙》，《云南文物》1983 年总第 14 期。

② 《明会典》卷 202。

和开发的余地。

有组织从内地迁移而来的屯垦移民，由于他们来自社会经济比较发达的湖广、江南、山东等地，原本就是熟练掌握农耕技术的农民或拥有一技之长的工匠和各类专业人员，所以当他们带着先进的耕作技术、优质的生产工具和籽种来到偏僻的云南后，很快就推动了云南社会的全面发展，并促使稻作农业生产跃上一个新台阶。具体表现在以下几个方面：

第一，稻作农业生产技术普遍提高。如滇西的"百夷"地区，明初还是"地多平川沃土……妇人用镢锄地，事稼穑，地利不能尽。"① "地多平川，土沃人繁，村有巨者，户以千百计。然民不勤于务本，不用牛耕，惟妇人用镢锄之，故不能尽地利。"② 到了明末已是稻谷由一岁一熟，变为"一岁两获"，耕作技术已由锄耕发展到了牛耕。成书于明万历年间的《西南夷风土记》称其地是："五谷惟树稻，余皆少种。自蛮莫之外，一岁两获，冬种春收，夏种秋成。孟密以上，犹用犁耕栽插，以下为耙泥撒种，其耕犹（尤）易，盖土地肥腴故也。凡田地近人烟者，十垦其二三，去村寨稍远者，则迥然皆旷土。"③ 从这段史料可以看出，接近内地的孟密以上地区，已用牛耕，出现了"一岁两获"的双季稻种植技术，而且有关"犁耕栽插"、"耙泥撒种"的稻作栽培方式亦见于史书了。这与大批内地农民进入边区的影响是分不开的。但孟密以下地区，则还处于"耙泥撒种"的粗放阶段。大理地区，由于屯垦以及相应的水利灌溉工程的修建，有条件把部分旱地改为水田，扩大了水稻的种植面积，耕作技术也由自唐就延续下来的"二牛三夫"制改为一牛一夫或二牛一夫的耕作方式。反映在田亩数量上，如洱海地区的耕地已由明初的42万亩，增长到明末的80多万亩。贫瘠的云南县（今祥云）到明末时已是"云南熟，大理足"的富饶之乡。

第二，云南全省范围内的牛耕较前普及。云南牛耕肇始于东汉初期，之后的各个时期在坝区逐渐的推广开来，但并不是那样的普及，尤其开发程度较低的山区大多还是以锄耕农业为主。我们知道，明代卫所在实行屯田的同时，还实行屯牛，内地的四川、湖广等地的数万头耕牛随屯

---

① （明）钱古训：《百夷传》。

② （明）李思聪：《百夷传》。

③ （明）朱孟震：《西南夷风土记》。

军被调往云南，配给屯军。如洪武二十年（1387年），政府拨款2.2万锭到四川买了上万条耕牛随军带到云南以供屯田垦种用；洪武二十一年，当时隶属都指挥司管辖的屯田耕牛已经有12994条。① 耕牛的输入及使用，客观上扩大了云南牛耕地的面积，同时，一些山居的少数民族也从军屯那里学会了牛耕，所以史载是："自前明开屯设卫，江湖之民云集，而耕作于滇，即夷人亦渐习于牛耕，故牛为重。"②

　　第三，稻谷品种增加，粮食产量大幅度提高。总体而言，明以前云南的大部分山区，虽然是"夷有田皆种稻"，亦种旱谷，但大都"撒稻"，种植品种也主要是一些诸如"黄籽"、"黑稻"等产量较低的谷种，人工培育的优良品种尚不普遍。随着数以百万计的内地移民的到来，大量的稻谷品种也随之带入云南。据天启《滇志》卷3《物产》载，云南府的稻谷有黑谷、金裹银、青芒、长芒、光头、大香、小香、红皮、鼠牙、雀皮、白鹭、鸭翎、黑麻、毛稻、白线、红线、黑嘴、红缨、黄皮、香粳、三百颗等品种。糯谷有香糯、麻线、饭糯、油糯、乌糯、白糯、圆糯、红糯、大糯、小糯、黑嘴、虎皮、响壳、柳叶等品种。优质的稻谷品种，加之牛耕深翻土地技术的推广，大大提高了粮食的产量，所以到了明中后期，云南粮食生产实现了自给，不仅不需要内地长途调运，甚至还有部分余粮，开始向贵州等地输出。③

　　第四，滇西地区的社会经济获得了前所未有的发展。明代滇西的开发自景东、蒙化二卫设立后，与金齿军民指挥使司形成鼎足而立之势。军卫的设置，进驻大量官兵与当地各民族一起共同生产、开发、建设，汉族移民定居屯田，使对滇西的开发与经营超过了以往任何一个朝代。其结果促进了滇西社会的发展，永昌"昔称西南富庶地，语音服食仪历习气，大都仿佛江南，市肆货物之繁华，城池风景之阔大，滇省除昆明外，他郡皆不及。"④ 景东"明初原隰多蛮夷，山多罗罗，是为土著，性尚驯朴。自设卫后，卫所官兵皆江左人，并江右、川、陕、两湖各省贸

　　① 参见王东昕：《衣食之源——云南民族农耕》，云南教育出版社2000年版，第41~42页。

　　② （清）檀萃：《滇海虞衡志》卷7。

　　③ 参见陆韧：《变迁与交融——明代云南汉族移民研究》，云南教育出版社2001年版，第343~344页。

　　④ 道光《永昌府志》卷9《风俗》。

是地者多家焉，于是人烟稠密，田地开辟。大抵山居多种杂粮，平川多种秔稻。土敦礼让，家习诗书，风气俗情，日蒸月化。"① 又刘文征《滇志·风俗》称景东"民多百夷，性本驯朴。田旧种秫，今皆禾稻。"云龙地区，由于明廷"募盐商于各边开中"等经济措施的推行，大量汉、白、回等民族慕云龙盐井而流入云龙州境，"商贾往来盛极一时"，带动了当地经济的发展。至明朝后期，居于盆地的阿昌族开始水田耕种，从事以种植水稻为主的农业生产。

概而言之，明之前云南全省除滇池、洱海等地区已经发展到精耕细作的集约农业阶段，其他各地经济发展并不平衡，先进的耕作方式并未在全省普及，尤其是广大的山区尚处于刀耕火种的原始农业阶段。但有明一代，随着大批汉民的移入，垦殖范围的扩大，以及汉民和少数民族的杂居相处，先进的耕作方式随之在云南全省传播开来。

六　清代云南稻作农业的发展

（一）清代云南的土地开垦

经过明末清初的连年战乱，云南地区经济凋敝，人口减少，农业生产遭到严重破坏。康熙元年（1662 年），清军平定云南后，针对大量荒芜的田土，生产急亟恢复的局面，清政府募民垦种无主荒田，给予优惠的政策，故而吸引大批内地移民前来，大量抛荒的原屯田、官庄及无主荒地在短期内被垦种。康熙之后的雍、乾、嘉年间，又相继在云、贵、川推行放垦政策，鼓励汉民进西南山区开荒，给予垦荒者以土地所有权，并由垦荒地方州县"给以印票，永为己业"，② 同时还宣布垦荒者计口授土或田，户给水田 30 亩或地 50 亩。③

随着清代一系列垦殖政策的推行，云南大量的无主荒地被迅速地开垦出来。如康熙三年、四年云南巡抚袁懋功先后疏报的全省上一年所垦荒地，分别达 1200 顷、2459 顷。④ 雍正时期，大规模的改土归流，不少

---

① 民国《景东县志稿》卷 2《地理·风俗》采录"旧志"的追述。
② 《清高宗实录》卷 1。
③ 嘉庆《四川通志》卷 6《食货·田赋志》。
④ 参见《清圣祖实录》卷 12、15。

土官土司弃地而亡，清王朝将其地称为"新辟夷疆"，下令招徕外地移民进行耕种。云南境内，以昭通、东川、元江、普洱、镇沅、开化、广南等府最为突出，官府募民开垦，借给银两解决牛、籽种和口粮问题，使得省内外汉族大批进入。乾隆七年（1742 年），署云贵总督张允随即奏言："镇雄一州，原系土府，并无汉人祖业，即有外来流民，皆系佃种夷人田地。雍正五年改流归滇，凡夷目田地俱免其变价，准令照旧招佃，收租纳粮。……昭、东各属，外省流民佃种夷田者甚众。"① 道光《普洱府志》卷 7 载所属户口，分别以当地"土著户"、营兵驻守的"屯民户"、各省迁来的"客家户"作为统计之数，其中宁洱县有土著 4901 户、17335 丁，屯民 3036 户、10630 丁，客家 3434 户、10361 丁，外来者约占当地人口的 55%；思茅厅有土著 1016 户、2891 丁，屯民 2556 户、7524 丁，客家 3105 户、9327 丁，外来者约占当地人口的 85%，外来民户远远超过土著户。仅嘉庆、道光年间，迁入云南山区的省内外移民至少达 130 万人。② 大量的内地移民来到云南，并不断深入山区少数民族聚居区，改变了云南的民族构成，形成了多民族杂居相处的局面，促进了当地社会经济的发展。在内地移民的影响下，云南的不少民族已习用牛耕、铁犁，使用水车、水碓、水磨。

图 2—10　清代云贵高原上的牛耕

（选自《清代民族图志》）

在清代对云南的开发中，张允随总理云南全省政务期间，对云南地

---

①　《张允随奏录》，乾隆七年二月十七日。

②　参见古永继：《元明清时期云南的外地移民》，《民族研究》2003 年第 2 期；葛剑雄、曹树基：《中国移民史》，福建人民出版社 1997 年版，第 170 页。

方经济的建树，超过了他的前任鄂尔泰，可与元代赛典赤经滇相比肩。张允随在云南为官 30 余年，而任云南巡抚、云贵总督时间长达 21 年。其在任时认为，云南一省"地少田荒"，未垦之土甚多，当大力"招徕开垦"，听民尽力垦辟，并"免其升科"。他采取了鼓励开垦、兴修水利、蠲免钱粮、赈恤灾黎、积贮平粜等一系列有利于发展农业生产的措施，这些措施不仅切合云南农业"实情"，而且周全齐备，易于执行。如乾隆二年（1737 年），他制定的"考课奖劝"政策，规定了如下十条具体的标准："一曰筋力勤健，二曰妇子协力，三曰耕牛肥壮，四曰农器完税，五曰籽种精良，六曰相土植宜，七曰灌溉深透，八曰耕耘以时，九曰粪壅宽裕，十曰场圃洁治。"① 这十条标准，首列农夫的作用，次及耕牛、农具、籽种、土质、灌溉、耕耘、肥料、场圃，囊括农业生产的各个方面，故"行之数年，已收实效。"具体表现在耕地面积上，在张允随任云南巡抚前（雍正七年），全省耕地面积为 7217624 亩，而在其上任后的第三年（1732 年），即增至 7973272 亩，② 三年中平均每年增加 251882 亩。

（二）清代云南的水利灌溉设施

对于山多地少的云南而言，水利灌溉设施的修建历来是致关稻作农业丰歉的一个筹码。满清政府在移民实边，加强对云南控制的同时，还十分重视云南的水利建设。乾隆帝曾说："水利所关农功綦重。云南跬步皆山，不通舟楫，田号雷鸣，民无积蓄，一遇荒歉，米价腾贵，较他省过数倍，是水利一事，尤不可不亟讲也。"③ 云贵总督鄂尔泰也认为，"地方水利为第一要务，兴废攸系民生，修浚并关国计，故无论湖海江河，以及沟渠川浍，或因势疏导，或尽力开通，大有大利，小有小利。"④ 所以，他上任不久，视云南水利为第一急务，奏请云南添设水利官，"通省有水利之处，凡同知、通判、州同、州判、经历、吏目、县丞、典史等官，请加水利职衔，以资分办"，⑤ 下令详查各地水情，以资修浚，并亲自主持兴修了滇池海口六河工程、嵩明杨林海工程、曲靖府古水峒引水

---

① 杨寿川：《张允随与清代前期云南社会经济的发展》，《云南社会科学》1986 年第 4 期。
② 《新纂云南通志》卷 138《农业考·屯垦清丈》。
③ 《清高宗实录》卷 40。
④ 《滇系》卷 8 之 4。
⑤ 《清世宗实录》卷 117。

工程等大型的水利工程。

有清一代，分别于康熙二十一年（1682年）、四十八年（1709年），雍正三年（1725年）、九年（1731年），乾隆五年（1740年）、十四年（1749年）、四十二年（1777年）、五十年（1785年），道光六年（1826年）、十六年（1836年）对海口河进行过大型的治理。这当中，鄂尔泰主政期间，对滇池海口六河的治理，较为彻底。他主持的海口河治理工程主要包括两个环节："一是滇池水系的治理，完成疏浚河道，修复和兴建堤防、堰闸、渠道等工程161项。其中昆明六河（盘龙江、金汁河、银汁河、马料河、海源河、宝象河）46项。盘龙江治理重点在防止水患，其他河流治理防洪与灌溉兼顾。二是海口治理，铲平老埂、牛舌滩、牛舌洲，并筑坝隔绝晋宁河水，不使倒流，在石龙坝另开新河。在海口中滩右边的河道中修建了三道新闸，大大增加了海口的泄水量。"[①] 海口的治理，使"高腴田地渐次涸出"。[②]

在滇池区域水利治理的基础上，清代还出现了专门总结此地区治水经验的著作。这当中，有名可藉的有黄士杰的《六河总分图说》，徐飔的《晋宁州水利记》，孙髯翁的《盘龙江水利图说》。《六河总分图说》分盘龙江图说、金汁河图说、银汁河图说、马料河图说、海源河图说、宝象河图说等章节，详细地分析了各条河流的主要特点，并说明哪些地方可修建堤坝，哪些地方宜开人工渠道和修桥梁、涵洞，有针对性地提出了一些治水方案，对治理滇池水患具有十分重要的参考价值。《晋宁州水利记》根据"积"与"泄"相互制约辩证关系的水利原理，指出晋宁地区哪些地方宜泄，应该建什么样的排涝工程；哪些地方宜积，需要修建什么样的坝堰及堤闸。《盘龙江水利图说》则详于记述盘龙江水患及历代的治理情况，并提出具体的治水方案。[③]

除滇池区域外，在洱海区域、滇东北的曲靖、滇西的永昌、滇南的普洱等地，一些流官也组织民众修建了许多沟渠堤坝。这些水利工程的修建，既保障了云南稻作农业的灌溉用水，同时在修建的过程中，要么使荒地、旱地变为了水田，要么使原来被淹没的田地复又成为良田，新

---

① 卢勋、李根蟠：《民族与物质文化史考略》，民族出版社1991年版，第139页。

② 《清高宗实录》卷117。

③ 详见张增祺：《云南建筑史》，云南美术出版社1999年版，第284～287页。

增土地面积不少。如大理弥苴河的治理，涸出被淹良田 12200 余亩。

清代云南水利灌溉的另一个方面是，在许多发达地区已广泛使用水车灌溉。《滇系·物产》载："水车、水碾、水磨、水碓，皆巧于用水者也，惟之为利尤溥，滇亦多此。"许赞曾《滇行纪程》也说，云南农家，先在溪旁筑石成隘，上流水至隘"势极奋迅"，于此设筒车两个，转水入田，转上的溪水，用竹筒相连，可以使很远的田地也能够得到灌溉。这种充分利用水力的灌溉工具，适合于云南的地理特点，有利于山区或半山区水稻田的开发与灌溉。

（三）清代云南的稻作农业生产

通过清初期和中期一系列有利于农业生产政策的推行，清代云南稻作较前代亦有所发展。整体而观，坝区的稻作在保持明代生产水平的基础上，一些地区有了更进一步的发展。如大理地区，农业技术有了很大的提高，逐渐摸索出一套精耕细作的制度，农时安排趋于科学化，施肥也积累了丰富的经验。咸丰《邓川州志》载："二月布种，三月收豆，四月收麦，五月插秧，六、七月耘，凡耘必三遍，否则茶蓼滋蔓，九、十月获稻种豆，十一月种麦，每岁仅得两月隙，而正二、三四月河工之役尚未计焉"；"将犁，必布以粪，粪少则柯叶不茂，多则骤盛而不实"；"凡田具有板锄，为三角，有耙，尖为四齿，铁皆重数觔。"由于具备了如上先进的耕作技术，当时的大理太和城已是"土脉肥饶，稻穗长至二百八十粒，此江浙所罕见也。"[①] 居住在红河、元江一带的哈尼族，他们修造的梯田已经颇为精致。嘉庆年间编撰的《临安府志·土司制》中有一段如实的描写："依山麓平旷之处，开凿田园，层层相间，远望如画。至山势峻急，蹑坎而登，有石梯蹬，名曰梯田。水源高者，通以略构（卷槽），数里不绝。"

与明代相比，清代云南稻作农业发展的一个显著的特点是，许多少数民族在与汉族长期相处中，仿照汉人的办法，筑坝修渠，开垦水田，学会了种植水稻。如滇西的阿昌族居住地区，"往来商贾，有流落为民者，教夷人开田，夷人喇鲁学得其式，此夷人有田之始也。"[②] 在中缅边

① （清）同揆：《洱海丛谈》。
② （清）王凤文：《云龙记往》。

境居住的德昂族，"其地（指永昌徼外）皆种糯米或粳、糯杂种，内地人食之易于遭疾病，惟大山往时内地商人聚集开矿，但种粳米，食之无害，夷民素贮谷地窖，官兵往往掘得之。"① 在汉族向山区进军的同时，一些山地民族也开始部分的迁居坝区。如彝族等不断有部落分化下坝，文献称他们为"海罗罗"、"坝罗罗"、"水田罗罗"。雍正《云南通志》载："海罗罗，亦名坝罗罗，以其居平川种水田而得名也。土人以平原可垦为田者呼为海，或称为坝，故名。"《清职贡图》卷7亦说："海罗罗，一名坝罗罗，或曰即白罗罗也。与齐民杂处，勤于耕作，急公输税。"

另外，清代云南各地还培育和引种了许多稻谷品种。康熙《顺宁府志》记载，当地的稻谷品种有：黄谷、黑谷、红谷、花谷、迟谷、安来谷、矮老糯、安定糯等。乾隆《弥勒县志》记载，当地的水稻品种有：香谷（白心谷、早秧谷、黄皮谷）、早谷（红心谷、羊毛谷、迟谷）、糯谷（圆、长、黄、黑糯、胭脂糯）等。又据游修龄的研究，清代中国内地16个省当中，14个省的水稻品种数量据文献记载有3429种，如果重复记载的比例按25%计算的话，可知在清代的中国大陆各地栽培的稻子的品种达2571个，这当中，浙江省有530个品种，江苏省有525个品种，云南省有261个品种。②

---

① 周裕：《从征缅甸日记》，《楷月山房汇钞》七。
② 详见游修龄：《我国水稻品种资源的历史考证》，《农业考古》1981年第2期。

第三章 云南稻作的类型和稻作农耕技术体系

一 云南稻作的类型

(一) 自然生态环境与稻作农耕类型的多样性

稻作农耕作为前工业社会人类食物生产方式的一种，它是人类对特定的自然环境和自然资源适应的结果，具体由生态环境要素、社会文化要素、技术要素等诸多要素构成一个有机的系统。所以，我们在对云南稻作农耕进行全面的考察时，必须把其放在一个广阔的参照系中，注重自然生态环境对稻作文化生成的制约作用。

云南特殊的自然地理环境和人文环境造就了云南稻作的特殊品格。从自然地理环境而言，云南地势从东向西是一系列巨大的阶梯状的逐级递升的褶皱，地势南北差异大致同纬度的高低相一致，气候包括了北热带型、南亚热带型、中亚热带型、北亚热带型、暖温带型、温带型、寒温带型、高山苔原型及雪山冰漠型等多种类型。这样的地势结构和千差万别的气候类型，加剧了南北地表热量的水分组合的差异，从而形成了南北各类植物的不同的生长环境。在垂直方向上，复杂的山原地貌又使每一个局部区域与多种气候类型相结合，构成土地利用和农业生产的多样性、复杂性，形成了"立体农业"的环境条件。

在对云南立体农业的区划分类研究中，通常是把云南农业分为高寒山区、中暖山区、低热山区三个层次，而每个层次又分为坝区和山区，即三层六类农业类型。这当中，海拔 2300～2500 米以上的高寒山区基本上不适宜稻谷的生长，但有 0.11 万平方公里的高寒坝区可种植稻谷。中暖山区指的是滇西海拔 1500～2500 米，滇东南海拔 1300～2300 米之间的地区。这类地区占全省总面积的 50%，属亚热带、温带气候类型，适宜稻作生产，其中的 1.63 万平方公里的中暖坝区，更具备良好的水稻生产条件。低热山区指的是滇西海拔 1500 米以下，滇东南海拔 1300 米以下的山区，面积 10.19 平方公里，占全省总面积的 26%，属南亚热带和亚热带气候。在这类地区，尤其是 0.67 万平方公里的低热坝区，主要种植水稻和陆稻，部分地区可以发展双季稻。①

云南境内有分属金沙江（长江水系）、南盘江（珠江水系）、怒江、澜沧江、红河（元江、李仙江）、伊洛瓦底江上游（独龙江、龙川江）六大水系的上千条河流流经全境，这些河流之水、高山森林储藏的山泉水和天然的降水是灌溉用水的主要来源。依据水源条件，云南稻作在总体上可分为天然灌溉稻作与人工灌溉稻作。

所谓天然灌溉稻作，是以自然降雨解决水稻的灌溉问题，这种方法在国外称之为"洪水灌溉"，它"主要是指在每年雨季洪水淹没的地带耕种，以享有天然的灌溉。尽管降雨变化无常，作物还是有可能成活，因为洪水淹没过的土壤常常蓄有足够的水分使作物度过生长期。"② 天然灌溉之田，云南民间俗称"雷响田"或"望天田"，主要分布在地势较高的地区或干旱坝子，靠雨水栽秧灌溉。这类田据 1952 年统计有 350 万亩，占水田面积的 25%；1978 年下降为 266 万亩，占水田的 17%。③

人工灌溉的水田，民间俗称"保水田"，约占水田面积的 80% 左右，大部分集中在水利条件较好的坝区和半山区，以曲靖、大理、红河、楚雄、保山等地州面积为大。在"保水田"中尚有 100 万亩左右的冬水田，即冬季蓄水，夏季栽秧，主要分布在滇南的红河、文山、临沧、思茅等地州。④ 根据具体的灌溉方式，这类田又可以细分为"腰带田"、"梯子田"、"堰田"、"水车田"等几种。其中，"腰带田"的灌溉是沿山修筑一道"拦山沟"，聚集天然雨水或山间泉水，再引入山田，利用的是山腰的狭长地带。"梯子田"是在有溪涧的山坡上筑坎，引溪水进行灌溉的

① 参见《当代中国丛书》编辑部：《当代中国的云南》（上），当代中国出版社 1991 年版，第 270~271 页。
② ［美］F. 普洛格、D. G. 贝茨：《文化演进与人类行为》，吴爱明、邓勇译，辽宁人民出版社 1988 年版，第 187 页。
③ 张怀渝主编：《云南省经济地理》，新华出版社 1988 年版，第 77 页。
④ 同上。

田。"堰田"是为适应田在高处水流其下这种田高水低的情况，拦河筑坝，提高水位，引水灌溉而形成的田。"水车田"是在筑坝的地方开一条水渠，并在水流湍急处安装筒车，利用水的冲力使水车自动旋转，带动系在车轮子上的竹筒，将水提升到高处的水槽，以达到灌田的目的。

土壤的类型和肥瘠致关稻作生产的好坏。云南的土壤从总体上来看，约有 16 种土壤类型，占全国土壤类型的 1/4。其中红壤占 50%，黄壤占 20%，水稻土 1500 万亩，约占全省耕地面积的 35%。在水田土壤中，鸡粪土田占 17.3%，胶泥土田占 30.2%，泥田占 23.1%，砂田占 25.2%，冷浸田占 2.9%，发红田占 0.8%，硝碱田占 0.5%。[1] 这是全省范围内由土壤所决定的水田类型。就地区而言，土壤的差别亦很大，客观上也形成了地区间水田类型的差异性。如麻栗坡县的土壤类型中，水稻土有黄泥土、白泥土、红泥土、黄砂泥田、砂泥田、烂泥田六个土种，共计109063 亩，占全县土壤面积的 3.9%。水稻土按养分含量分为四级，各级的氮磷钾及有机质的含量各不相同（见表3—1）。[2] 总体而言，云南典型湿热区的紫色性水稻土和冲积性水稻土都很适宜水稻生长。其中紫色性水稻土发育于紫色页岩母质，土层较深，质地中壤至粉砂，粒状结构，中等肥力，可耕性好，土壤保肥供肥能力强。冲积性水稻土土层深厚，质地轻壤至粉砂，粒状结构，土壤上松下紧，可耕性好，养分含量较高，保肥供肥性能强，肥力中上等，发棵性好。

表3—1　　　　　　　　　麻栗坡县水稻田的养分含量

类型	养分含量级别			
	一级	二级	三级	四级
含氮量	7188	57041	43748	1.86
含磷量		28518		80546
含钾量	32995	7188		68880
含有机质		28523	36792	43748

---

[1]　张怀渝主编：《云南省经济地理》，新华出版社 1988 年版，第 77 页。
[2]　云南省麻栗坡县地方志编纂委员会编：《麻栗坡县志》，云南民族出版社 2000 年版，第 115 页。

上面我们依据地形、气候、土壤等环境条件，从整体上对云南稻作的自然生态背景作了一个简略的分析。这里，根据分析的结果，云南多种多样的稻作类型可以简单图示如下：

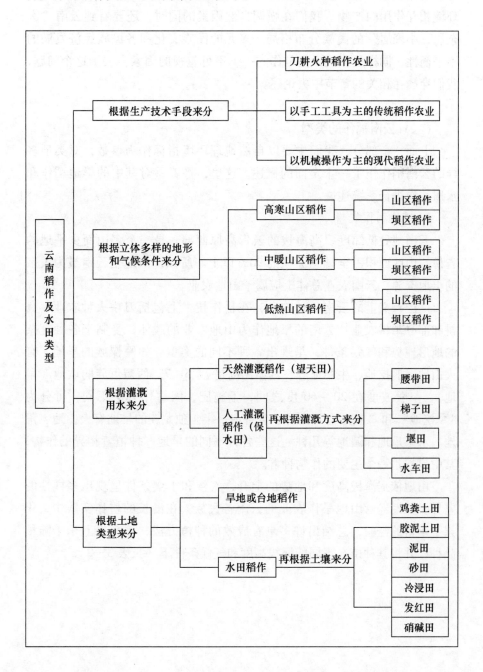

上图所反映的是根据自然地理环境条件及主要的生产技术手段来划分的稻作农业类型。然而，云南多种多样的稻作类型是各种自然和人文环境相互作用的产物，我们在强调自然因素的同时，还要看到云南"大杂居，小聚居"的民族分布格局、多元的民族文化和各民族经济发展的不平衡性，同样是影响云南稻作的一个不可忽视的因素。关于这个问题，我们穿插在相关的章节中去论述。

（二）云南稻作的类型

上面一个部分，我们主要以自然地理环境指标作为参数，对类型多样的云南稻作作了一个全面的概述。这里，将着重对其中的旱地稻作和水田稻作进行系统述说。

1. 旱地稻作农耕

云南地处低纬度、高海拔的云贵高原西部，是一个多山而少平地的省份，山区面积占全省总面积的90%以上。所以，山地是云南最为大宗的土地资源，云南农业总体上应属于山地农业。

广泛意义上的云南山地农业，在耕作技术上包括刀耕火种农业、锄耕和部分犁耕农业。云南的旱地作为山地农业的载体，受制于各种复杂的地形地势和气候条件，呈现出各种不同的类型。如傈僳族的旱地，有火山地、锄挖地、牛犁地等，具体比例是7：5：7。西盟佤族的坡地（旱地），一般坡度在20~60度之间，不施肥，因耕作方法不同，可分为"犁挖地"和"懒火地"两种，且各占一半。独龙族的旱地有火山地、荒地、水冬瓜地和园地等几种。这些各种不同的旱地，种植着相异的作物，其中旱谷是一个主要的作物种群。

山地依据海拔高度和地势的上升，气候和土壤条件呈现出多样性的差异。长期经营山地旱作农业的云南各民族，在漫长的耕作实践中，积累了丰富的经验，总结出许多卓有成效的种植方法，培育出上千个陆稻品种，并将其种植在不同的海拔高度和气候条件下（见表3—2）。

表3—2　　　　　**云南一些民族不同的海拔高度与作物的配置情况**

地区与民族	海拔	地类	主要栽培作物
布朗山布朗族新曼峨寨	1200 米	腾环	种植陆稻品种有考莫浪、考兵斤、考拨了（饭米、白、中熟稻）、考糯（糯米、白）、黑糯、棉花
	1300 米	腾刚	考荒（饭米、红、白两种、中熟稻）
	1400 米	腾龙	考纳温、考吸先（饭米、红米、晚稻）
布朗山布朗族曼散老寨		低湿地	靠达宾（红米、早稻）、靠目来（白米、中熟）
		高冷地	达宾量（红米、早稻）、靠南翁（红米、中熟）
布朗山布朗族曼夕寨		低湿地	白棍弯（白米、晚熟）、靠发（红米、中晚熟）、靠糯批（花谷、晚熟）、
		过渡地带	曼聋（紫米、晚熟）、靠麻勐（红米、中晚熟）
		高冷地	靠炭（黑谷、晚熟）、厄烘（花红米、晚熟）、靠勒棍（花米、中晚熟）
卡场社区景颇族草坝寨	1200~1300 米	格田得（意为温暖肥沃的土地）	蛙录（白谷、中熟）、杜估（白谷、早熟）、恩枪（红谷、晚熟、糯米）、玉米等
	1300 米以上	勒济艾（意为冷瘠的土地）	让靠南（白谷、晚熟）、木波明（白谷、晚熟、糯米）、恩枪（红谷、晚熟、糯米）、玉米等
卡场社区景颇族乌帕寨	1300 米左右	格田戛（坝子边缘比较肥沃的地）	田谷、薏苡等
	1400 米左右	格西格田（温暖的土地）	蛙录（陆稻品种，有黑、黄壳两种）、玉米、荞等
	1500 米左右	侬松戛（冷地）	蛇山谷、玉米、荞等
西盟打洛寨佤族	900~1500 米	麻卡（亦称岗龙）	毛秋（小白谷）、毛丕（大白谷）、毛克龙（花谷）卡好（糯谷）、紫米谷和小红米、黑芝麻、薏苡、高粱、粟等
	1400~1700 米	麻太	更散谷、黑谷、力所谷、大白谷、小白谷、卡好谷和黄豆等
	1500~1900 米	赔龙	20 世纪 50 年代前主要栽种罂粟，也栽种陆稻、玉米、荞、芝麻等，现在种植小麦

本表在绘制过程中参考了尹绍亭：《人与森林——生态人类学视野中的刀耕火种》，云南教育出版社 2000 年版，第 88~89、111~112、135~140 页。

　　表3—2 中所列的布朗族、景颇族、佤族等民族，他们在各自的生存环境中根据不同的气候温度和海拔高度，培育种植着不同的旱谷，这既是自然选择的结果，也是长期稻作实践的结果。

　　和上述民族的对地力的合理利用一样，主要种植旱谷的基诺族，在长期的旱地稻作实践中，人们已熟知节气节令，并已掌握稻谷品种30多个，有着一套适于立体气候的不同地段种植不同稻谷品种的技术及间种轮作、田间管理的方法。对陆稻品种资源的利用，具有十分丰富的经验。他们为了避免粮食青黄不接，每个家庭都有早、中、晚稻的安排；为了保证收成和实现轮作，相当注重品种与地类的配置；为了适应海拔与坡度的变化，地头与地脚的气温差异和陡与平缓处的不同土壤肥力，往往种植不同的作物和相同作物的不同的品种（具体配置参见表3—3）。①

表3—3　　　　　　　　　基诺族陆稻品种与地类的配置

地类 轮作年份	一类地 肥地	一类地 瘠地	二类地 阳坡 肥地	二类地 阳坡 瘠地	二类地 阴坡 肥地	二类地 阴坡 瘠地	三类地 阳坡 肥地	三类地 阳坡 瘠地	三类地 阴坡 肥地	三类地 阴坡 瘠地
一年	各种糯谷	勐旺谷	黄糯谷 紫糯谷	勐旺谷 烂地谷	黄糯谷 紫糯谷	大红谷 小红谷	细白谷、 黑结巴谷	细红谷、 烂地谷	黑壳谷、 黑结巴谷	小红谷、 烂地谷
二年	大白谷 小白谷	烂地谷	长毛谷		长毛谷 长谷		细白谷 小红谷		长毛谷 长谷	
三年	勐旺谷		勐旺谷		黑壳谷、 烂地谷		烂地谷		烂地谷	
四年	黑结巴谷		烂地谷							
五年	烂地谷									

　　对云南的一些山地民族尤其是主要从事刀耕火种的民族而言，在旱地里种植旱谷由于没有水利灌溉设施，受水、肥、土壤、种子、阳光、

---

① 尹绍亭：《基诺族刀耕火种的民族生态学研究》，杜玉亭主编《传统与发展——云南少数民族现代化研究之二》，中国社会科学出版社1990年版。

气候等自然条件的影响甚大，对大自然的依赖性很强。于是，为了有效
地利用土地，获取稳定的收成，人们多在谷物品种的多样化选择、播种
时间的合理安排、轮作技术等方面大作文章，并形成了许多独具特色的
耕作方式。如 20 世纪 50 年代前，地处西双版纳和澜沧地区的布朗族，尚
处于"刀耕火种"的原始农耕阶段，主要从事山地农业，以耕种旱地为
主，实行轮歇抛荒的耕作方式，以种植旱谷为主。他们种植旱谷，需要
经过选地、砍地、烧地、整地、下种、薅草、割谷、打谷、运谷、装谷
等 11 道工序，劳动是比较艰苦的。又西盟佤族在旱地种植旱谷时，除了
注重轮作和合理配置不同的品种外，还形成了一个包括诸多环节的完备
的耕作过程，每个环节都投入了相当多的人力。这里，我们以《佤族社
会历史调查》（一）[①] 为主要依据，绘制下表。

表 3—4　　　　　20 世纪 50 年代西盟佤族旱谷地耕作工序和用工量

籽种、工序、用工量	地点	马散	岳宋	中课	永广	翁戛科	龙坎
籽种	数量（斗）	1	1	1	1	1	1
	折合市斤	25	17.5	20	22.5	14	14
工序	砍地	5	5	5	3	3	3
	烧地		2	2			1
	挖地或犁地	15	20	6	2	7	
	碎土拾草	10	3	2	2	3	
	撒种或点种	5	6	4	3	1	1
	铲地	25					
	薅一次草	5	8	6	8	3	6
	薅二次草	10	17	14	18	13	10
	薅三次草		5		4	3	4
	割谷	10	15	10	10	5	5
	打谷或搓谷	15	11	13	14	3	6

---

① 国家民委《民族问题五种丛书》云南省编辑委员会编：《佤族社会历史调查》（一），云
南人民出版社 1983 年版，第 12 页。

续表

籽种、工序、用工量	地点	马散	岳宋	中课	永广	翁戛科	龙坎
合计	工序	9	10	9	9	9	8
	工数	86.5	92	62	64	41	36
每个劳力每年最多能种	籽种量（斗）	2	2	2.5	2.5	3	3
	折合亩数	4	6	7.5	6.25	4.3	4.3
	需要工数	173	184	155	135	123	108

相对于悠久的旱谷种植历史而言，云南许多山地民族种植水稻大多是近一二百年或者 20 世纪 50 年代后由其他民族传入的，且种植面积非常有限，耕作技术粗放，产量低，在经济生活中所占的比例也很低。如怒江傈僳族水稻最高亩产只有 200 多市斤，最低为 80 市斤，仅为籽种的 10 至 15 倍。[①] 独龙族地区从前几乎没有水田，1952 年，政府派工作队前往独龙江帮助独龙族修水田，教独龙族种植水稻，并且在独龙河南部地区试种水稻获得成功，但因生长及抽穗期间阴雨过多，经验不足，所以产量很低。[②] 又如拉祜族可考证的水田生产的历史最多为 400 年，大多数地区只有 100 年左右。水田面积占耕地面积最多的为 60%～70%，一般为 30%～40%，由于耕作粗放，产量普遍不高。到 20 世纪 50 年代时，水稻亩产最高为 250 公斤，最低为 100 公斤，旱谷亩产最高为 265 公斤，中等为 150 公斤，最低为 45 公斤。[③]

2. 梯田稻作农耕

（1）云南梯田的历史与分布

梯田这种田制，早在春秋战国时期就已出现。《尚书·禹贡》记"浼水"畔，"厥土青黎，厥田下上。""厥田下上"指的就是梯田。"浼水"，据相关学者考证认为，具体指大渡河，而哈尼族的祖先"和夷"早期就

---

① 参见《傈僳族简史》编辑委员会编：《傈僳族简史》，云南人民出版社 1983 年版，第 89～90 页。

② 参见罗荣芬：《独龙族传统农耕技术的可持续性初探》，云南省社会科学院民族研究所编《民族学》，民族出版社 2001 年版。

③ 刘辉豪：《边寨文化论集》，云南大学出版社 1992 年版，第 99～100 页。

是居住在大渡河的，所以，哈尼族是中国梯田的首创者之一。① 到了汉代，随着中原王朝对云南边疆的开拓与经略，郡县制度和屯田制度在云南的推行，除了一些坝区的土地被开垦外，山区梯田的开垦已有所发展。如文齐任益州郡太守时，率领军队从事生产劳动，"造起陂池，开通灌溉，垦田二千余顷。"② 高坡挖池蓄水，再引之灌溉，无疑是梯田农业典型的灌溉方式。唐代，据樊绰《蛮书》记载，当时的云南境内，"蛮治山田，殊为精好"，此中的山田，指的就是梯田。而"梯田"之名，见于宋代范成大《骖鸾录》："仰山岭阪之间皆田，层层而上，至顶，名梯田。"明代农学家徐光启于《农政全书》中，把梯田列为我国七大田制之一，并引元代《王祯农书》云："梯田，谓梯山为田也。夫山多地少之处，除垒石及峭壁，例同不毛。其余所在土山，下至横麓，上至危巅，一体之间，栽作重磴，即可种莳。如土石相半，则必垒石相次，包土成田。又有山势峻极，不可展足。播殖之际，人则伛偻蚁沿而上，耦土而种，蹂坎而耘。此山田不等，自下登陟，俱若梯蹬，故总曰梯田。"

　　云南梯田的修建，除了哈尼族等民族的特殊贡献之外，与各朝各代在御边安民的同时，鼓励各族军民开荒种田不无关系，特别是明代以后，大量的汉族移民进入云南，不少的山区梯田被开垦出来。如红河流域地区，据清嘉庆《临安府志·土司志》之"左能司"一节载："左能亦旧思陀属也，后以其地有左能山，改曰左能寨。明洪武中，有吴蚌颇，率众开辟荒山，众推为长，寻调御安南有功，即以所开辟地别为一甸，授副长官世袭，隶临安。"《红河县志》注解说："明代，今红河县境嘎他、俄垤一带的梯田，已陆续开垦。清代以后，扩大开垦，耕地面积逐渐扩大。"③ 临安地区，清康熙年间"得海自代办纳更司后，因鉴于地方土壤肥沃，人烟稀少，乃召集彝族及外藉人氏前来开荒落户，由纳更梭山河起东至坝思河一带建设村寨，得海率领群众开荒筑田，辟山引水……其中开挖灌溉两千余亩水田之者台大沟，为地方群众所称颂，有人作联为证：'年年无干旱之苦，岁岁无乏水之忧。'得海据情上祥临安府，后经

---

① 参见王清华：《梯田文化论——哈尼族生态农业》，云南大学出版社 1999 年版。
② 《后汉书》卷 86《西南夷列传》。
③ 云南省红河县志编纂委员会编：《红河县志》，云南人民出版社 1991 年版，第 134 页。

层转上谕授得海功升威远将军之职。"① 建水地区，民国九年《续修建水县志》卷3记清代落恐土司永兴提倡开垦，带领民众造田，田地日渐增多，落恐地区随之兴盛。② 又"陈永兴是个比较能干的人，他不仅带领人民恢复了父辈们在战争中放荒了的田地，还亲自下田带领人民进行开荒；他还养了80多头耕牛，借给无牛农民耕种，一时，落恐地区就兴盛起来，落恐的田地，多半是陈天得和陈永兴时期开发出来得，'落恐的谷子'（即生产稻谷之地）就是这个时期被叫出来的。"③

在云南各个不同的历史时期，或是戍边军民、内地移民垦殖屯田；或是地方土官、流官组织民众开垦梯田；或是某一家族族长带领族人开垦，共同占有所开之田地；或是地方招集人招集挖水开田，以协商方式共同利用水源，开垦之田地各得其所；或是以"农业学大寨"的形式开垦的梯田，散落在云南各地的山区或半山区。而目前云南的梯田最为集中分布区则在元江以西、澜沧江以东的山岳地带，即哀牢山和无量山下段中间的广阔山区。这一山区的气候属于亚热带季风气候，土壤有七大类二十多个土种，在海拔200米至1960米的"V"字型山体内侧的缓坡地带，具有梯田生成和水稻栽培的自然条件。在这一地理单元内生活着傣、哈尼、彝、苗、瑶、壮、拉祜等民族，这些民族中除傣族住平坝经营坝区稻作农业外，其他民族住山区或半山区，不同程度地经营着梯田农业，学者们常常把这一地区的梯田概称为"哀牢梯田"、"元阳梯田"、"红河梯田"。但从梯田的历史发展、经营梯田稻作农业的人口数量以及各民族与梯田稻作相关民俗活动的完整性、系统性来看，哈尼族无疑是红河南岸耕耘梯田的主体民族，所以，有的学者建议以"哈尼梯田"来泛指红河南岸山区的梯田，应该更为贴切。④ 我们认为，哈尼梯田作为滇南梯田农耕的典型代表，探讨其梯田农业，确实可以展示云南梯田农业的丰采一斑，但是在云南的梯田农业中，其他民族所开造的梯田也不容忽视。

---

① 李期博主编：《哈尼族梯田文化论集》，云南民族出版社2000年版，第37页。
② 见红河州政协文史资料委员会编：《红河州文史资料选集》（第四辑），1985年内部编印，第84页。
③ 同上书，第16页。
④ 李期博主编：《哈尼族梯田文化论集》，云南民族出版社2000年版，第2页。

（2）梯田的修造与类型

在云南的传统农业中，基于亚热带山区山高谷深的特殊地理环境，依据不同坡度的地形地势，最大限度地开垦利用山地，合理而有效地利用山区水源而创造的梯田农耕文化系统，既是因地制宜扩大耕地的一大创举，也是云南山区传统农业的最高典范。

一般而言，梯田的修造，一是选择土质较好、向阳和水源充足的45度以下的斜坡地带，先修造台地。台地的修造多是用板锄、撮箕、刮板等工具把高处的土往低处搬运，顺地势平整松土，垒筑而成。在修成的台地上播种若干季旱地作物，稳定台基并熟化地面土壤后，再把箐沟中的溪水引至山梁，开挖沟渠，筑台垒埂，将旱地改为梯田。这一垦作过程包含了垦荒开地、开沟引水、打埂垒筑等一系列劳动强度很大的环节。另一种是对于水源条件较好的荒地，可以直接开挖成梯田。修造梯田多选在气候凉爽、土质干燥、宜于劳作的冬季进行，一般从上往下逐层开挖，以挖起的大土饼为料，层层垒砌田埂，捶实夯牢。田埂坚固耐用而又不失美观，厚度随山势坡度从上往下逐渐递减，普通上埂高一米左右，下埂厚20~30厘米，但高山梯田田埂高而厚实，突出的上埂高可达五六米，下埂厚可达40厘米左右。田埂的修建与护理是最为关键的部分，一般在梯田修成后，每年要彻底地对上、下埂进行一次修铲、抿糊，确保不会漏水溃决，无鼠洞和杂草滋生。这样，经过年积月累的修护，梯田愈见牢固美观。

图3—1　哈尼族修铲田埂

（选自《哈尼族梯田文化》）

　　云南各地的梯田，在海拔高度、气候类型、土壤的肥瘠以及耕作制度和管理技术方面存在着较大的差异，呈现出多样化的类型特点。下面，以哈尼族的梯田为例，逐类介绍之。

　　哈尼族的梯田，若以海拔高度和气候作参照，可分为热带河谷梯田（海拔 800 米以下）、亚热带中低山梯田（海拔 800 ~ 1500 米之间）、暖温带高山梯田（海拔 1500 ~ 1800 米之间），三者中，亚热带中山梯田是主体。根据土壤的肥瘦和土质状况，可分为干田、旱田、水田三种类型。根据水源情况，可分为常年泡水田、雷响田、冷浸田、锈水田四种类型。

　　在如上的诸多分类中，常年泡水田是严格意义上的梯田，它旱时有灌溉水源，涝时排水良好，田泥上稀下干，不易漏水，日照充足，保水、保肥、保温，非常适宜于水稻的生长，又称为旱涝保水田。根据海拔高度和气候温热之差异以及种植双季稻的实践，又可把旱涝保水田分为温区田和热区田。一般以海拔 1000 米为界，以上是温区田，产量低；以下是热区田，产量高。温区泡水田分布在村寨边和与村寨差不多高的山上，生产能力呈现出多样化的趋势，试种过"大粒香"、"楚粳 17 号"、"合系 2 号"、"红阳 1 号"等许多稻谷品种，推行过稻谷—小麦、稻谷—冬黄豆或稻谷—蔬菜轮作等多种复种形式。热区保水田分布在海拔 1000 米以下的山脚和河谷地带，也曾推行种植过双季稻、多种杂交稻。

　　雷响田主要是农业学大寨时的产物，由于当年开挖时有一个指导思想是靠雨水栽秧，所以又叫雨养田或不保水田。这类田一直到阴历五月初进入雨季后才能插秧。哈尼族认为，过了端阳节插下去的秧谷粒不会饱满，所以雷响田在耕作时要求多犁多耙。原因是雷响田灌水晚，在无水期间田埂会产生裂缝，易漏水，土壤肥力不足，而多犁多耙则可以克服漏水现象。同样，这类田也分为温区田和热区田两种。温区雨养田多分布在村寨附近，易管理，推行有水旱轮作一年两熟制。热区雨养田离村寨较远，不便于管理，一般只种一季稻。

　　冷浸田是指以凹地里冒出的凉且寒的地下水作为水源的田，主要分布在山脚的沼泽地带，不宜牛耕，即使是人锄耕和栽秧，也要倍加小心，稍不慎就有可能陷入稀泥中。锈水田是指凹地石化土层坡面常年阴湿生锈的田。冷浸田和锈水田多分布在离村寨较远的凹山腰间，数量少，适宜栽种黄糯谷等品种。

　　和旱作梯地相比，梯田稻作有着备耕、育秧、中耕除草等一系列的

图 3—2　哈尼族的大块梯田

（选自《哈尼族梯田文化》）

生产环节，在总体上属于精耕细作农业，所以，费工费时，在很多环节
需要集体协作，每亩梯田投入的劳动量也较大。如在哈尼族的梯田稻作
中，20 世纪 50 年代耕作一亩梯田就需要投入 35 个人工和 12 个牛工（见
表 3—5）。

表 3—5　20 世纪 50 年代初哈尼族水稻耕作工序和每亩水田的用工量

工序	人工	牛工	工序	人工
犁二道秧田	1	3	铲埂	2
耙二道秧田	1	3	修埂	1
施肥二道秧田	3		放水	3
铲秧田埂	1		拔秧	1
修秧田埂	1		背秧	0.5
泡谷种	0.5		栽秧	3
撒谷种	0.5		薅秧	5
薅秧田草	3		滗埂	5
犁二道稻田	2	3	割、挑、打谷子	3
耙二道稻田	2	3	晒谷子、挑草	2

　　本表数据来自，王清华：《哈尼族梯田农耕系统中的两性角色》，李期博主编《哈尼族梯田
文化论集》，云南民族出版社 2000 年版。

3. 坝区稻作农耕

在云南省境内,因地壳运动而形成的各种断陷盆地(当地俗称坝子),面积在 1 平方公里以上的共有 1442 个,面积约 2.5 万平方公里,其中大于 5 平方公里的坝子有 553 个,大于 100 平方公里的坝子有 19 个,超过 250 平方公里的坝子有滇池坝、洱海坝、昭鲁坝、蒙自坝、沾曲坝、陆良坝等 6 个。这些空间大小不一、海拔高低不等的坝子,像碧绿的珠宝,镶嵌在广袤红土高原的各个角落。尽管散落在重峦叠嶂群山之中的坝子,彼此相互隔离,处于相当封闭状态,但由于大多数的坝子海拔都在 1500~2000 米之间,气候既适宜农业生产,又适宜人类的生活,是开发较早的区域。

星罗棋布般点缀于群山之间的坝子,自石器时代以来,就是云南各种不同的人们共同体繁衍与生息的重要区域。这里特殊的生态环境和气候条件,肥沃的土壤,平坦的地势,开阔的空间,有利于各民族的先民把普通的野生稻驯化成人工栽培稻,由此奠定了他们选择从事稻作进入农耕的时代,并逐渐走向完善的从事稻作农业生产的民族历史的进程,遂形成了以稻作农业为本源的生活模式。

进入有文字记载的文明史以来的各个历史时期,坝子作为云南农业生产的精华之区,具有使其四周各分散之山寨、部族相互联结的凝聚功能,并在此基础上产生出超越寨别与族类的社区集镇。坝子作为自然提供的空间类型,往往导致农耕富庶中心的形成和交换集镇的产生。即使是现在,云南上千个坝子作为稻作生产的重要基地,养育着这里的人民。

汉族、傣族、白族、壮族以及晚近迁入的蒙古族、回族属于坝区稻作型。"这些民族主要分布在海拔 500 米~1000 米左右的坝区或河谷。地势较低,土壤肥沃,土层深厚,灌溉便利,气候属于亚热带季风气候,长夏无冬,雨量充沛,年降雨量一般在 1000~1700 毫米之间,全年无四季之分,只有明显的干季和湿季。优越的自然条件,为水稻和热带、亚热带作物的栽培创造了理想环境。"[①]

上面我们分类介绍的坝区稻作和山区稻作,虽然各有其生态要求和技术特点,但二者并不是彼此孤立相互隔绝的,有着一定的互补关系。这种互补关系在稻作水源系统和民族关系等方面都有反映。

---

① 黄泽:《西南民族节日文化》,云南教育出版社 1995 年版,第 56~57 页。

从稻作水源系统来看，坝区稻作农耕依托坝区平坦肥沃的土地资源而发展起来，主要靠引溪河之水灌溉，而溪河之水又源于山区之森林。换言之，山区森林资源所孕育和涵养的水资源是坝区稻作农耕不可或缺的水源。这样，山坝实际上处于一个完整的生态系统之中，坝区稻作生态和山区稻作生态的良性循环和互动都是彼此关联的。

从民族关系的角度来看，云南错综复杂的民族分布，使各种不同类型的稻作在长期的发展演变过程中，被烙上了各民族历史与文化的印记而变得异常丰富。山区和坝区不同的稻作所产生的经济上的互补性，常常是连接山坝民族关系的纽带，而优势互补的山坝民族关系往往又是稻作文化的重要组成部分。如红河一带山坝民族之间所结成的"牛亲家"，就是这种关系的具体反映。在云南红河地区，一般傣族居于河谷平坝，山居为哈尼族和彝族，坝区和山区各为一方，通过互相商量，自愿把公牛母牛配成一对，共同管理使用。春天，平坝地区水草茂盛，气候温和，又逢栽秧季节，牛由傣家喂养使用。夏秋，平坝地区气候炎热，山区哈尼族、彝族又种植中稻和收获其他作物，牛就由他们喂养使用。冬天，山区气候寒冷，牛又赶到平坝过冬。这种"牛亲家"的生产风俗，它反映了山坝民族间生产上的相互合作互补关系。

二　稻作农耕技术的演进

适应特定自然环境的稻作农耕技术，是一个随着时代和环境的变化而不断调适的动态过程，是稻作文化体系的核心内容之一。在悠悠数千年的历史发展过程中，云南各民族在适应和改造各自的生态环境中，创造性地使用了各具特色的技术手段，经历了如下几个稻作农耕的演进过程。

（一）从徒手而耕到役象、牛等动物踏耕

大约在旧石器时代末期或新石器时代初期，人们在漫长的采集野生植物的过程中，渐渐地掌握了一些可食植物的生长规律，并经过反复的摸索实践，终将野生植物驯化为可供栽培的农作物，进而发明了农业。但源于采集、狩猎经济的原始农业，最初当伴随采集、狩猎走过了一段相当漫长的道路。在这个漫长的阶段，或者说孕育农业的初始阶段，人

类似乎没有发明专门的农业生产工具，凭藉的只是一些自然之物，完全模拟野生植物的生长规律，对作物品种的认识尚停留在神话传说阶段。

远古时期，居住在云南大地的各种不同的人们共同体，在识得谷物之初，并不知道锄地，更谈不上犁耕，经历了一个无耕具的"脚耕手种"或"徒手而耕"的阶段，而最初的踩耕并不一定利用畜力。如据傣族创世史诗《巴塔麻嘎捧尚罗》记载，最初天神给人们撒下谷种，在飞往人间的途中，大的谷粒遇狂风被吹碎，变成小颗粒，被雀鸟老鼠吃在肚里，雀鸟老鼠拉屎排出谷粒，掉在水沟边，发芽长穗，结出谷穗。那时，人们还不懂耕作，拾到谷穗后，到处乱撒，结果庄稼长不出来。后来，叭桑木底告诉大家，要把谷种撒在潮湿地上，要根据神划分的季节，在雨季七月撒种。种子长成绿苗后，又遇到杂草相间，叭桑木底又教给人们"先把杂草除去，用脚踏烂稀泥，用手抹平泥土，把谷种撒在平湿地上。"① 何斯强先生认为，在远古没有畜力、也没有金属工具的情况下，这应当是人们最初栽种野生稻的方法。因为最原始的野生稻，"既不是水稻，又不是陆稻，而带中间性质。"这种稻种，当然也只能种在既不是水田又不是旱地的泥状土壤里了。而且，在生产力水品极低的时代，这也是一种便捷的耕作方法。这种方法在东南亚国家的一些落后民族和地区，现在仍被采用。② 但是，用人来踏泥种植稻谷的原始方法是艰辛而效率很低的。

在云南的彝、怒、佤、德昂、苗、阿昌、壮、拉祜、哈尼等民族的谷物起源神话传说中，多次提到狗、蛇、老鼠等动物常常是给人们带来谷种的动物。动物助人类找到谷种，那么，有没有动物助人类耕作的事例呢？这里，让我们先来看两则材料。

阿昌族的《人们为何要跟着牛脚印插秧》讲道："古时候，国王问猫头鹰和燕子要栽种何物？猫头鹰说要栽谷子，燕子说要栽草。于是国王把谷种和草子分给了它们。燕子勤快，第二天一早就把草籽撒遍了整个户撒坝。猫头鹰睡过了头，醒来时户撒全勐都绿油油的。猫头鹰无可奈何地去告诉国王说：没有地方撒谷子了，到处长满了草。国王告诉它说：你去看看有无牛脚印，如果有就将谷子撒在牛脚印上。从此以后，人们就用牛来犁地，跟着牛脚印犁田播种。"① 又哈尼族哈尼支系在农历三月看到秧苗长出五六片叶子时，要选择一属猪的吉日，过"索拉俄基多"，意为喝秧酒。相传，因为哈尼人看到谷苗长在猪滚塘里最饱满，后仿照猪滚塘才学会开田栽种。②

　　这两则材料透露给我们的信息是，最初人们看到牛滚田和猪滚田里长出的谷粒饱满，才仿照猪牛滚田栽培稻谷。再进一步结合原始农业的起源，引伸来讲，或许是这样一种情形：人类在自然耕种徘徊相当长一段时间后，在长期的适应自然的过程中，慢慢的发现经野猪、犀牛、大象等巨型动物践踏觅食之后的荒山林地，变得疏松，或水土交融，少有杂草，有利于谷物的生长。受此启发，人们在采集、狩猎的同时，便有意识有目的地驯化生境中的各种动物，踏泥播种。利用畜力耕种的方法代替了过去用人力的原始落后方法，这无疑是耕作技术的一大进步。

　　与此相关联，在我国古代，有"舜葬于苍梧，象为之耕；禹葬于会稽，鸟为之田"的传说。对此"象耕鸟田"的传说，王充在《论衡·偶会篇》中释为："雁、鹄集于会稽，去避碣石之寒，来遭民田之毕，蹈履民田，喙食草粮。粮尽食索，春雨适作。避热北去，复之碣石。象耕灵陵，亦如此焉。"又同书《书虚篇》云："天地之情，鸟兽之行也，象自蹈土，鸟自食草，土蕨草尽，若耕田状，壤靡泥易，人随种之。此俗则谓为舜、禹田。海陵麋田，若象耕状。"此中的海陵麋田，晋代张华《博物志》释为："海陵县扶江接海，多麋兽，千千为群，掘食草根，其处成泥，名曰麋畯，民人随此畯种稻，不耕而获，其收百倍。"从王、张二氏的解释可以看出，所谓"象耕鸟田"就是大象、雁鹄等动物多次践踏觅食过后的土地，可以不经任何整治而直接种植水稻。

　　我国"象耕鸟田"的实情，学人多有研究。曾雄生先生在《没有耕具的动物踩耕农业——另一种农业起源模式》一文中，③ 旁征博引古今中外的史志材料和各种民族学资料，进行详细考证认为，不仅在中国南北各地甚至在世界的许多地方都曾经出现过象耕这种动物的踩耕农业。那

① 刘江：《阿昌族文化史》，云南民族出版社2001年版，第56～57页。
② 详见卢朝贵：《哈尼族哈尼支系岁时祝祀》，中国民间文艺研究会云南分会、云南省民间文学集成编辑办公室编《云南民俗集刊》（第四集），1985年内部编印，第10页。
③ 见《农业考古》1993年第3期。

么，云南稻作发展史上有类似"象耕鸟田"的情况吗？

远在上古时代，象就在我国南方原始丛林中栖息、繁衍，这不仅可以从出土的象化石中得到证实，而且历代汉文史籍也多有记载。先秦史籍《竹书纪年》说："越王使公师偶来献……犀角、象齿。"《史记·大宛列传》亦记昆明以西千余里，"有乘象国，名曰滇越。"文献中所反映的是象为进贡之物和骑乘之工具。

秦汉以后，有关养象、驯象、役象于挽车、运物、作战的记载不绝于史，但关于象耕见诸汉文史籍的仅有两段文字。

唐人樊绰《蛮书》卷4《名类》记载："茫蛮部落，并是开南杂种也。茫是其君之号，蛮呼茫诏。从永昌城南，先过唐封，以至凤兰苴，以次茫天连，以次茫土薅。又有大赕、茫昌、茫盛恐、茫鲊、茫施，皆其类也。楼居……孔雀巢人家树上。象大如水牛。土俗养象以耕田，仍烧其粪。"

又同书卷7《云南管内物产》载："开南以南养象，大于水牛。一家数头养之，代牛耕也。……象，开南以南多有之，或捉得，人家多养之，以代耕田也。"

对于这两则史料，当代学者具有各种不同的解释。有人认为，大象难以捕捉、饲养和繁殖，加之力大无比，普通犁铧不足以供其拖曳，故以象耕田纯属《蛮书》作者之误。另有学者认为，唐代云南金属冶炼水平很高，当有可能制造出供大象拖曳的犁铧，所以《蛮书》象耕之说未必就是传说之误。我们认为，这两种说法都是以牛牵引犁耕的形式去释象耕，其实，史载之象耕最初当是以象来踏泥。黄惠焜先生也认为，古代越人的象耕，很可能不是以象曳犁耕作，而是一种"踏土"，亦即驱象入田踩踏，所谓："象自蹈土，鸟自食萍，土蕨草尽，若耕田状，壤靡泥易，人随种之"，这形象地复原了"象耕"的原意。①

除大象等巨型动物外，牛与水稻之间当有着某种早于牛驾犁耕田的联系。因为，水稻通常都种植于不漏水、土质粘重的低洼沼泽地的田块中，要求田块尽量平整，以使灌进田间的水深浅得宜，满足水稻生长。最初人们尚不识锄耕、犁耕，只有石、木、骨等制成的农具的时代，人们是通过什么手段把水田的粘重土壤搞得疏松平整，以适应水稻种植的

---

① 黄惠焜：《从越人到泰人》，云南民族出版社1992年版，第6、9、14页。

呢？这可能就是牛踏田，即把水牛赶到被水浸泡过后的土地上来回践踏，踏烂以后，再用骨耜等农具进行修整，再行播种。

　　具体到云南，新石器时代大量牛的遗骸的发现，以及青铜时代众多青铜器物上牛的形像图案，加之云南牛耕始于东汉初期的历史事实，都充分说明东汉以前云南各个历史时期的牛群，极有可能是人们驱使踏耕的重要畜力。不仅如此，云南各族先民在与各种各样的大动物相伴而生的同时，在驯化、牧放这些动物的过程中，有意或无意地利用这些动物来把种子踏入泥土中，亦是极有可能的。我国历史上有象田、鸟田、麋田，可能在云南这块土地上还有野水牛田或猪田。即使是到现在，在傣族的备耕中，还有一种传统的方式就是"踏田"。"每年早稻一收获，傣族人民就把十多头甚至几十头水牛赶进水田，由人吆喝着辗转往复，在田里踩来踩去，直到把谷茬杂草埋于泥泞深处，把泥踩化为适度。一般要踩两道，用木耙平整以后方可栽秧。晚稻收获以后，又要立即'踩田'关水，为来年的早稻栽插作好准备。傣族人民在长期的实践中得出，'踩田'优于犁田，因为'踩田'杂草谷茬入深易腐，泥化肥田，粮食产量高于犁耕。"①

　　和云南一样，在我国广大的南方稻作文化圈中，使用牛踏耕作为一种耕作方式，亦具有一定的普遍性。我们且不说在所有的新石器时代稻作遗存中，几乎都有牛骨骼遗骸的出土，就是从文献记载和民族学调查材料来看，许多民族在20世纪50年代之前，都曾有过牛踏田。如清代黎族中，据张庆长《黎岐纪闻》载："生黎不识耕种法，亦无外间农具，春种时用群牛践地中，践成泥，播种其上，即可有收。"又永不足斋的《琼黎一览·琼崖黎岐风俗图说》称："生黎不知耕种，惟于雨足之时，纵牛于田，往来践踏，俟水土交融，随手播种粒于上，不耕不耘，亦臻成熟焉。"历史上，布依族曾以水牛滚田作"耕田"方式。有一则布依族故事说，布依族祖先古时迁徙，水牛找到水源，在水塘中滚水，后来里面长出来的几株稻秧又粗又壮。祖先们便形成了用水牛滚田再栽秧的习俗。

---

　　① 元阳县民族事务委员会编：《元阳民俗》，云南民族出版社1990年版，第132～133页；转引自《高扬的文明——哈尼族梯田文化的历史渊源及民族精神》，李期博主编《哈尼族梯田文化论集》，云南民族出版社2000年版。

日本学者佐佐木高明也认为，"在水稻栽培型的初期是用牛、人来踏耕的。"①

图3—3　使用牛踏耕
（选自《稻的亚洲史》）

　　对于上述踏耕情况，游修龄先生系统考察后认为，踏耕系百越民族首创，早期的踏耕分布于浙东至闽、粤、滇及越南红河下游、泰缅南部等处。百越先民起初或利用野象践踏的泥泞地播种稻谷，或自养象驱之入田反复踩踏，后来发展到利用饲养的牛群，模仿象耕鸟田，驱赶牛群到放水的田块中来回踏踩，把杂草压入土中腐烂，土壤踩成泥浆，这种耕作方法俗称"牛踩田"。在百越民族中，踏耕早于犁耕，至今云南个别地方的傣族及泰国有些地方仍然是踏耕和犁耕并行，这说明踏耕有其不

　　① 中国西南民族研究学会编：《西南民族研究——苗瑶研究专集》，贵州民族出版社1988年版，第328页。

可替代的特殊作用，不能笼统地说，踏耕就是很原始的耕作技术。①

　　曾雄生把动物踏田与原始农业的起源联系起来考察，他写道："在农业出现之前，人类是不会为了从事农业而制造农具的，而只能依靠现有的条件，进行简单而自发的种植。因此，农业起源阶段可能是这样一种情形，即采集或渔猎者在采集和渔猎的过程中，发现了一些土地经动物的践踏觅食之后，变得疏松，或水土交融，没有杂草。在不借助任何整地农具的情况下，把采集来的部分种子撒上，任其自然生长。又通过狩猎对其加以保护，以便集中采集，从而开始了植物的驯化。这可能是农业起源的第一个阶段。后来，采集、渔猎中为了扩大种植，便开始驯化动物来践踏土地或谷物脱粒。如随着水稻的垦种，以草食为主的水牛已经被驯化为主要用于耕作的牲畜。从这个意义上来说，某些动物被驯化的原因之一便是动物踩踏农业。这便是农业起源的第二个阶段。最后的阶段便是模拟动物践踏觅食的机理，制造出各种农具。如鹤嘴锄、马鹿锄之类，从事整地锄草等项事宜。这就标志着无农具的动物踩踏农业的结束。"②

（二）从耜耕到锄耕

　　从无农具的徒手而耕以及驯化动物进行踏耕到发明石刀、蚌刀等收割工具及石磨等加工工具，学会用石斧、石锛砍伐地上的树木杂草，放火烧光灌木杂草进行撒种，即步入了原始农业的早期。在原始农业的早期，尚未出现典型的翻土农具。只有当生产力发展到一定程度，发明了石锄、石铲、耒耜一类的典型翻土农具，开始对土地进行有效的利用与加工，并提高土地的连续耕种年限时，人类才真正进入了原始农业的发展阶段。为此，过去人们笼统地把原始农业称之为锄耕农业。

　　其实，民族学和考古学材料告诉我们，在锄耕农业的发展中，经历了一个专门的耜耕阶段。耒耜的原型是采集、狩猎经济时代用以挖掘植物的尖木棍和刀耕火种的点种棒，经过不断的发展，终于变为复合式的

---

　　① 详见游修龄：《百越农业对后世农业的影响》，魏桥、董楚平主编《国际百越文化研究》，中国社会科学出版社1994年版。

　　② 曾雄生：《没有耕具的动物踩踏农业——另一种农业起源模式》，《农业考古》1993年第3期。

工具，代替了以前天然的短权。在传统的尖头木棒上绑上一根脚踏横木，就是最初的耒。把木棒的一端削成扁平刃，或安装一块木质或骨质的板状刃，就是最初的耜。耒耜作为犁耕发明以前的一种典型农具，它类似现在的锹和铲，主要用来平整土地、修治沟洫，并且适宜于深耕，在翻土、掘沟的作业中可以发挥良好的效果。但由于木质的耒耜不易保存，考古发掘出土的多是将动物的肩胛骨或石器用来改装木质耜刃部的复合农具——骨耜[①]或石耜。

　　从考古发掘来看，我国黄河流域的磁山遗址中已发现木耒的痕迹。半坡窖穴及房址中的印痕有些应是木质耒耜所留下的。半坡出土606件骨锥和角铲，部分可能是安装在竹木柄上的耒尖。半坡又出土81件骨铲，有管状、半管状和长条形等形式，长10多厘米，宽2~4厘米左右，无疑也是安装在竹木柄上使用的。这些所谓骨锥和骨铲实际上是耒耜的刃部。从全木质耒耜发展到安装骨角刃的复合工具是一种进步。在磁山遗址中所发现的木制或骨制的耒是单齿的，耜刃也很窄。到了龙山文化时期，双齿木耒已广泛使用。[②] 长江下游地区的河姆渡文化和马家浜文化时期，已经发展到耜耕水田农业阶段。

　　"耜耕农业"是火耕的进一步发展。在此阶段仍然用火来烧掉野草杂树，也用石斧之类的工具来砍伐树木，使用石锄之类的挖土工具，使用蚌、石制成的刀和镰来收获谷物，并发明了石磨盘来加工谷物。即已经发明了用于整地、收获和加工的农具，但尚未发明播种、中耕和灌溉之类的农具。"耜耕农业"的特点是，由于耒耜翻土可将土地挖松，改善了土壤的水分、养分、空气、温度等状况，有利于植物根系伸展。同时，用耒耜翻土也会把表面的草木灰翻入地里，可以提高地力，加快土壤的熟化过程，这时对土壤的利用率较"火耕"时高，同一块地可以种一至二年，但因为没有施肥和中耕、灌溉，土地的肥力还是很有限的，需要以抛荒来恢复地力。

　　"耜耕农业"的进一步发展，特别是为适应增加耕地利用年限而产生

---

　　① 骨耜和骨耒系用偶蹄类哺乳动物的肩胛骨制成，外部基本保持动物肩胛骨的自然形态，体形厚重，在肩胛骨的中部或下部穿两孔，此外还有在肩臼部横穿一孔或不穿孔而修磨成凹弧形，然后绑上木柄。

　　② 详见李根蟠等：《中国原始社会经济研究》，中国社会科学出版社1987年版，第82、90~91页。

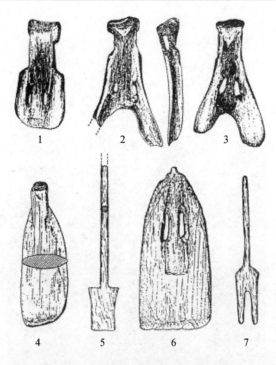

图3—4　中国各地出土的木、骨耒耜

(1. 河姆渡出土骨耜，2、3. 河姆渡出土骨耒，4. 河姆渡出土木耜，5. 湖北大冶出土木耜，
6. 河姆渡出土组合耜，7. 湖南长沙伍家岭203号西汉墓出土木耒模型)

的横斫式的锄类工具的广泛使用，以及相应的中耕、灌溉、施肥等耕作技术的掌握，土地的肥力得到了很大的提高，人类进入了真正意义上的锄耕农业阶段。锄耕农业的特点是，由于将生地变为熟地技术的使用，土地的利用率提高了。

　　从地下发掘资料来看，云南在新石器时代中期就已进入了锄耕农业阶段，且这个过程延续很长，一直到西汉时期都还是以发达的锄耕农业为主。如在滇池区域成批出土的青铜农具中，有用于砍伐树木、开辟耕地的铜斧，用于起土、铲地、中耕锄草的铜锄、铜镢、铜锸，还有用于收割的铜镰，涉及农业生产的各个环节，但未见用于牛耕的犁的出土。云南进入牛耕阶段是西汉以后的事。

　　虽然在东汉初期，云南部分地区出现了牛耕，然而对于山区面积占耕地绝大部分的云南而言，数千年来，锄耕方式在山区的农业实践中仍具有很强的生命力。

图 3—5　清代云贵高原的荷锄者

（选自清代的《皇清职贡图》、《西南少数民族图册》等图书）

（三）犁耕

　　我国犁耕始于何时，过去学人最多只推测到商代，但是江南地区新石器时代石犁和破土器的出土，把我国耕犁史上溯到原始农业的最后阶段。从考古发掘材料来看，已知最早的石犁发现于浙江吴兴邱城遗址崧泽期的四号墓中，形体较小。良渚文化时期石犁出土逐渐增多，且形体也较硕大扁薄。这些石犁有的全器长达 50 厘米，呈等边三角形，前锋夹角一般在 40～50 度之间，中间常穿有一孔至数孔，多用片状页岩制造，背面平直，保存着岩石的自然断裂面，正面稍稍隆起，正中平坦如背面，两腰磨出锋刃，并有磨损痕迹。[①] 针对这些石犁及其配套工具，卢勋、李根蟠结合现存的民族学资料进行考证认为，耕犁在长江下游原始农业中一定程度的使用，并早于黄河中下游地区，与原始稻作的发展密切相关。因为，耒耜比较适用于旱地，而原始犁比较适应于水田，所以在原始稻作的发展中出现耕犁是有其必然性的。[②]

虽然犁耕的历史可以上溯到新石器时代的晚期，但最初的耕犁应该是用人力牵引的，不大可能使用牛耕，这在西南地区的民族学材料中多有反映。

据彝族传说，大约在五六千年前，彝族进入了"希姆遮"时代，即父系氏族公社时期。在此时代，相传"萨咪"部落中有一个叫"阿依秀"（意为"智慧的圣人"）的能工巧匠，在森林中转悠时，发现一棵弯腰栗木。他砍下树干，并在树干的一端保留一个树杈，再将这个树杈削尖，由几个年轻人在田地里牵引树干前进，于是便在地上"犁"出了一条深沟，妇女们便在这条"沟"里点种，其结果，比"点种棒"强多了。人们称这种"犁"为"素俄"。后来，"素俄"这个名词被彝人用来泛指不同类型的"犁"，以及历史上曾经出现过的各种形式的耕具。[③]

又据卢勋、李根蟠等先生调查，云南碧江县俄科罗村的傈僳族和普米村的怒族老人都说，他们的祖先因开地开多了，用锄头翻土翻不过来，就用两个人拉一个树杈耕地，以后在树杈的入土的尖上裹上铁片，开始是人拉，后来改用牛。又据托克扒村的怒族老人介绍，他们大约距今一百年左右开始用犁耕，最初用削尖的树杈套上小铁锄的刃套作犁。用竹篾绳连接犁柄和犁杠，两人用"顶头绳"（该族背竹篓用的）背着杠的两头，手挂棍子一步步前进，后面一人扶犁，这种尖树杈即犁的雏形。[④] 20世纪50年代初期，西藏门隅地区犁水田用一种青杠木做的人字杈，由两

① 牟永杭、宋兆麟：《江浙的石犁和破土器》，《农业考古》1981 年第 2 期。
② 卢勋、李根蟠：《民族与物质文化史考略》，民族出版社 1991 年版，第 7 页。
③ 详见张福：《彝族古代文化史》，云南教育出版社 1999 年版，第 56 页。
④ 李根蟠等：《中国原始社会经济研究》，中国社会科学出版社 1987 年版，第 160 页。

人抬杠牵引，一人扶权，每天能犁水田三四分。四川甘洛县的藏族有一种人拉的木犁，叫"西戛朵布俄"，系由两根木权制成，操作时前面由一至二人用绳索拉，后面一人扶犁。[①]

由上材料，我们可以作出这样的推测，居住在不同地域、不同地理环境的云南各民族的先民们，基于各自不同的生态环境及土壤条件，在漫长的稻作实践中理应发明过许许多多各种不同样式的"犁"，并用人力牵引之，在地上划沟耕种。

令人遗憾的是，在云南新石器时代的考古发掘中，至今尚未发现有石犁。据说大理洱源西山一带，古代曾使用石犁，拉犁的不是人也不是牛，而是羊，叫做"山羊拉石犁"。檀萃《滇海虞衡志》载："羊于滇丰盛，俗以养羊为耕作。"由此看来，洱源西山的传说还是可信的。然而既然是羊耕，那么即非石器时代的"人拉石犁"可以同日而语了。[②]

到了青铜时代，在滇池区域出土青铜农业生产工具中，有一种整体像一片上阔下尖的树叶，刃部呈尖状，有銎突出于器身正中的类似中原地区犁铧的工具，原始的发掘报告把之定为铜犁，认为是破土犁田的工具。但在后来的研究中，许多学者从器形的形制和功能上进行详细考证认为，这不是犁，而是一种尖叶形铜锄或尖叶形铜镢。又，在云南数量众多的青铜器上，牛的图案最为丰富。如江川李家山文物上动物图像296个，其中牛图像97，占总数的33%。[③] 但未有一件把牛和犁地耕田联系在一起的实物和图像，这不是青铜制造者的疏忽，它反映的实情是，当时的人们不识牛耕，尚未开发牛的犁地耕田的功能。[④]

尽管在西汉云南的考古发掘中，尚未发现牛耕的实物证据，但从考古发掘材料和文献记载的综合研究结果来看，至迟在东汉初期云南就已经有了代表传统农业耕作技术发展最高水平的牛耕，以后迅速推广和普及开来，到了南诏时期还出现了颇具盛名的"二牛三夫"犁耕法。如今以水牛、黄牛亦或驴、马为畜力，拉犁耕作在云南的山区和坝区到处都能够看到。关于各地区各民族的犁耕技术，我们不准备一一作释，这里，

①　严汝娴：《藏族的脚犁及其制造》，《农业考古》1981 年第 2 期。

②　尹绍亭：《云南物质文化——农耕卷》（上），云南教育出版社 1996 年版，第 142～143 页。

③　张兴永：《云南春秋战国时期的畜牧业》，《农业考古》1989 年第 1 期。

④　详见李昆声：《云南牛耕的起源》，《考古》1980 年第 3 期。

仅依据尹绍亭先生对农耕重器——犁的系统研究成果，作附图以便人们更为直接地从犁这个角度来了解犁耕的情况。[①]

从徒手而耕到踏耕、锄耕再到犁耕，是我们以农耕主要的生产工具及耕作方式的特点为依据所勾画出来的稻作农耕演进的一个基本的脉络。然而，由于云南特殊的自然人文环境和各地区经济发展的不平衡性，稻作农耕的各个演进环节并不是完全相扣的，在很多地区常常出现并存发展的现象。目前，云南少数民族的稻作生产，从农耕生产工具来看，一类是以刀耕火种、锄耕为主，辅以牛耕地区，这类耕地占全省耕地面积的 15%，有效灌溉面积约占 7%，复种指数 109%，基本上一年只种一次，单产量仅有坝区的 65%。一类是以畜力为主，辅之以水力和电力加工机械的内地坝区和边疆宽谷地带。这类地区耕地约占民族地区的 80%，有效灌溉面积约占 40%，复种指数 150%，单产达到全省平均水平。一类是机耕加上牛耕和人力薅锄、收割地区。[②]

三　传统的稻作生产技术

稻谷生产，如同植物的生长周期一样，它有一个生产的周期，而稻作实践中的诸多生产技术，就是在这个周期中具体实现的。下面，我们以稻谷的一个生长周期为限，追溯稻作生产中从备耕到收割的各个生产环节，来具体展示云南各民族在千百年的稻作生产中所积累和传承下来的生产技术。

（一）备耕

备耕是稻作生产的第一个必不可少的环节，根据耕作方式的不同，有着各种不同的形式。

云南有着各种不同的耕地类型，不同的耕地在播种或栽插之前的准备过程是不一样的。一般而言，锄耕地和犁耕地是在每年秋收结束稍事歇

---

① 本节关于农耕重器犁的图片及文字资料来自尹绍亭：《云南物质文化——农耕卷》（上），云南教育出版社 1996 年版，特此说明并向作者致谢。

② 参见杜玉亭主编：《传统与发展——云南少数民族现代化研究之二》，中国社会科学出版社 1990 年版，第 81 页。

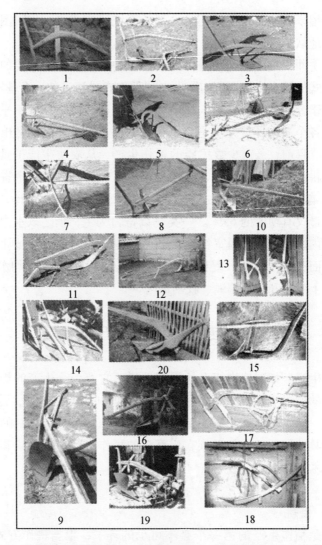

图 3—6　云南犁的形态和种类（选自尹绍亭：《云南物质文化：农耕卷》）

1. 大四角框架长犁底曲辕犁，2. 大四角框架长曲辕犁，3. 三角框架曲辕犁，4. 小框架长犁辕二牛抬杠犁，5. 现代铁犁（1—5 为滇池地区的犁），6. 无犁柱长辕二牛抬杠犁，7. 维西傈僳族的无犁柱长直辕二牛抬杠犁，8. 四角框架长底木犁壁直辕二牛抬杠犁，9. 大理三角框架直辕二牛抬杠犁，10. 怒江小型三角框架长直辕犁，11. 中甸三坝彝族小三角框架宽犁身短辕犁，12. 宁蒗摩梭人的大四角框架长犁底曲辕犁（6—12 为云南西北部的犁），13. 三角框架长犁柄曲辕犁，14. 三角框架短犁柄曲辕犁，15. 西双版纳傣族的大框架直辕犁（13—15 为云南西南部的犁），16. 三角框架曲辕犁，17. 长犁底曲辕犁，18. 小三角框架犁（16—18 为元江流域的犁），19. 小三角框架短底犁，20. 小三角框架或无犁柱宽犁身犁，21. 四角框架曲辕犁（19—20 为云南东南部的犁）。

息后，便开始把地中或地角的杂草、谷茬、灌木等砍倒晒干，放火烧光作为肥料，随即人挖或用牛翻犁，把没有烧尽的草根翻出来，一面挖犁，一面打碎土块，翻拣杂草，让土地越冬。春耕开始前，再次翻犁松土、耙平，即可播种。刀耕火种的备耕有选地、砍地、烧地等几个程序，较为简单。大都在是每年一二月间，先把选定播种地上的小树、灌木、杂草砍倒，晒干后放火烧光，灰烬作肥料。被烧松了的表土不须挖犁。

　　水田的备耕，因民族、地区和耕作习惯的不同，或一犁一耙、一犁两耙，或二犁二耙、三犁三耙，差异大且备耕时间长短不一。最具代表性的是哈尼族和傣族的备耕。

图 3—7　哈尼族梯田的犁耙

（选自《哈尼族梯田文化》）

　　哈尼族十分重视备耕，一般在 10 月收割结束后，讲究"谷倒田翻身"，要把田翻犁过来，灌满田水，重垒梯田新埂，把稻茬和杂草翻犁埋入泥土中，让其尽快腐烂，以增加梯田肥力。翻犁后的田，灌满水，不种任何作物。梯田翻挖完，灌满水闲置一个月左右，就开始了第一次耙田。先从右边田埂耙起，头三道耙田主要是将田中土块、杂草全部耙起来，每两米左右堆成一堆。这道工序完成后，再向相反的方向耙三道，目的是把高低不平的地方耙平，将泥块耙细。头道田耙过一个月左右，就要犁二道田。此次犁田，作用在于减少田中杂草，使原先埋于田中的杂草便于腐烂，提高肥力，增加田肥的温度，增强梯田的蓄水能力。最后一次耙田在插秧之前，哈尼语称为"俄搓吓卡"，即栽秧耙田之意。这就是典型的"三犁三耙"耕作模式。少数地区也有两犁两耙的，多的有四犁四耙的，民间认为多一道犁耙多一道肥力。在犁田时，还兼以人挖，即对牛犁不到的田角和因梯田太小，耕牛不便入田的部分，则以人挖。①

　　傣族备耕整田时，有一犁一耙、一犁两耙或两犁两耙、三犁三耙等多种，其中西双版纳傣族有自己独特的耕作方法，他们在插秧前要对田进行多次的犁耙，具体有如下五道主要的工序。一是"胎纳"即犁田，一般在撒秧时或稍早一点的时间开始，约公历四月底左右，犁深约3～4寸。二是"告纳"即堆土，在犁田后十至十五天内进行，具体是用手操耙将犁翻的泥土耙成一埂一埂的垄，使杂草全部埋入泥土中，沤腐成肥，熟化土壤；堆土半月后，要用手操耙把土垄从底层再翻堆一次，使全部杂草沤腐，防止栽插后长草，称为翻堆。四是"些纳"即耙田，用踩耙把泥堆耙烂耙化。五是"德布"即整田，用手操竹筒耙将耙烂的泥土整平，以提高秧苗成活率。整田比较精细的老农，还要增加一道工序"乱纳"，即再犁。具体是在堆土后十五天左右，用犁铧翻犁一次，然后才翻堆。② 上述五道工序，环环相扣，突出的是犁、捂、堆、耙、平等技术特点，有利于增加土壤肥力，使移栽后的秧苗尽快返青和分蘖。

（二）稻种资源的选育

　　在云南民间，传统的选种方式有穗选、块选（片选）、筛选等几种。所谓穗选，就是在稻谷成熟待收割的时候，到稻田中经过认真观察后，将颗粒饱满而又纯的稻穗割取捆在一起，拿回家挂起来或装在袋子里风干，单独存放，以待来年播种。这种方法所选稻种质量好而纯，但费工费时。片选是把长得好的成块成片的稻田留作种籽，收割后单独脱粒存放，以免和其他稻谷混杂。筛选则是收新谷后经过簸扬，留下饱满的作种。

　　除了通过以上三种方法选育自留种外，云南各民族还注意换种。换种有坝区和山区互换，省内互换，县内互换，区内或村内互换，或者从邻近的省份甚至海外引进新的稻谷品种。一般同一个品种在一块田里连续种植几年后，品种会退化导致减产，所以民间非常重视换种，有"压

---

①　参见雷兵：《哈尼族文化史》，云南民族出版社2002年版，第105页。
②　国家民委《民族问题五种丛书》云南省编辑委员会编：《西双版纳傣族社会综合调查》（二），云南民族出版社1984年版，第71页。

田不如换种"、"施肥不如换种"、"想胜敌人换对策，想要增产换稻种"
等说法。

在长期的稻作实践中，云南各民族根据各自的自然地理特点和生活
多样性的需求，培育和引种过上千个稻谷品种。这些稻谷品种在类型上
有粳、籼之异，在稻壳颜色上有白、红、紫之别，在稻株上有高秆（1.5
米以上）和矮秆（1 米以下）之分，在成熟期上有早熟、中熟、晚熟之
异，在种属上有地方种、引进种、自育种之分。如据 1980～1982 年普查，
仅西双版纳州就有稻谷品种 1600 多个，其中水稻 800 多个；景洪市有稻
谷品种 419 个，其中水稻品种 202 个。[1] 多样性的稻谷品种，在一定程度
上能够抑制病虫害的扩大和蔓延。

如此众多的稻谷品种在云南的培育和引种，是人文和自然选择的结
果。众所周知，云南不仅民族众多，文化多样，而且自然环境条件也是
千差万别，不同的气候和土壤类型要求与之相适应的稻谷品种。同一民
族的不同居住地，同一地区的不同海拔高度，都有适宜栽培的品种。典
型的有如哀牢山区的哈尼族，根据"隔里不同天，一山分四季"复杂多
变的气候特点，其立体式的梯田农业中，有着几百个适应不同的梯田农
业特点和生长习性各不相同的稻谷品种。而其中仅元阳哈尼族就拥有本
地品种 180 多个，"这些品种分别在不同的海拔高度和气候带中使用。在
海拔 1600 米至 1900 米的气候温凉的上半山，使用小花谷、小白谷、月亮
谷、旱谷、冷水谷、抛竹谷、冷水糯、皮挑谷、雾露谷、皮挑香等耐寒
稻谷品种；在海拔 1200 米至 1650 米的气温温和的中半山，使用大老梗
谷、细老梗谷、红脚老梗、老梗白谷、大白谷、麻车、蚂蚱谷等温性高
棵稻谷品种；在海拔 800 米至 1200 米的气候温热的下半山，使用老皮谷、
老糙谷、大蚂蚱谷、木勒谷、勐腊糯、七月谷等耐热稻谷品种；在海拔
150 米至 800 米的炎热河谷，使用麻糯等耐高热稻谷品种。"同时，哈尼
族的稻谷品种，无论是高山耐寒的、中山温性的，还是低山耐热的，一
般必须是高棵且易于脱粒。高棵是为了满足每年翻修房屋和饲养耕牛有
足够的稻草；易于脱粒源于可以减轻劳动强度，保证成熟的谷粒都能够

---

① 见《西双版纳州农业志》和《景洪县志》，转引自郭家骥：《西双版纳傣族的稻作文化
研究》，云南大学出版社 1998 年版，第 31 页。

完全收获入仓。①

（三）水稻育秧与旱地播种

　　云南最早的稻作形态虽然很可能是旱地稻作，但目前水田稻作则是最主要的稻作方式。所以，我们着重介绍水田育秧。

　　最为古老的水田种稻，应该是采取缦田撒播方式，既没有育秧、插秧的环节，也很难进行中耕除草。到了东汉时期，崔寔的《四民月令》载："三月可种粳稻，五月可别稻及蓝，尽至此。"又，广东佛山、四川峨眉等地汉墓出土的水田模型中都有插秧的形象。据此，可以断定至迟在东汉已经发明了育秧移栽新技术。到了唐宋时期，这种技术在水稻生产中已很普及，并适应了多熟种植发展的需要，推动了水田耕作的精细化。

　　"秧壮一半谷"，培育壮秧，除稻种外，秧田是关键。一般秧田都选在水源好、易于管理、土质肥沃的村边寨旁，犁耙秧田讲究细、碎、平，并施放一定的底肥。有的秧田和板田分开，有的则不然。秧田犁耙好之后，即行撒种。

　　撒种之前，为了加快种子的发芽速度，惯常的做法是要浸泡种子。如傣族传统的做法是把精心挑选的种子泡于清水中，过一昼夜之后捞出，用掯秧叶覆盖置于阳光下加温，以加速其发芽；每天照例翻弄喷洒一次清水，如此五至七天后方可撒入秧田中。撒秧由年长经验丰富者担当，一般用手抓起一把谷种，站在田埂上分三次抛撒出去，讲究均匀。撒种后，在秧苗尚未长出秧叶之前，每天早上都要撒出秧田水晒秧，提高田泥的温度，夜晚要灌水保秧。如此反复多次，待秧种定根后，再将水撒干，施以细碎的干农家肥，一两天后复又灌满水。

　　撒种的时期，因品种和耕作制度的不同，各地差异较大。如麻栗坡县一般撒秧期为农历九至十月，插秧期为冬腊月，海拔在900米以下低热河谷区，栽种期一般在农历二月初至三月上旬，薄膜育秧可以适当提前。中稻，第一批撒秧期为农历二月，插秧期为农历三月下旬至四月，秧龄老品种50~60天，新品种30~40天；第二批撒秧期为农历三月，插秧期

---

　　① 详见王清华：《梯田文化论——哈尼族生态农业》，云南大学出版社1999年版，第16~17页。

为四月下旬至五月，秧龄 35～50 天；第三批撒秧期为农历四月，插秧期为五月，秧龄 30～40 天。晚稻、晚熟品种撒秧期在农历五月上旬、中熟品种在农历六月中旬、早熟品种在农历六月下旬，七八月栽种。① 种子撒下后，就进入秧田的护理阶段。

在云南的稻作实践中，推广过水育秧、育旱秧、卷秧、湿润育秧、薄膜育秧等技术。这些技术，与内地的育秧技术大同小异。而云南最具地方性和民族性的育秧技术，当推傣族的两段育秧技术。这里，我们着重介绍之。

20 世纪 70 年代，我国长江流域稻作区在大面积推广双季稻三熟制的过程中，为了克服晚栽条件下造成迟熟、不稳产的矛盾，在吸取与综合秧苗带土浅栽及水育大秧、传统寄秧等方式优点的基础上，发展了两段育秧法，即把育秧过程分为小苗培育和寄秧培育两个阶段。这种育秧技术除具有培育壮秧、节约用水的特点外，还"能起到迟栽高产，早熟避灾的作用，不仅能显著增产，而且能使晚季中籼及早季早籼品种适当延长秧龄后不易早穗，中糯等容易延迟抽穗的品种适当迟栽不易翘穗头。"② 所以，它在我国南方许多省份得到迅速推广，为我国农业发展作出了重要的贡献。其实，这种两段育秧技术出现之前，其技术原理早就在傣族的"教秧"中运用了。

傣族在长期的稻作实践中，总结出了一种独特的育秧技术——"教秧"。教秧，西双版纳傣语称之为"嘎盏"或"盏嘎"，"嘎"意为"稻秧"，"盏"意为"培养"或"教育"，"嘎盏"就是经人工驯化、培植后的秧苗的意思。"教秧"技术的产生，据诸锡斌先生考证，其初始是为了解决旱季与雨季衔接期间稻作栽培过程中节令与干旱少雨的矛盾，发展到后来，则成为事关稻作增产的一种重要技术。其技术体系一般包括培育幼秧、实行"教秧"和大田移栽三个环节。具体是撒种后一月内，采用水育秧的方式进行培养，当秧苗开始苗壮成长后，便把长势好的秧苗从秧田里拔起来，移植到水利条件较好的水田里进行密植教秧，密植的

———————————

① 云南省麻栗坡县地方志编纂委员会编纂：《麻栗坡县志》，云南民族出版社 2000 年版，第 283 页。

② 参见南京农学院、江苏农学院编：《作物栽培学》（南方本，上册），上海科技出版社1979 年版，第 97 页。

程度一般为大田传统栽秧的 4 倍以上。用于教秧的田，要求田平、泥化、肥力高且易于排灌。密植教秧一个月左右，当苗棵发育成壮秧后，拔起剪去苗尖再插到大田里。①

图 3—8　傣族的秧田

（选自郭家骥：《西双版纳傣族的稻作文化研究》）

　　傣族这种"教秧"技术，关键是抓住了培育壮秧这个环节。即通过两次育秧，把原来生长较密的秧苗，移植到一个营养条件较好的环境中继续培育，既解决了秧苗生长过程中争肥抢水的问题，又有效地控制了秧苗在水肥条件好的情况下茎叶的疯长，有利于根部的良好发育。这样培育出来的适当延长了秧龄的壮秧，其株秆物质积累较丰富，将其移植于大田之后，凭藉其苗期积累的营养物质和健壮的植株，不仅能够顺利度过移栽时带来的暂时的营养不济，秧苗可迅速返青、发棵，增加有效穗数，减少稻穗空秕率，同时移植培育的壮秧还具有省水、省田、便于管理和可抗倒伏、病虫害、能够大幅度提高粮食产量等诸多优点。正是由于"教秧"具有如上优点，所以它得以世代相传并普及开来，成为傣族稻作栽培的先进技术之一。

---

　　①　诸锡斌：《傣族传统水稻育秧技术探考》，李迪主编《中国少数民族科技史研究》（第七辑），内蒙古人民出版社 1992 年版，第 72 ~ 83 页。

　　傣族育秧时，习惯于在阳历五月末正式进入雨季时，将本地培育出的优良品种撒在秧田里，经过 20～25 天以后，将幼秧拔起，移植到水利条件较好的水田中进行密植。这时用于移植的水田，要求平整、肥力高，易于控制排灌，移植的密度为正式插秧的 4 倍以上，且要浅插。寄植 15～20 天后，就可以正式拔起移栽到大田里。大田移栽时，要把培育出的壮秧剪去秧梢，株行距比普通秧苗栽得稀，一般一亩"寄秧"可插 15 亩大田。这种"寄秧"虽然增加了劳动量，但其具有省水、省田、省种及分蘖力强、抗肥力、抗倒伏、抗病虫害等优点，可以适当延长秧龄期，减缓旱情，不晚节令，从而达到增产增收的效果，因而世代相传普及开来，是投入最少而收获最大的丰产措施。① 除了上述的水育秧之外，傣族还有一种旱育秧的方法，具体是把育秧场从稻田转移到山中大树下面的湿润地带，将地面挖开泥土捣细平整后便撒秧播种，上盖捣碎的鸡粪土，看管好家畜鸟禽。这是为抢节令而采取的一种适应性育秧方法，经此法育出的秧苗，根系发达，抗旱能力和生长能力比水育秧还强，但管理较难。②

　　目前，两段育秧技术在云南的一些地方也正在推广中，且形式多样，有温室两段、场地两段、地坑两段三种形式。如温室无土两段育秧具体是在背风向阳、空旷近水易于管理的地方建造温室，用杉木、竹子等制作秧盘后，经晒种③、选种、④ 浸种几道工序后，撒入秧盘中，原则是谷不重叠，盘不现底。太密影响秧苗质量，太稀不利于盘根和分秧。接着，把秧盘放入温室中，经过催芽期、出苗现青期、一叶盘根期、二叶壮苗期、炼苗期后，即可实行寄插。用于寄秧的秧田要选肥力中上等、排灌方便、背风向阳的田，按与本田 1：8～10 的比例安排寄插。每亩施用家畜圈肥 20～25 担，钙镁磷肥 25 公斤。寄插按单株匀寄的方式进行，规格视移栽叶龄而定。寄插后一星期，要再施足蘖肥，移栽到大田前 5 天再施一次肥。

---

　　① 诸锡斌：《傣族传统水稻育秧技术探考》，李迪主编《中国少数民族科技史研究》（第七辑），内蒙古人民出版社 1992 年版，第 72 页。

　　② 郭家骥：《西双版纳傣族的稻作文化研究》，云南大学出版社 1998 年版，第 34 页。

　　③ 晒种能提高发芽率和发芽势，还兼有消毒作用，简单易行。

　　④ 把晒干扬净的谷粒倒入清水中，然后分离出壮实的种子。

图 3—9 哈尼山区推行的塑料薄膜育秧

(选自《哈尼族梯田文化》)

旱地种陆稻，没有育秧这个环节，播种方式因耕作方式而异，主要有撒播、点播（穴播）和条播三种。

撒播即用手直接把种子均匀地撒在田地里，然后用锄头和犁疏松土壤并覆盖籽种。这是一种较为粗放的耕作方式，它速度快，可以不误农时，但浪费种子，没有株行距，不便中耕锄草。不过，撒播籽种分散，利于分蘖，而且单位面积的播种密度较高，能够较充分地利用土地。如西盟佤族人挖地和犁耕地的播种多是撒播，即将籽种装在背袋内，用手抓出来撒，或把籽种装在竹筒内，竹节的一端开一个孔，摇动竹筒把籽种撒出来。

点播亦称为穴播或打塘点播，其优点是节省籽种，种子入土易于吸收水分和养分，有利于庄稼的生长，且有株行距，便于田间管理。缺点是费工费时，劳动强度大。如基诺族播种时，男人拿着点种棒或夺铲在前戳洞，女人背着谷种跟随其后在洞内点种。在播种中，基诺族过去曾使用过两种工具：一是在竹柄上安装尖状石片，以便凿土点播；另一种是将长竹一头削尖，在紧靠尖头的竹节上穿一小孔，再把以上竹节打通，放入陆稻籽种，播种时轻轻晃动，谷粒便沿孔而下落入穴中。[1] 又西盟佤

---

① 尹绍亭：《云南物质文化——农耕卷》（下），云南教育出版社 1996 年版，第 373 页。

族懒火地的播种一般是男子在前面用矛铲撬出一个小坑，妇女跟进放入籽种，每坑约四、五粒至六、七粒，籽种放入后随即用脚踏盖一层薄土。

条播技术运用较广，主要在耕种多年便于犁耕的熟地上采用，它兼备撒播和点播的优点而又避免其缺点。

（四）插秧组织与插秧方式

历史上，彼此分散的、经常缺乏联系的村社是稻作农业的基本生产单位，而这些村社大多是以血缘关系或地缘关系扭结而成的，基于共同的乡土意识和血缘关系，人们不把稻作看成是一家一户孤立的事情，在稻作生产的诸多环节都需要相互间的协作、配合，方能有序地进行，于是乎，在民间就形成了许多如白族的秧晾会这样的互助合作的插秧组织。

图3—10　《番苗画册》上所见云贵高原少数民族的插秧图

在大理白族等地，每年在夏历芒种至夏至之间，由几户、几十户或一个村自愿结合，以换工的方式进行集体插秧。大家通过协商，推选出一位深孚众望的劳动能手为"秧官"（或称赊首），由其负责组织集体插秧，凡彩扎秧旗，请人吹唢呐组织乐队，以及劳力调配，分派拔秧、挑秧、栽秧的人，安排各家栽秧的日期，检查插秧质量并组织"田家乐"表演等都由其全盘统筹领导。每个插秧组织都有自己的标志——秧旗。旗杆一般三丈多高，顶端饰有彩绸扎成的升、斗，以象征五谷丰登。旗杆中部斜挂着犬牙形白布镶边的红色或蓝色大旗，旗上书有象征吉祥的字样。秧旗插到哪里，乐队随从，秧就要栽到哪里，秧旗和栽秧不能脱节。秧旗插在田头，旗下站立一支由3~4人组成的乐队。乐器以白族唢呐为主，配以铓锣等。唢呐吹奏《栽秧调》、《大摆队伍》、《龙上天》等调。栽秧开始要进行开秧门仪式，结束要"谢水"。接着要进行"田家乐"活动。人们抬上秧旗，簇拥着骑马的"秧官"，后面跟着化装成渔、樵、耕、读角色和打霸王鞭的队伍，表演各种节目，结束后众人到本主庙聚餐。① 如此看来，白族的栽秧会是一种把生产劳动与群众性娱乐活动结合起来的带有互助性质的插秧组织。

与白族的栽秧会相类似，在哈尼族的传统风俗中，插秧期间也保持着一种相互合作的传统，亲友们赶来帮忙，主人只要备好酒菜，不计较报酬。同时，人们在长期的互助合作中，还形成了一种相互换工的组织，哈尼语叫"昂交交"。在以换工方式集体插秧时，一般要把人员分为平田、拔秧、挑秧、栽秧、送饭、炊事等几个组，各司其职，相互配合。

哈尼族的互助插秧组织也兼具娱乐和传承民俗的功能。哈尼族插秧时，有专门的《栽秧号》、《栽秧歌》。歌手和吹号手一般不下田插秧，巡回在田埂上，专为插秧者吹号唱歌。插秧者可点歌，一点就唱或吹。如《三月的歌》中唱道："先插第一把秧，算是人的面份；再插第二把秧，算是庄稼的面份；后插第三把秧，算是牲口的面份。"哈尼族的插秧号，于春播开始撒谷的那一天起，由两个中年男子站在高高的田埂上，手持唢呐，对着田野吹奏，意为叫醒小鸟"卡依阿玛"，告诉它人们已经撒下谷种，请它快来看守庄稼，从撒谷到栽秧，人们也常吹奏。栽秧那天吹奏最为热闹，人们穿新衣，带上酒肉和黄饭，欢聚田间。一阵栽秧号后，

① 参见赵振銮：《洱源县凤羽公社白族民俗节日琐记》，《研究集刊》（云南省历史研究所刊印），1982年第2期。

图3—11　哈尼族开秧门后姑娘下田插秧

（选自《哈尼族梯田文化》）

由寨中长老和有威望的人拔第一把秧苗，预祝丰收，然后人们下田拔秧栽秧。

图3—12　哈尼族插秧时各寨互帮互助

（选自《哈尼族梯田文化》）

哈尼族插秧时节最具民族特色的风俗是打泥巴仗。哈尼族插秧时，第一把秧必须由田主家女主人亲手栽下，她栽完大家才可以续栽。女主人插完第一把秧后，须拔腿向田尾猛跑，周围的人为了让她跑得更快，不停地用泥巴打她，用水泼她。人们认为如此能够增快插秧的速度。有些地区如绿春县哈尼族有栽"秧母"之俗，即在田中央将稻秧围成圆圈，中间竖一根木棍，棍顶戳一束秧，表示这是大田的中心，那束秧为"秧田"，只有技艺高超的"哦竹玛"才有资格栽，这也是一种示范表演。有的地区如元阳县哈尼族妇女在栽秧时会解下腰带，把田边的蒿枝丛捆绑在一起，意即拴住太阳不使它落山，好延长栽秧的时间以便赶时令。① 绿春县大水沟地区哈尼族春插时节，栽秧"栽到一定的时候，挑秧的小伙子和栽秧的年轻姑娘们便边喊着：'给你一坨糯米饭吃！'边打起泥巴仗来。'糯米饭坨'飞来飞去，崭新的衣裳花花点点，泥迹斑斑，被溅得满身是泥巴，任何人都不会生气。如果某人不识时务，生起气来，对方就会联合起来对付他。"②

另外，傣族在插秧时也保存有换工和打泥巴仗的习俗。"傣族人民在春插之中，打'泥巴战'的习俗由来已久，所以栽插季节，无论是远方的客人，还是邻村的亲朋好友，只要你从田埂上走过，或来到栽插的人群之中，姑娘们都会故意挑逗地问你：'过路的阿哥，你吃不吃糯米粑粑？'不等你回答，大坨大坨的稀泥巴就会朝你砸来。这不是姑娘们不尊重客人，更不是姑娘们怨恨你，恰恰相反，这是对客人的一种敬意，其意是指远方的客人，和自己一道预祝丰收的心意的一种表达方式。"③

云南各地传统的人力插秧，一般一人或数人在一块犁耙平整好的水田中，弯下腰去，左手持秧苗，不停地搓捻，右手或三株一丛或两株一丛地把左手搓捻下的秧苗，以一定的株距和行距插在大田中，边插人边向后退。人力插秧中的株行距，根据秧苗的质量、田的肥瘠，各地并不统一。一般山田肥力低，秧苗分蘖力弱，秧苗插得密，株行距较大；坝

① 史军超：《哈尼族十月物候历与农耕生产》，中央民族大学哈尼学研究所编《中国哈尼学》（第一辑），云南民族出版社 2000 年版。

② 详见长石：《高扬的文明——哈尼族梯田文化的历史渊源及民族精神》，李期博主编《哈尼族梯田文化论集》，云南民族出版社 2000 年版。

③ 元阳县民族事务委员会编：《元阳民俗》，云南民族出版社 1990 年版，第 130 页；转引自长石：《高扬的文明——哈尼族梯田文化的历史渊源及民族精神》，李期博主编《哈尼族梯田文化论集》，云南民族出版社 2000 年版。

图 3—13　傈僳族的拔秧

（选自《中国少数民族地区画集丛刊·云南》）

区田肥力好，秧苗分蘖力强，插得比较稀。具体如哈尼族的梯田，在插秧技术方面，因秧苗的分蘖受土壤、肥力、温度等自然条件的影响，高山、半山和河谷三个地区的种植密度并不一致，但稀植是哈尼族插秧的共同特征。在海拔 800 米以下的河谷地区，土质肥沃，株距约 30 厘米，每丛分蘖 80 棵至 90 棵；海拔 900～1500 米的半山地区，株距约 26 厘米，每丛分蘖 20 棵至 30 棵或 50 棵至 60 棵不等；海拔在 1500 米以上的高山区，土质相对肥的每丛分蘖 40 棵至 60 棵，一般田地每丛分蘖 20 棵至 30棵。无论河谷、半山、高山的梯田，每丛栽插秧苗 1 株至 3 株。[①]

　　传统的人力插秧，通常每个壮劳力一天可插 7～8 分田，甚为辛苦。近几十年来，在一些地区也推行使用过人力插秧机、机动插秧机，甚至是日本的抛秧技术，但总体来说，广大地区尤其是山区，人力插秧还是

---

　　① 黄绍文：《论哈尼族梯田的可持续发展》，李期博主编《哈尼族梯田文化论集》，云南民族出版社 2000 年版。

图 3—14　骑在秧马上插秧

（选自王祯《农政全书》）

一种主要的形式。

（五）施肥

　　稻作生产，无论是水田还是旱地，最基础的是"地力"，即土地的生产能力，而要保证土地的生产能力，施肥是一个关键的环节。所以，在我国古代的农学思想中，早就有萌发"地可使肥"、①"多粪肥田"、②"厚

---

① 《吕氏春秋·任地》。
② 《礼记·月令》。

加粪壤，勉致人工，以助地力"①之类的观念，对施肥有深刻的认识。据当时文献记载，我国最初用牛、羊、猪等畜类的粪和农田废物作肥料，并且利用含有较多腐殖的土壤——污泥来肥田，同时还利用杂草作制肥的原料。《礼记·月令》记载："季夏之月，土润溽署，大雨时行，烧薙行水，利以杂草，如以热汤，可以粪田畴，可以美土疆。"这里的"烧"就是把草木烧成灰，"薙"就是利用高温多雨，将杂草堆在田中沤腐。汉代《氾胜之书》载有人们在土地冬闲的间隙，有意识地诱发杂草生长，到春天将草翻至地下，用作肥料。

云南稻作农业中最常见的肥料有农家肥、绿肥和化肥三个类别。

农家肥大致包括厩肥、堆肥和草木灰肥等几种，这是化肥传入之前云南稻作生产中使用最普遍的肥料。云南许多稻作民族在从事农耕的同时，还用厩圈养牛、马、羊、猪等牲畜，并用杂草、农作物的秆茎和叶子垫圈，让牛、马、骡、猪等牲畜踩烂，拌和畜粪清除堆积发酵后，便成为一种含有大量有机质的厩肥。所谓堆肥，指的是在田边或住宅旁挖一浅塘，把山上割来的青草嫩叶，放入塘内和牲畜粪便堆积起来，经微生物发酵腐烂而成的肥料。而草木灰肥主要是指生火做饭、照明取暖时所烧柴火留下的灰烬，生活垃圾以及田边地角的枯枝、杂草腐烂而成的灰肥。

绿肥有积塘绿肥和栽种绿肥两种。积塘绿肥就是在田边就地挖塘，采集野生绿叶铡细堆积在塘里，拌和少量人畜粪进行发酵，来年用作底肥。或者从山上割取蒿枝、树叶、茅草等植物茎叶直接放入水田中，砍碎撒均，通过犁耙、脚踩，翻埋于水田中，经田水浸泡沤烂，即成很好的有机肥。另一种绿肥就是栽种在田地里，不收不割，任其生长，待来年春耕时翻犁在田里沤作肥料。我国古代晋代郭恭《广志》中介绍南方在稻田种苕草作绿肥的方法。后魏贾思勰在《齐民要术》中记载有绿豆、小豆、胡麻、芝麻等绿肥作物。现在云南水田中种植的绿肥主要有马牙花、光叶紫花苕、白花草木稚、小葵子、毛苕、荆州苕、紫云英等，种植绿肥的田，板结的土壤向疏松发展。稻田养萍是一项以田养田，增产绿肥的好办法。水浮莲、水花生、水葫芦和浮萍，是利用水面放养繁殖的绿肥。

---

① 王充《论衡·率性》。

　　化肥自1840年德国人李比希发明后，直到20世纪70年代以后才慢慢在云南的稻作生产中使用开来。化肥和农家肥、绿肥等生态肥是属于不同类别的肥料，如果能够按田块土质的情况，合理使用氮肥（硫酸铵、氨水、硝铵、尿素）、磷肥、钾肥、复合肥等化肥，可以使农作物大量增产。然而，由于化肥使用过量会使田土板结，降低土壤肥力，且成本高，所以尽管稻作生产对之有很大的依赖性，传统的施用生态肥仍未退出历史舞台。很多民族的人们或看肥料、看土质施肥，或看庄稼、看天气施肥，民间至今仍然传承着一套套宝贵的施肥经验。如云南省金平苗族瑶族傣族自治县传统的施肥方式有"采秧青"和"冲肥沙"两种。采秧青是在冬耕时在选定的秧田里，把田犁耙后，并将附近的野生绿肥采集起来，用脚踩踏入泥中沤制即成。冲肥沙主要是在本田的引水沟渠入水处，挖1~3立方米，用于防洪或沤肥的泥沙坑，在雨水节令前后，头次雨水下地时，把随水冲来的含有有机质的"肥水"堵入水沟，流进沉沙坑中，经过一段时间沤制，在插秧时清除沉沙坑中的积泥，让其冲入大田。①

　　与金平地区相比，哈尼族的梯田农业体系中的施肥方式更具特色。哈尼族梯田农业可以说是一种"活水"种植业，田水长流，以田为渠道长年不息。与此相适应，他们创造性地发明了一种别出心裁的施肥方法，即利用高山流水来进行施肥，当地群众称之为"冲肥"。冲肥主要有两种：一是冲村寨肥塘。在哈尼族各村寨，村中都有一个大水塘，平时家禽牲畜粪便、垃圾灶灰积集于此。栽秧时节，开动山水，搅拌肥塘，乌黑恶臭的肥水顺沟冲下，流入梯田。另外，如果某家要单独冲畜肥入田，只要通知别家关闭水口，就可以单独冲肥入田。其二是冲山水肥。每年雨季初临，正是稻谷拔节抽穗之时，在高山森林积蓄、沤了一年的枯叶、牛马动物的粪便便顺山而下，流入山腰水沟。值此梯田需要追肥的时刻，村村寨寨的男女老少一起出动，称为"赶沟"。漫山随雨水而来的肥在人们的疏导下注入梯田。②

（六）中耕除草与病虫害防治

　　稻作田间管理以中耕除草、病虫害防治和日常的放水工作为主。

　　①　张荣华：《水稻传统与现代栽培技术的运用》，李筱文编《中国瑶族地区科技荟萃》，民族出版社2002年版。

　　②　王清华：《哀牢山自然生态与哈尼族生存空间格局》，《云南社会科学》1998年第2期。

最初采取撒播的稻田，秧苗杂乱无章，没有株行距，想必是很难进行中耕除草的。但当发明了水稻育秧移栽技术后，秧苗有了株行距，除草也就变得可行和必要了。我国农业被国外称之为“中耕农业”，突出的是中耕这个环节。一般而言，传统的水稻中耕方法，不用农具，用手拔和脚踩，称“手耘”、“脚耘”或“薅草”、“薅秧”。薅秧的时机和次数，各地略有差异。通常是在栽插完毕秧苗开始返青时，把刚冒出的零星细碎嫩草拔起，让其漂浮水面，经日照产生的水蒸气把其蒸死，是为薅首秧。过一个多月当秧苗长至七八寸高时，趁稗草和秧苗易于分辨时，进行二次薅锄，重点是拔出稗草。当秧苗快要分蘖发棵、杂草大量生长与秧苗争肥力时，进行第三次薅锄。第二次和第三次薅秧多是撤干田里的水，人葡匐弯腰于水田中，用手将杂草拔起，塞入或踩入稀泥中，作肥田的肥料，虽然较为辛苦，但除草彻底。当稻苗长高，会刺着胸腹，不便于葡匐爬耕时，有的使用脚耘，即用脚趾扒烂稻田泥土，将田中杂草踏入泥中，使之腐烂，是为史载的脚耘之法。① 当稻谷开始抽穗扬花时，除了要铲除田埂边的杂草，保持良好的通风，以便水稻生长外，还要适时闯花，人工在稻田中钻出一些空隙，有的地方称为“盘稻子”。

陆稻的中耕与水稻有异，通常在播种 30 天后就要进行一次。此时若遇风调雨顺，禾苗已长出地面，高 15～25 厘米，叶片颜色由黄色转为绿色，各种杂草也相继长出，有的已妨碍禾苗的正常生长。这时中耕的主要任务是清除杂草，防止草与禾苗争肥、争日光。同时，这个时候杂草尚矮小容易拔掉，若能较彻底地拔去，对禾苗的生长和第二次中耕都很有好处。第二次中耕的时间选在立秋后，这时杂草已长节，清理一株就是一株，不会再生。②

传统的薅或锄，可以清除水田和旱地里的稗草、眼子草、野茨菇、鸭舌草、三棱草、水芹、牛毛草、四叶草等杂草，但费工费时，劳动比较艰辛。近几十年来，各地在水田稻作中尝试使用过扑草净、除草醚、敌草隆、杀草丹等除草剂，一定程度上减轻了农人薅锄之辛苦。如呈贡

① 所谓脚耘之法，汉代称登，故《说文・癶部》：“登，以足蹋夷草，从癶，从殳。”段注：“从癶，谓以足蹋夷也，从殳，杀之省也。”现代则名之为“薅足秧”，四川、云南等地农村中仍普遍使用。

② 邓文通：《传统陆稻生产技术》，李筱文编《中国瑶族地区科技荟萃》，民族出版社 2002 年版。

县在 1984 年，尝试使用杀草丹除草，收到很好的效果（见表 3—6）。①

表 3—6 杀草丹秧田除草效果统计表

项目 / 秧苗类型		薄膜秧	水秧
面积（亩）		355	300
施药时间		揭膜后三天	播种前三天
施药量（毫升/亩）		200～300	120～300
除草效果（％）	牛毛草	99.4	94.7
	稗草	93.9	83.7
	枪杆草	94.7	70.8
	异稻莎草	99.1	66.8
	鸭舌草	97.4	78.6
平均		96.9	78.9

云南大部分地区，气候温和，雨量充沛，湿度大，利于多种病虫滋生繁殖。所以，防止病虫害是田间管理的一个重要环节。水稻常年历史性病害有稻瘟病（分叶瘟、苗瘟、节瘟、穗头瘟、枝梗瘟、谷粒瘟等）及干尖线虫病、细菌性条斑病、稻粒黑粉病、白叶枯病、赤枯病、纹枯病等。稻虫有稻飞虱、稻粘虫、螟虫、叶蜂、蚜虫等。为了防止稻瘟病，主要采取药剂拌种、苗期撒灶灰、喷撒稻瘟净和加强水肥管理的综合防治措施。陆稻的植保和水稻不同，一般来说，陆稻除稻瘟病、纹枯病外，不会受其他病害的威胁。对于稻瘟病、纹枯病，当小面积出现瘟症时，及时用炉灰加上少量的生石灰，在早上露水尚未干时撒在禾苗上，让其附着叶茎，一个星期后疫情可望得到控制。虫害主要是稻毛虫，专吃稻叶，防治的办法过去主要是撒生石灰，现在用杀虫剂喷洒。②

水田管理中，放水也是一项日常性的工作。插秧时为了操作方便，一般都宜灌浅水。由于在拔秧时秧苗受到不同程度的损伤，易失去水分

————————

① 参见云南省呈贡县志编纂委员会编：《呈贡县志》，山西人民出版社 1992 年版，第 96 页。

② 参见邓文通：《传统陆稻生产技术》，李筱文编《中国瑶族地区科技荟萃》，民族出版社 2002 年版。

平衡，插秧后造成枯尖死苗。因此，一旦插秧完毕，应立即灌深水护秧。一般以不淹到最高出叶的叶耳为度，一周后改灌浅水。要防止过量的田水冲倒田埂。如目前一些地区正在推行的水稻旱育稀植技术对水分管理的要求是："浅水栽秧，薄水活棵，寸水分蘖，干干湿湿到黄熟。"杂交水稻种植的用水管理是采取"寸水返青，浅水促蘖，晒田控苗，复水保胎，干湿壮籽"的原则。

陆稻需要的水分，是来自雨水、露水和地下水。从水的因素来说，风调雨顺的条件很重要，因陆稻惧怕春旱和秋旱。播种季节，若遇到春旱，地表干燥，谷种播下被灼热的泥土烘干水分，破坏了胚芽就不可能发芽。抽穗灌浆期间，若遇干旱，就不可能确保谷粒饱满。所以，水分对于陆稻也很重要。

（七）护秋

无论是山地农耕还是坝区农耕，稻谷成熟之际，为了防止野生动物践踏庄稼和鸟雀啄食谷粒，常要采取各种不同的方法吓跑或赶走鸟兽，护理稻田，以免收成受损。

云南民间传统的护秋方法，要么是在田间地角搭建简易的窝棚，推选责任心强的人负责巡视各块稻田，防止牛马践踏、啃吃庄稼或有人盗窃本村范围内的庄稼；要么是使用各种护秋工具，制造出各种声响，吓跑鸟兽；要么在田边扎个稻草人，戴上竹笠，披挂破衣服，风吹时破衣摇动，或捆一把稻草，在其上插着翅膀、羽毛，用绳子吊着令其在风中飘荡活像老鹰降临，即可把鸟兽赶跑，可谓形式多样。如傈僳族的护秋工具是响叭、叭绳，把砍下的竹筒上段约三四节处破为两半，套在地里的木桩上，并系牢。用竹篾搓成叭绳系在响叭的一边，扯动叭绳，使两半竹片相击发出响声，吓走雀鸟。拉祜族的"枷西枷保"撵雀器是在木架上固定一个竹筒，以绳拉竹筒发声撵雀。该族的《劳动组歌》之"撵雀"云："阿哥拉来长藤子，拴上竹筒做系绳，妹妹坐在窝铺里，一拉藤子竹筒响，妹妹不再晒日头了。"[1] 哈尼族每当梯田稻谷和旱地稻谷快成熟之际，为了防止野生动物践踏庄稼，他们便在田边地角搭起简易的棚子，敲击竹板，吹响牛角号，昼夜守护；或者在田边溪水前用竹筒架起

---

① 何明、廖国强：《竹与云南民族文化》，云南人民出版社1999年版，第34~35页。

水车，利用水的冲力，使水车发出各种声音；或者在田中插上一把长杆，杆端悬挂飘带的笋叶和叮当作响的铃子，以各种不同的声响来吓跑野兽。景颇族的护秋也是农业生产中的一个重要环节，每当谷物灌浆时节，为防止鸟害，多在地中央搭一高台，人住其上，用弹弓或喊叫声赶走鸟雀。在勐海县布朗山布朗族新曼峨寨，每当七八月陆稻灌浆时，为了增加地温，常在林中或地边烧火。庄稼成熟时，以竹子作响叭，靠风力或水力发出声响，以惊吓雀类，或在地中烧粗糠破布，借其味道阻止野兽，或在地周挖坑道，以防范动物糟蹋庄稼。云南元江等地傣族，每年中秋稻谷成熟时，常遭成群火雀啄食谷粒。为避其害，当地青壮年男子常在田坝中央选一棵树，树枝上涂一种粘性极强的寄生植物的浆，称为"子条"，人隐藏在树叶中等候。火雀一落在"子条"上，即被粘住无法挣脱，人即可将其取下装入布袋。有的还将火雀缝合眼睛放于"子条"上作诱饵，引诱其他火雀。

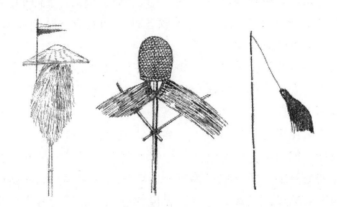

图3—15　护秋时在田边扎立的用以吓跑鸟兽的稻草人及老鹰形象

（八）收割与储藏

从史前遗址中发现的石刀、陶刀、蚌刀和石镰、蚌镰等简易工具来看，原始农业最初的收获方法，是简单地用手把谷物的穗子掐断，以后也用砍刀、小刀和镰刀割取穗头，而不是连秆收割的，这是因为那时的农作物品种保留着更多野生品种的特性，成熟时极易掉粒，割取谷穗比连秆割取方便。

毫无疑问，云南较早的收割方法，当应是只割取穗头。如云南滇池区域出土的青铜器时代的爪镰，"在形制上承袭石刀和蚌刀，使用方法是把绳穿于圆孔内，套在中指上收割穗头。现在云南富宁县还使用着一种'折刀'，是收获糯谷穗头的专用工具，其形制和使用方法与爪镰基本相同。"而这种"收割穗的方法，在我国中原地区古代亦采用过……现代北方收割某些粮食作物还是先割穗头。云南解放前和解放初许多社会发展迟缓的兄弟民族，收获谷物也是只割取穗头。解放初德宏傣族自治州乌帕寨的景颇族，割谷一般用弯镰将谷穗割下，背到地边搭的小棚子内，然后用脚揉使谷穗脱粒。可知收割时仅割作物穗头的方法，在古代是有过的。"① 割取穗头的方法简便易行，如今云南一些从事刀耕火种的民族，或者田地离村寨比较远，不便于运输的地区，也常使用这种收割方法，并无先进与落后之分。

目前云南大部分汉区和坝区，连秆收割稻谷是最为普遍的收割方法。一般是稻谷成熟之际，选择晴天把稻谷割倒散铺在田中，暴晒一周左右，待稻禾水分被晒干，重量减轻后，选择太阳落山夜露上来稻棵不脆的时刻，捆成禾把，码放在田埂上，再集中背回村旁打谷场上脱粒。若是谷子较多，一时难以完全脱粒，而又怕逢阴雨谷粒发霉，则是把稻把一层层一圈圈堆成圆锥状的"稻堆"，稻堆的顶部用很多稻把披搭如斗笠状。这样，只要稻谷背回码放在打谷场上，即使连续数日阴雨连绵，稻谷也不会发霉。在土地承包之前的大集体年代，一般一个村寨就是一个大的生产单位，每到收获季节，步入稻区，随处都能够见到堆成小山式的稻堆。当然，若是易于脱粒的所谓"掉谷稻"之类的稻子，则是把掼谷槽直接抬到田里，边割边脱粒。

图3—16 各种不同式样的稻堆和稻草堆

① 王大道：《云南滇池区域青铜时代的金属农业生产工具》，《考古》1977年第2期。

　　在没有现代的脱粒机器之前，传统的脱粒方法是把稻把直接在石头上甩打，或用木（竹）棍敲打脱粒，或用双脚来回搓踏脱粒，或用牛拉谷碾子在稻禾上来回碾动脱粒，多种多样。在诸多的传统脱粒方法中，最具民族特色的要算傣族的牛踏脱粒方法，具体做法是在谷堆旁平整出一块场地，把谷堆上的稻禾一层层拆到场上铺成圆形，再牵上四五头水牛于其上反复踏踩，使谷粒脱落，傣语称"叶好"。每踩完一次，就除去稻草，再从谷堆上拆几层稻禾铺上，继续让牛踩踏，这是一种省工省力的脱粒方法。①

图 3—17　牛踏脱粒

（选自《稻的亚洲史》）

　　近几十年来，随着一些人力或电动的打谷机在农村的推广与普及，传统的脱粒方法慢慢的退出了历史舞台。

　　谷子打下后，扬尽秕谷和茅草，晒干后储藏起来。

　　从历史的纵向上来考察，云南人早在新石器时代就摆脱了"饥则求食，饱则弃余"的蒙昧状态，过着稳定的生活，有了专门的储藏粮食的地窖，靠大量窖穴所具有的贮存功能，不断地调节着整个聚落的经济生

---

　　① 详见何斯强：《傣族文化中的稻和竹》，《思想战线》1990 年第 5 期。

活。如元谋大墩子在房址近旁发现圆形、长方形、不规则三种类型的窖穴 4 个，在圆形窖穴的坑内还出土大量的灰白色禾草类的叶子、谷壳粉末。马龙遗址和佛顶甲、乙二址的椭圆或圆形窖穴室，内外皆有发现。穴内常见木炭屑及陶片。汪宁生先生认为，"这些窖穴似原为储物用，后来成为堆弃废物之所。"① 宾川白羊村遗址中，房址附近有 48 个窖穴，其中 23 个有大量灰白色的粮食粉末和稻壳、稻秆的痕迹。② 云南晋宁石寨山古墓群出土的贮贝器上，刻铸有典型的木楞子式干栏结构的仓房。③ 在云南昭通、昆明等地的东汉墓中，经常发现陶仓模型。整体作圆筒状，敞口，直壁，平底。仓壁上有多道弦纹，表明是用砖砌的。有的陶仓中还有灰白色粮食粉末，说明上述陶仓中原来曾装有粮食，因时代久远才成为粉末。④

　　和史前先民的窖穴有着相同功能的是近现代民族的粮仓（禾仓）、晒台、杂物间和储藏室。只不过是说史前先民的窖穴基本上都是一个群体或一个氏族、家族所共有。近现代民族的粮仓多为小家庭所有，并且粮仓、晒台、杂物间及储藏室一般都是住宅的附属建筑。然而，在 20 世纪 50 年代前尚保留父系或母系家族公社的德昂族、拉祜族的大房子的住屋形式中，虽然每个血缘的小家庭都居住在一间屋子里，但剩余的房间仍作为公用的存放粮仓和堆放杂物的屋子。与此相异的是，在独龙族、基诺族的大房子住宅形式中，公共的储粮室和农具堆放室已不复存在。

　　窖穴向粮仓的演进以及粮仓的私有化、家庭化，是私有制产生和发展的结果，也是聚落住宅建筑多元化发展的产物。在现在云南许多民族住宅的平面布局中，一般都在住宅内设有相应的囤粮、储物的房间。如彝族、普通藏民的什物储藏间通常在一进门的右侧。另外，也有的与住宅相连或在住宅的附近修建粮仓。如昔日傣族土司常与主房相连修建干栏式的谷仓，上层囤米，下层堆放杂物。俄亚纳西族在主室外有一个窄小的走廊，在走廊的一侧为木垒式谷仓，称"抓"，其上盖木板，即木瓦。⑤ 在哈尼族的蘑菇房中，如果人住一层，那么，二层和三层主要是用

① 汪宁生：《云南考古》，云南人民出版社 1980 年版，第 12 页。
② 刘小兵：《滇文化史》，云南人民出版社 1991 年版，第 8 页。
③ 云南省博物馆：《云南晋宁石寨山古墓群发掘报告》，文物出版社 1959 年版。
④ 张增祺：《云南建筑史》，云南美术出版社 1999 年版，第 92～93 页。
⑤ 宋兆麟：《俄亚纳西族的起居生活》，《民族研究动态》1992 年第 4 期。

图 3—18　哈尼族的谷仓

（选自《哈尼族梯田文化》）

于堆放谷子。一般刚收获来的谷子都比较潮湿，需要在三层楼上把谷子
晒 2～3 日，再将谷物从楼板中间碗口大的小洞，往下放至二层楼上使其
进一步干燥。最后把干燥的谷物储藏于特设的谷仓中。如果是人住二层
的蘑菇房，那么，三层的一半是四斜面稻草顶覆盖的土楼地板，其里屋
堆放稻谷。一些地区的瑶族也在主房四周建造粮仓、晒台、晾禾架和柴
草棚。

图 3—19　沧源佤族的谷仓

（选自鸟越宪三郎：《稲作儀礼と首狩り》）

　　除了把禾仓设在屋内或修在屋旁外，一些民族还把禾仓修在距离屋舍较远的地方或野外。如独龙族的粮仓——"包谷楼"总是建在山上，秋收后将谷物存放于楼上，随吃随取，无需上锁。云南西双版纳傣族自治州勐海等地的布朗族也把"都木"（谷仓）建在村寨边上。这种谷仓有属于氏族大家庭和单独小家庭修建的两种。一些地区苗、侗、水等民族，很少把粮仓设于住房内，而是成片地把粮仓修建在住宅附近的池塘边、鱼塘上或水田上，粮仓多仿住屋形式，为干栏式建筑。有方形、长方形、圆形三种。一般在地面埋四根木桩（有的放置柱础），在距地表约 2 米处，架设横梁，上用木板为楼板，长、宽各约 2.5 米，四面以木板为壁，或用竹条、树枝编成墙壁，上抹泥灰，也有用竹篱为壁的。有门杠，设仓门，门有楼梯。长方形和方形的粮仓，均为歇山顶。圆形粮仓均为圆攒尖顶，屋檐较低，多从楼面四周用木棒支撑屋檐。① 上述这些民族的粮仓有一个共同特点是仓库离地较高，既可以防潮又可以防鼠。同时，粮仓与住宅相分离，还可以防火。当然，把禾仓修在住宅或聚落之外，除了具有防火、防潮、防鼠的作用外，还与这些聚落内部各民族"夜不闭户，路不拾遗"的淳朴民风有关。

图 3—20　西双版纳地区各户储藏稻谷的谷仓
（据高桥徹，1984 年）

　　上面，我们紧紧地抓住稻作生产过程中的每一个关键环节，全面展

---

　　① 　参见席克定：《试论贵州少数民族民间住宅建筑》，《贵州民族研究》1990 年第 1 期。

示了云南传统稻作生产过程的经纬。在所展示的八个环节中，每一个环节都如一条环链的八个环扣，缺一不可，互为关联，各呈不同的技术特点，八个环节共同构建了一个稻作生产周期的完整技术体系。这个体系我们可以形象地图示如下。

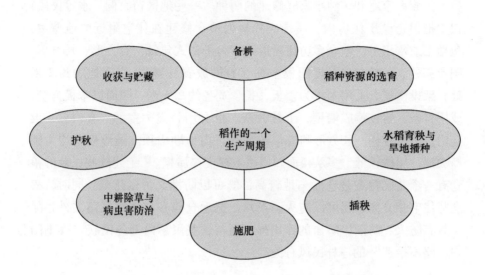

四　稻作技术体系中的工具谱系

作为"万物之灵"的人类，与其他动物一个最本质的区别，就是生存需求的强烈驱动能够激发他们"利用物的、机械的、物理的和化学的属性，以便把这些物当作发挥力量的手段，依照自己的目的作用于其他的物……这样，自然本身就成为他的活动的器官，他把这种器官加到他身体的器官上，不顾圣经的训诫，延长了他的自然的肢体。"[1] 这种延长了人类肢体的器具就是最早的石器和竹木器。

生产工具是生产力发展程度的"测量器"和生产关系的"指示物"，是人类赖以生存的基本的生产技术要素。云南稻作历史发展中相伴产生的生产工具，无论是石器、竹木器，还是各种不同类别的金属农具，它都是适应不同的稻作农耕形式、不同地域稻作特点而产生出来的。这些

---

[1]　马克思、恩格斯：《马克思恩格斯全集》（第23卷），人民出版社2004年版，第202～203页。

稻作农具在总体上呈现出以下两个特点：（1）广泛利用竹木石等材料，适应当地的自然条件，就地取材、制造和修理，成本低廉，适合山区经济的特点。（2）结构简单轻巧，通用性广，适用性强，同一把锄头可用之开荒、翻土、开沟，又可以用之起垄、中耕；同一把镰刀可以用于收割各种谷物；同一架犁，山脚的水田、山腰的梯田和旱地均可通用。下面，我们分两个大的类别介绍。

（一）稻作生产工具料质的演进

1. 石质生产工具

人类最初的生产工具，是利用大自然所提供的现成物质材料直接和稍加改造制作而成，继而再发展到模拟自然物的象生性造型制作生产工具，所以原始农业时代，不仅可以直接用于生产，还可用来制造石器、木器和骨器等，即充当制造各种工具的母体工具——各种磨制和打制石质生产工具应是一个主要的类别。

迄今为止，云南发现最早的工具，当属元谋人使用的用石英岩打制较好的刮削器、砍砸器和尖状器。[①] 刮削器作为旧石器时代最古老的工具，其功能是刮削或切割，用以处理采集、狩猎获取的野生动植物。尖状器是挖掘工具，可用其尖端挖掘野生的块根块茎植物。砍砸器主要用于砍斫树木。而用砍砸器和刮削器，可以加工用于采集块根植物的掘土棒。

历史跨入新石器时代后，人类制作和使用的石质生产工具在器形上不断分化，出现了石斧、石刀、石锛等具有不同形制和用途的生产工具。尤其是随着农业的发展，在新石器时代中后期，出现了成套和定型化的石质生产工具。如砍伐林木用的石斧、石锛，翻土用的石锸、石耜、石锄，收获用的石刀、石镰，加工谷物用的石磨盘、石磨棒、石杵等。新石器时代晚期，石锸、石耜、石锄数量增加，质量提高。如石锸、石耜适应不同用途有窄刃的、宽刃的，而且大多带尖或有孔，以便安柄使用。在石锄中分化出体长厚重、利于垦耕的石镢。某些地区出现了三角石犁

---

① 参见文本亨：《云南元谋盆地发现的旧石器》，中国科学院古脊椎动物与古人类研究所编《古人类论文集——纪念恩格斯〈劳动在从猿到人转变过程中的作用〉写作一百周年报告会论文汇编》，科学出版社 1978 年版。

和斜把破土器。

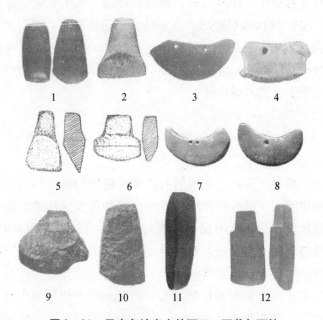

图3—21 云南各地出土的石刀、石斧与石锛

（1. 洱海地区的石斧，2. 滇池地区的有肩石斧，3. 洱海地区的半月型石刀，4. 滇西北石刀，5. 江川头嘴山有肩石斧，6. 安宁王家滩有肩石斧，7、8. 祥云清华洞的半月形穿孔石刀，9. 滇东南地区的石刀，10. 滇东南地区的石锛，11. 祥云清华洞石锛，12. 保山地区的有肩有段石锛）

云南上百个地点出土的新石器时代的石质生产工具，类型多样，器形分化明显，代表着各个不同地区的生产力发展水平。如宾川白羊村、大理马龙和元谋大墩子等遗址中出土的石器，多以色轻质细的砾石磨制而成，有斧、刀、锛、凿、砺、镞、镰、网坠、纺轮、锥、砍砸器、刮削器、印模等农业、手工业和渔猎工具，形制多样，充分发挥了先民肢体的扩充作用。这些石器的型制都很规整，刃部锋利，少数还钻有单孔或双孔眼，便于安装木柄和制造复合工具。有些石器如石斧，器型稳定，延续至今，说明了传统农业技术的稳定性。

当云南走出漫长的石器时代后，石质农业生产工具也渐渐的退出历史的舞台，代之而起的是更为精美的铜器和铁器。但由于历史发展的不平衡性和地区之间的差异性，以致到了20世纪50年代初，在云南一些民族的生产中还不同程度地使用石器。如澜沧县糯福区的布朗族尚使用一种石头磨制成的石凿，状似矛头，尖端锋利，将石凿绑扎于木棍一端，用于点穴播种。后来发展到在竹端尖端装上铁片，代替原来的石凿。怒族以木锄、竹锄作为主要的生产工具，尚保留少量的石刀、石斧。

2. 竹木制的生产工具

在人类历史的分期研究中，长期以来人们倾向于农业和陶器的发明，大量石质生产工具的使用是新石器时代的重要标志。其实，从目前大量的民族材料以及人类制造和使用工具的技术水平来推断，与石器并行使用的当是大量的竹木器，有人甚至提出了"木器时代"的说法。

在云南远古居民的生存环境中，可供选择制作生产工具的竹木资源是异常丰富的，竹木制的生产工具不在少数。如仅就竹类资源而言，云南是世界竹类的起源地和现代分布的中心之一。目前，云南拥有竹类植物27属200余种，竹林面积33.1万公顷，占全国竹林总面积的21.1%，有热性竹林、暖性竹林、寒性竹林以及丛生、散生、混生和攀援状各种生态类型的竹林。云南竹林以天然性竹林为主，可以划分为滇南热性大型丛生竹类区、滇东南热性大中型混合生竹类区、滇中暖性中型混合竹类区、滇东北暖性中小型散生竹类区、滇西北寒温性小型混生竹类区等五个自然区，具有广阔的分布面。[①]

取之不尽、用之不竭的各种竹木资源，是云南远古居民制作工具的主要材料之一。以竹材为料，可以制作挖掘植物块根的竹棍、采割野食的竹刀和装运果实的简陋竹筐，适宜于采集、狩猎经济活动。到了刀耕火种农业阶段，人们对生存环境中的竹稍加改造，制造出了用于翻耕土地和中耕除草的竹锄、竹刮铲，护秋工具响叭，粮食加工储藏工具扬谷竹扇、晒谷大竹席、竹连枷、谷囤、簸箕、盛谷竹筒等工具的同时，还承袭了采集、狩猎时代的一些竹制工具，把掘食野生植物的竹棍改用为点种竹棍，把原来割取野生植物的竹刀用于收割庄稼。在集约农业中，竹锄、竹刮铲、点种竹棍等不适应集约农业生产的工具被淘汰，竹又被赋予了新的用途，出现了竹筒水车、竹笕、竹制分水器等用于灌溉和引水的竹制工具，而竹制的加工和储藏工具仍大量沿袭着。这是竹制工具在不同经济时代的作用及其演进过程。

---

① 详见何明、廖国强：《竹与云南民族文化》，云南人民出版社1999年版，第3～4页。

　　树木不如石头坚硬，要把它制作成合适的农具，一般离不开石器或金属器的加工，但在原始经济时代，因竹木器有其自身的优点，其使用的广泛性并不亚于石器。只不过是竹木器易腐烂，很难保存，在考古发掘中出土不多，欲窥其全貌，已不可能。但我们从至今云南一些民族尚使用的竹木器的形态和制造技术上，依然可以捕捉到原始时代竹木器的史影。

图3—22　原始木制工具

（选自《中国少数民族地区画集丛刊·云南》）

　　从民族学调查资料来看，20世纪50年代前，滇西北的藏族、独龙族、怒族、傈僳族，滇西的景颇族，滇西南的佤族、拉祜族和滇南的哈尼族以及苦聪人等，其生产中竹木制生产工具仍然占有一定的比例。如在哈尼族的梯田稻作农业中，竹制农具至今仍不同程度地使用。播种农具最初是尖头竹棍，铁器传入后，又在尖头竹棍上装上铁器，形成今天的锄头。中耕农具中有竹刀、竹棒，铁器传入后，又在竹棒上安装镰刀、砍刀。至今仍常见的竹刀，是以老黄的龙竹劈成6厘米左右宽、长1~1.5米的竹片，将竹片的一面削薄，留下坚韧的竹皮作刀刃，竹片的一端稍削滑10厘米作手柄。握住手柄，人站在埂子上，刀刃朝埂壁上的杂草甩砍。竹制收获农具有谷船两侧的篱笆、竹棍和竹斗。竹制装运农具有方背箩、花篮、花背篮、背绳等。竹制加工用具有篾垫、竹扇、簸箕、筛子、竹打谷棍等。竹制储藏用具有箪、谷囤。箪有大有小，容量较小，一般用于储藏谷种。谷囤系以篾片编成的大篓，成方形或椭圆形谷仓。另外，还有竹槽、大竹笼等灌溉和防洪工具。竹槽，又称竹笕、连筒，是灌溉梯田的引水管道。大竹笼多为漏斗形，内装石块，置于河岸护堤，防止洪水漫溢冲毁农田。[①]

　　在傣族的稻作农业中，竹的用途相当广泛。耕地犁田离不开竹，要

―――――――

① 详见黄绍文：《浅析哈尼族竹文化》，中央民族大学哈尼学研究所编《中国哈尼学》（第一辑），云南民族出版社2000年版。

用竹绳拉犁牵牛，用竹耙耙地整田；栽插秧苗离不开竹，要用竹管引水灌溉，用竹篾捆秧，用竹扁担挑秧；收获时也离不开竹，要用竹竿挑谷，竹棍打谷，篾扇扇风扬场，竹箩、竹囤装谷，整个生产过程都和竹联系在一起。[①] 在景颇族的旱地稻作中，曾经使用过大量的竹木农具，即使是今天竹木农具仍然占有一定的比例。常见的有点种棒、竹锄、锄草器、脚耙、手耙、连枷、木打谷棍、竹打谷棍、拍谷板、扇、木铲、箩、筐、脚碓、木臼等。独龙族的小木锄"恰卡"，利用栗木、桑木等坚质树木弯曲制作而成，长仅 20～30 公分，形似鹤嘴，鹤嘴向内勾曲，长约 14 公分，主要用来锄小米地和挖掘块根类植物。另有用于点种的竹棍和木棍。独龙族使用小尖棍和竹木器进行点种，较为先进的工具是在小木锄上包上 1～2 寸铁皮，改造成小铁锄。怒族以木锄、竹锄作为主要的生产工具，尚保留少量的石刀、石斧。20 世纪 50 年代前，怒江傈僳族虽已普遍使用铁质农具，但量少质劣，种类只有小铁锄、小铁犁、砍刀等四五种，且多从其他地区输入。由于铁质农具缺乏，竹棍、木棍、木锄等竹木工具还大量使用。[②]

20 世纪 50 年代后，随着社会经济的发展和交通条件的改善，铁制的生产工具在偏远之地得到推广，全竹木型农具逐渐向铁竹木复合型农具演化，木（竹）锄、竹刮铲、竹刀等农具被铁锄、铁镰刀取代，退出农业生产的各个环节，失去了昔日的辉煌。但因方便和习惯的缘故，在加工和储藏等环节中，轻巧、韧性好的木（竹）农具至今仍然扮演着重要的角色，发挥着难以替代的甚至是举足轻重的作用。

3. 金属生产工具

尽管几十年以前，云南一些山区仍不同程度地延续着木制或石制农具，但代表较高生产力发展水平的铜、铁器，早在秦汉之际就在云南的一些坝区使用了。

就青铜器而言，20 世纪 50 年代以来，考古工作者在昆明、呈贡、澄江、江川、新平、陆良、曲靖、富民、安宁、禄丰、路南等 14 个县市 40 多个地点发掘了大批墓葬，出土了约 7000 件青铜器，其中铜农具就有数

---

① 何斯强：《傣族文化中的稻和竹》，《思想战线》1990 年第 5 期。
② 参见《傈僳族简史》编辑委员会：《傈僳族简史》，云南人民出版社 1983 年版，第 88 页。

百件，且绝大多数是在东周至西汉前期的滇墓中出土的，少数是在设置
益州郡后的滇墓内出土的。这些铜农具大多数是在贵族和奴隶主墓内随
葬的，但也有少数是平民墓随葬品。除滇池区域青铜文化外，云南好几
支青铜文化也出土有专用铜农具。

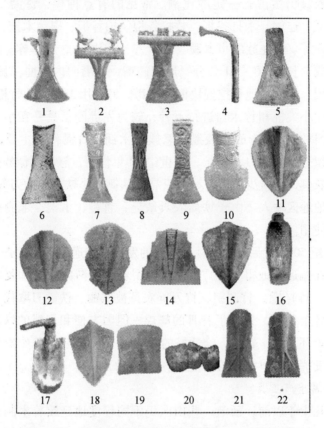

图3—23　云南晋宁石寨山、江川李家山、楚雄万家坝
等地出土的铜斧、铜锄与铜铲

（1. 雉钮铜斧子，2. 鸟践蛇銎斧，3. 四兽铜斧，4. 鸟头形铜斧，5. 蝉纹铜斧，6. 晋宁石
寨山鱼尾形铜斧，7. 骑马猎头纹铜斧，8、9. 晋宁石寨山出土铜斧，10. 昌宁新街出土的铜斧，
11. 孔雀纹铜锄，12. 孔雀牛头纹铜锄，13. 曲刃铜锄，14. 梯形铜锄，15. 回纹铜锄，16. 镂孔
铜锄，17. 楚雄万家坝带木柄的铜锄，18. 尖叶形锄，19. 楚雄万家坝出土的铜锄，20. 楚雄地区
出土的铜锄，21. 蛇头纹铜铲，22. 孔雀纹铜铲）

相比之下，中原地区出土铜农具实在太少了，以中原为主的商和西

周文化总共出土铜农具仅30件，商周遗址普遍出土大量石、骨制农具。①
由于以滇文化为主的云南青铜文化使用青铜农具较多，有人主张云南历
史上有一个普遍使用青铜农具的时代，且这些青铜农具代表的生产力远
比很少使用铜农具的商周文化高得多。云南各地出土的青铜农具主要有
用于起土、中耕的锄，砍伐树木的斧和收割的镰（见表3—7）。其中，尤
以锄为多。据不完全统计，仅在晋宁石寨山、江川李家山、安宁太极山、
楚雄万家坝、祥云大波那以及洱海周围等地，相继发掘出土了宽叶形、
窄叶形、钺形、方形、长条形等各种不同形制的青铜锄近300件。②

表3—7 云南各地发现的青铜农具

器名	类型	特征	出土地点
起土及中耕器	锄	锄作为一种重要的起土工具，在云南的很多地方均有出土。其形制大约有尖叶形锄、宽叶平刃锄、方形锄、半圆形锄、梯形锄、曲刃锄、长銎锄等几种。具体的功用和使用方法，与中原地区挖土的镢相同。如楚雄万家坝出土的锄为长方形，銎部或分出两脊连至刃角。銎内安以曲柄，带柄的锄已有发现。祥云大波那出土一种尖头锄，有三角形銎直达尖端，銎口下凹	出土地点较多，如晋宁石寨山、江川李家山、安宁太极山、楚雄万家坝、祥云大波那等地
	斧	斧的用途颇广，既可作为兵器，用于战争和狩猎，亦可作为农具，用于砍伐树木、开辟耕地以及竹木器的加工。云南青铜时代的墓葬中共出土铜斧400余件，这些铜斧从形制上分，有梯形斧、弧肩形斧、靴形斧之别。其中，滇池区域出土的梯形斧，整体似一长条形的木梯，銎部在刃部以上，有宽窄之分。一般高12厘米，刃部宽3～5厘米。部分銎口中残留有弯曲状木柄，多用天然的树杈稍加修整而成。靴形斧整体作靴形，刃部两侧有不对称椭圆形銎，形似近代皮匠用的切皮刀	滇池区域及滇东地区多为梯形斧，滇南和滇西南地区多为靴形斧，洱海区域和滇西地区多为弧肩形斧

① 参见蔡葵：《论公元前109年以前的云南青铜器制造业》，云南大学历史系编《史学论丛》，云南人民出版社1988年版；《论西南民族地区考古和民族考古》，云南大学中国西南边疆民族经济文化研究中心编《文化·历史·民俗》，云南大学出版社1993年版。

② 参见王涵：《云南古代的青铜锄》，云南省博物馆编《云南省博物馆建馆30周年纪念文集》，云南人民出版社1981年版，第112页。

续表

器名	类型	特征	出土地点
起土及中耕器	铲	滇池区域出土的铜铲，整体作长方形，刃口齐平，銎部突起于器身正中，至顶端成椭圆形銎口。长 15 厘米左右，宽 6~10 厘米	
	锸	是在木耜前端加套刃而成	澄江和昆明双龙坝都有出土，但数量少
收割器	镰	云南出土的铜镰常见的有装木柄的穿孔爪镰和曲背、弧刃的装木柄的镰刀。爪镰是用曲背、平刃的半圆形铜片制成，背上有单、双孔之分，与石器时代的穿孔石刀类似，显然有前后的继承演变关系。其使用之法，是把绳索或皮条穿入孔中，系于右手中指上，用以收割农作物的禾穗。装木柄的铜镰是专门用于收割带秆农作物的，收割时，右手持镰之木柄，左手握住农作物的秆茎，作钩刈状	滇池区域

　　冶铁技术的发明及铁器的使用，它"使更大面积的农田耕作、开垦广阔森林成为可能；它给手工业工人提供了一种极其坚固和锐利的非石头或当时所知道的其他金属所能抵抗的工具"，[1] 在人类文明史进程中曾起过巨大作用。在云南，春秋末年开始出现少量的铁器，[2] 这些铁器有可能少量或部分来自内地的四川，但从各地发现的铁器来推断，西汉晚期当已进入铁器时代。在晋宁石寨山西汉后期墓葬中，先后出土 100 多件铁器，但主要是兵器，生产工具只有斧、锛、刀、削等寥寥数件，且多是铜铁合制器物，这说明当时铁器还是贵重器物，使用尚不普遍，对稻作生产仍没有重大的影响。不过，从铁器的制造风格来看，很明显是仿当

　　① 马克思、恩格斯：《马克思恩格斯全集》（第 4 卷），人民出版社 2004 年版，第 159 页。
　　② 1972 年，江川李家山 21 号墓中出土有一件铜柄铁剑，是云南最早出土的铁器，时间约相当于春秋末至战国初。之后，在 13 号墓中也发现过两件铜柄铁凿，说明 21 号墓出土早期铁器并非孤例，亦非偶然。1977 年，在祥云县禾甸检村石棺墓中发现两件铁镯和一块重约 30 公斤的褐铁矿石，时间约在战国中晚期。

地铜器制作而成，这说明到了西汉时期滇池地区已有自己的冶铁业。① 史
书记载滇池区域产铁，最早见于《续后汉书·郡国志》益州郡下云："滇
池（今晋宁、呈贡境）出铁。"又永昌郡下云："不韦（今保山施甸一
带）出铁。"

　　自东汉以来，随着冶铁业的发展，铁质农业生产工具在云南的一些
坝区得到了广泛推广，成为农具中的一个主要的类别。发展演变到现在，
即使是一些山区的少数民族，在与其他民族的交往中，通过选择、比较、
吸收而发展了自己的打铁业，生产了许多适合本地区本民族的生产工具。
如阿昌族主要聚居区——陇川县的户腊撒几乎每个村寨都会打铁，且各
有自己的特长，以一种产品而著称。如曼东的小刀、海南的犁铧、芒旦
的长刀、芒东的锄头、来福的砍刀、潘乐的锯齿镰等等。他们所打制的
生产工具，如斧、板锄、条锄、犁铧、耙齿、钉耙等与汉族无异。在各
种工具的制作过程中，先是掌握各种斧和刀，次为其他农具，最晚为犁
铧。即在砍伐和切割工具方面，最先用铁，收获工具次之，挖土工具又
次之。阿昌族制作的铁器，对周围民族的社会发展产生了很大的影响。②
而一些没有本民族打铁业的民族，也通过兽皮、药材等山区土产与坝区
集市交换刀、锄、犁等生产工具，同时，外地行商亦经常携带生产工具
直接到山村进行交换。这样一来，无论是山村还是坝区，铁制农具都是
主要的农具。

（二）农具的类别

1. 起土、碎土、中耕、除草工具

　　人类最初的起土、碎土农具，当是取材方便、加工容易的木器，很
有可能是直接从挖掘块根块茎植物的树枝、木棒演变而来的。后来，由

____

① 关于云南地区早期铁器的来源问题，有人认为是从外地传入的。我们从早期铁器的铜柄
与当地青铜器的器形、纹饰相同以及当时云南发达的青铜冶炼工艺来看，冶炼铁当没有太大的问
题，所以云南铁器主要都属本地产品。西汉中期以后，云南有了自己的铁器制造业，但在靠近四
川的昭通、鲁甸一带，仍有四川铁器的输入。四川铁器的输入，并不意味着当时云南还没有冶铁
业，只能说明当地生产的铁器数量少，质量较差，在供不应求的情况下，才部分地输入外地铁
器。这种情况，近代犹然。

② 汪宁生：《阿昌族的铁器制造》，《中国西南民族的历史与文化》，云南民族出版社1989
年版。

木耒演变为木耜、骨耜、石耜，再演变为锹、铲、锸和耕犁。这当中，目前的研究成果显示，耜是从单尖木耒发展而来的，刃部为扁平的板状，是用整块木头砍斫而成。木耜挖土时刃部易于磨损，加上一个金属套刃则变得坚固耐用，也更加锐利，这就是锸。铲的整个挖土部件全由金属制成，直接套在木柄上，内地的铲全为铁制，云南则有很多铜铲。铲、锸是直装木柄，插地起土的农具，而锄则是横装木柄由上向下掘入地里向后翻土的农具。镢也是用于开荒掘土的重要工具。

　　在把生地变为熟地的翻土工具中，横斫式的锄类工具和直插式的耜锸类工具是两个主要的类别。锄的前身是天然树枝，在采集时代间或用于采集，但广泛使用是在原始农业时代，开始用来除草和点种，以后才用来松土。木锄绑上石片或骨片，鹿角安上木柄，也可制作鹿角锄。耜锸类的前身是点种棒。木棒的一端削成扁平刃就是最初的木锸，苦聪人和独龙人都使用过它。尖头木棒或木锸的柄下部绑一根供踏足用的横木，就是木耒和木耜。安上骨质刃片的，即是骨耜或骨锸，景颇族的"申边"即属于这一类。由于南方山多坡陡的自然环境，这种直插式农具没有获得充分的发展。①

　　云南传统的锄，类型多样，地区和民族差异明显。在滇西北的怒江流域，怒族除了传统的木锄和小铁锄外，还有独特的圆銎板锄、条锄和尖形锄，而尤以套銎尖形锄最具特色。维西傈僳族的锄具有十字镐、条锄、板锄等，其中的板锄，锄銎不是在锄肩之上，而是在锄叶的正中部位，非常特殊。贡山傈僳族的各式锄具中，有筒銎尖刃锄、套銎尖刃锄、筒銎长条锄，其中的条锄锄銎为短筒銎，锄叶较薄且较一般条锄宽，有的已接近方形锄。洱海地区的农业历史非常悠久，相应的锄具也很丰富。大理白族的锄头有条锄、方锄、半叶形锄、特大方锄以及圆锄等，其中的半叶形锄作为代表性的锄具，锄刃尖，锄肩宽平成向上翘曲，锄銎夹铆于锄叶之上，形制自成一格。滇中的呈贡、江川和滇南的石屏一带居民，所用锄具有二齿锄、板锄、条锄和长筒銎圆肩锄，其中的二齿锄作为掘土工具，有厚齿和细齿之别。在该区南部的建水、元阳等地，哈尼族的凹形锄亦别具特色。滇东南地区，为适应喀斯特地貌特征，最具代表性的锄具是可以在多石的土地上挖、刨、掏的长筒銎半叶形锄。另外，就云南全省而言，使用最广的还是半圆锄。①

和锄一样，犁作为农耕工具中的重器，历来的研究成果颇为丰厚，而对云南犁的研究，最为系统者当推尹绍亭先生。他在《云南物质文化——农耕卷》一书中，基于其实地的田野调查资料，分地区、分类别对云南犁进行了详当的考察，认为云南犁的形态和种类是非常丰富的。②

无论是旱地稻作还是水田稻作，都讲究深耕细耙。有耕有耙，就有相应的碎土工具。云南各地的碎土工具，据尹绍亭先生考察，有耰、耙、扒、碌碡、耖等几种。其中的耰即木榔头，是简单的碎土农具，在大理、丽江、迪庆都能够见到。耙，俗称钉耙，用途广泛，可掘土、碎土、松土、平土、除草等，有长柄与短柄、铁制与木制、细齿与宽齿、一齿与多齿之别。无齿之耙则为扒，主要用于起垄、整地、平土，而用于水田平荡土壤者，则称之为田荡或刮板。耖是一种长齿耙，状如坐椅，多为竹木结构，有一人一牛耖和二人二牛耖两个大的类别，在云南各地农村都能够见到。③ 具体如西双版纳傣族的手操耙有六齿和八齿两种；手持长竹筒耙是在手操耙的齿上套置一丈长的竹筒制作而成；脚踏耙早期用于园地，近代才逐渐用于水田。景颇族的脚耙，木质自制，在木质长方形框架上装以木齿，使用时用牛拉，人立其上，用于耙水田和较平的山地，能压碎土块，使土地更加平整。景颇族的手耙，木质自制，在立起的木框下方装以竹齿，上方装柄供手扶用，主要用于耙水田。哈尼族的耙为木质结构，由耙梁、耙齿、耙杆、扶手等组成；耙齿数与耙梁长度有关，一般7至9齿，以一牛牵引，耙碎土块。

2. 播种工具

从云南一些民族的神话传说和文献记载来看，点种竹木棍可能是人类最早的播种工具。佤族的《我们是怎样生活到现在》中说道，人类在老天的暗示下，用"竹子"去挖地，再把杂草收拢，就开始撒种旱谷。景颇族的《人种的传说》中说，在大洪水后，大地上仅存的姐弟俩用"竹根锄"刨了一个窝，把旱谷种子种下，获得了丰收。这两则神话中的

———————

① 详见尹绍亭：《云南物质文化——农耕卷》（上），云南教育出版社1996年版，第108～109页。

② 参见本章第二部分。

③ 详见尹绍亭：《云南物质文化——农耕卷》（下），云南教育出版社1996年版，第304～368页。

"竹子"、"竹根锄"，实质上就是点种竹棍。

以竹木棍点种，作为一种古老的播种方法，因其适宜于刀耕火种的陆稻播种，故在云南许多山地民族社会长期沿袭，直到民国甚至是近现代在云南的山地农业中仍能见到。如民国时期的景颇族是"耕种为惟一的职业，凡稻谷、玉蜀、黍皆种山地，每年冬季砍伐森林，春暮干燥，则焚烧之，俟冷息后，即以竹棍戳洞播种。"① 独龙族"农具亦无犁耕，所种之地，惟以刀伐木，纵火焚烧，用竹锥地成眼，点种苞谷，若种荞麦、稗、黍等类，则只撒种于地，用竹帚扫匀，听其自生自实。"②

到了 20 世纪 50 年代，对于怒、佤、景颇、布朗、基诺、独龙、傈僳等山地民族而言，即使是使大面积的农田耕作和开垦广阔森林成为可能的铁器传入，但取材方便、易于加工、轻巧灵便的竹木棍作为点种棍，仍未彻底退出历史的舞台。如西双版纳布朗族在点种时，有的村寨直接用竹（木）棒削尖顶端，有的用一种比较坚硬的约 0.3 米长的细竹杆削成矛尖状，再将其尾部绑在长棒上作为点种棒使用。独龙族惯常把小竹棍或小木棒一端削尖或以火炙尖，用于山地戳洞点种，独龙语称这种随用随扔、使用最广泛的竹木棍为"宋姆"。③

以竹或木制作的点种棒虽然具有诸多的优点，但这种工具也有易于损坏、使用效率低的缺点。为此，人们在竹木棍的尖端包上一层铁皮或安上一个铁质圆锥，就成了一种铁木（竹）复合型的播种工具。这种改进后的播种工具在勐海县拉祜族、布朗族，澜沧县的拉祜族苦聪人，勐腊县克木人等许多民族旱作农业中具有很强的生命力。而这些民族也正因为使用了这种新式的点种棒，使点种的种子能够很好地没入土层中，既有利于种子的发芽生长，又可避免鸟啄食穴中籽种，从而提高了点种的质量、速度和效率，延长了工具的使用寿命。④ 目前，云南各民族在"懒活地"点种时所使用的掘棒，有的学者根据掘棒有无铁刃、铁刃形状以及手柄的长短，分为无铁刃掘棒、小条形铲头短柄掘棒、大铲头掘棒、

　① 李学诗：《滇边野人风土记》。

　② 夏珊：《怒俅边隘详情》。

　③ 卢勋、李根蟠：《独龙族的刀耕火种农业》，《农业考古》1981 年第 2 期。

　④ 参见何明、廖国强：《竹与云南民族文化》，云南人民出版社 1999 年版，第 32 页。

铁锥掘棒、小铲头长柄掘棒等五式。①

　　3. 收获工具

　　收获农具包括收割工具和脱粒工具两类。

　　收割稻谷，无论是直接割取穗头还是连秆收割，镰刀都是主要的工具。云南各民族的镰刀大体上有爪镰和柄镰两类。爪镰承袭新石器时代的石刀、陶刀和蚌刀，主要用于割取谷物的穗头，形式单一，收割效率低。如今滇东南布依族的摘刀、苗族的禾剪以及元江流域傣族的割刀均属爪镰。柄镰有宽、窄、长、短之别，平刃和锯齿之分，主要用于收割谷物的茎秆，是石镰的"后裔"。在柄镰系列中，锯齿镰刃口成锯状，刀叶窄且曲度不大，形如月牙，绝大部分无柄銎，刀根呈尖状，可直接插入木柄之中。平刃镰刃口无齿，刀叶宽，有柄銎。② 阿昌族生产的锯齿镰比一般镰刀稍薄小，刃有锯齿，是云南很多少数民族镰刀的共同形式，用于收割。哈尼族的镰刀为铁木结构，有刀口型和锯齿型两种。镰刀有直线形和月牙形之分。直线形刀刃的锯齿镰作割谷秆，月牙形刀刃作割谷秆和埂草。砍刀长约30厘米，宽约5厘米，把长40～50厘米，用作砍田埂草。佤族的镰刀，佤语称"斯维"，为半月形，刃部边缘上凿成一面锯齿口，另一面只有一些隐隐约约的齿印，专用于割谷。

　　稻谷脱粒方法，一类是用手摘脚搓和牛踩脱粒，不借助于任何工具。一类是用打谷棍、连枷等敲打谷物穗头，或以谷物的穗头去甩掼板槽，相应的也就有了打谷棍和掼板、掼盆、掼槽之类的工具。

　　云南各地传承的打谷棍，尹绍亭先生根据形状的不同，把之分为三式。一式为"7"字形打谷弯棍，其制作多是把竹木放在火上烘烤，使头部弯曲而成，亦或利用天然弯曲树木削制。二式为"丁"字形打谷棍，此式棍有竹制、木竹、竹木合制三种，脱粒时既可单手持棍，又可双手持棍反复敲打谷穗。三式为掌状打谷棍，此式大多以火烘烤竹片制作而成。除打谷棍外，多杆式打杆连枷和单杆式打杆连枷的使用也较为常

---

　　① 详见尹绍亭：《云南物质文化——农耕卷》（下），云南教育出版社1996年版，第372页。

　　② 同上书，第497～498页。

见。① 傣族传统的打谷板，由两块木板边缘垂直制成，放在篾席上敲打脱粒；打谷棍用两段木棍制成，垂直形，前端成月牙形。②

　　景颇族的木打谷棍，木质自制，以长约100公分的寸径木棍，烘弯成"7"字型或做成"丁"字型，以弯端和丁字头打击谷穗，使谷粒脱落。景颇族的连枷，多为竹制，是两根长约1.2米，一头稍粗的竹棍，细端用牛皮条拴连，手握一根的一端，甩动另一根打谷，使谷粒脱落。西双版纳布朗族的弯木棍，布朗语叫"耳波"，是一种脱粒的辅助工具，主要用之清打谷把。

图3—24　傣族的打谷场景

（据高桥徹，1984年）

　　云南传统的掼板、掼盆、掼槽，多为木制，形制各异，使用方法大致相同。如西双版纳傣族的掼盆，木制，上沿置竹篾编的围席，只有三个边的凹形掼盆。哈尼族的掼盆有两种，一种长如小船，称为谷船；一种方形如斗，故称掼斗。谷船一般用长2.5米，直径约60公分左右的泡桐树挖凿而成，形状如渡船。两头的两侧各留一道20公分左右的槽，用于谷船两边安放拦谷用的篾笆。小者可装谷50～75公斤，大者能装谷100～150公斤。掼斗多选用整体粗大的黄心树等乔木雕凿而成。③ 临沧、保山等地布朗族的掼槽，形状似斗，用木料做成呈正四棱形的槽，将谷

　　① 参见尹绍亭：《云南物质文化——农耕卷》（下），云南教育出版社1996年版，第516页。

　　② 王懿之：《论傣族农业文化——傣族文化史研究之七》，《农业考古》1994年第3期。

　　③ 参见王清华：《梯田文化论——哈尼族生态农业》，云南大学出版社1999年版，第23页。

物打入槽内。

　　近几十年来，云南各地农村除了尚保存着传统的脱粒工具外，在一些经济条件较好的坝区和城郊，像人力打谷机、电动滚筒打谷机和稻麦两用机动脱粒机等机械脱粒工具也正逐渐被使用。如凤庆县到1990年时，全县拥有稻麦脱粒机354台/4670千瓦。①

图3—25　西双版纳傣族的蒲扇扬场
（据佐佐木高明，1984年）

　　在稻谷的收获过程中，从收割、脱粒到背运入仓，尚有扬尽秕谷和杂草的风柜、风扇、风车、簸箕、筛子等，晾晒谷物的晒垫、晒席、篾笆、炕笆等，背、挑、捆或装运谷物的筐、箩、绳等辅助工具。如仅就背运和挑运而言，背具按种类分有背箩、背篮、背筐、背架、背桶、背袋、背包、背绳等；按背负方式分，有头背、肩膀背、双肩带背、双肩绳背、单肩背、腰背等几种。挑具主要有挑篮、挑箩、挑桶、挑筐、挑笼、挑架、挑袋、挑箕、扁担、竹杠等。挑具按挑法分，有高挑和矮挑两种。高挑是以扁担直接插入箩、篮、筐边沿所设双耳的挑法；矮挑则是在挑具上加以绳索，以延长扁担到挑具的距离。②

　　4. 加工、储藏工具

　　云南传统的谷物加工工具主要有磨、臼、碓等几种。

　　磨多由上下两个圆石盘构成，磨盘的中央凿有孔，上磨盘的边缘装

---

　　① 云南省凤庆县志编纂委员会编：《凤庆县志》，云南人民出版社1993年版，第138页。

　　② 详见尹绍亭：《云南物质文化——农耕卷》（下），云南教育出版社1996年版，第432～433、461页。

有手柄，可利用人力、畜力或以水力驱动磨盘转动，主要用来磨碎谷物。如独龙族的石磨是以一块比较平整的天然石块为磨盘，再用一椭圆形卵石为磨石，磨谷器放在簸箕上或垫以麻布。

臼，用石头或木头制成，中部凹下，在舂捣谷物时，把粮食放入凹陷部分，用一头细一头粗的圆木棒或石棒（杵），来回捣动，可舂碎谷物。杵棒有弯杵和直杵之别，多系双手执杵舂捣食物，其加工效果取决于杵棒上下运动的频率和力度。与杵臼相似，利用杠杆原理和人身的一部分重力做功的杵臼，即为踏碓。如景颇族的脚踏碓是地上埋一臼状石块，凹内放谷，地面置一长木条，脚踩一端，另一端翘起，长木条一端装一垂直木棒，让木棒来回捣凹内谷粒，使其去糠皮。佤族的碓，佤语称"波文"，用途与臼同，用一圆形木柱制成，碓尾略细，碓头较粗的一端装一垂直圆木，其下置一臼。碓身略细的一端穿过一横木板中央，木板两端各架于木杈上，使用时用脚踩动碓身尾端。独龙族最初的杵臼则是在地上挖一浅穴，铺以兽皮或麻布为臼，以稍经修削的树干为杵，后来才用木碓和石碓。它们都是十分古老的农具。景颇族的木臼，木质自制，用一段大树，中间挖一个深约20公分、径15公分的圆孔，内放谷子，妇女双手抱一径约10公分的木棒，猛捣圆孔内的谷子，使谷脱下糠皮。佤族的臼，佤语称"保"，一般是用斧头截取一段坚硬的树干，将树皮剥去，把树中央凿空。杵棒也是木制。凡需去壳或舂碎之物均用杵臼。阿昌族的榴子形似石磨，使用频率很高，主要用于谷子的脱壳。

在云南民间，为了节省人力，人们常常利用山涧水的落差，架设水槽，将木碓尾端凿成一个接水槽，让水落到槽中，自然加重碓尾重量使碓头抬高，冲击碓窝中的粮食，这就是我们常言的水碓。与水碓一样，利用水力做功的水碾也是一种传统的谷物加工工具。云南水碾，一般由石碾槽、石碾盘、滚动轴、转动梁、水伞或水轮和传动齿轮构成，其运行原理是水流冲动水车，水车平梁带动立车，立车带动平车，平车带动将军柱，将军柱带动板凳枋，板凳枋带动赖铆，赖铆带动大滚杆，大滚杆带动碾耙耙在碾槽内旋转，碾去碾槽内稻谷的谷壳。云南水碾有侧面水轮驱动式和下水伞驱动式两种，前者主要分布在元江流域，后者目前多见于滇西的保山、德宏一带。水碾碾槽容积大，一次可加工数百斤稻谷。谷子从脱壳到精白，需碾2~3次。初碾可加大水流量，提高碾盘转速，待谷壳大致碾碎，便取出用风车吹除糠秕，然后再次精碾。①

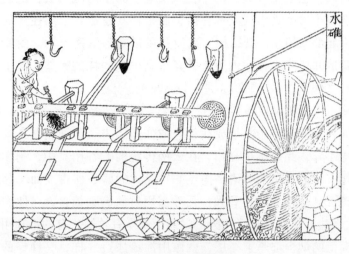

图3—26　水碓捣米图
（选自王祯《农政全书》）

　　在上面介绍的加工工具中，我们在稻作区的河流两岸台地上，随处可见的水碾，加工量最大，效率最高，是水田稻作文明标志性的加工工具。近20年来，随着电动碾米机的普及，水碾的作用渐渐降低，有的地区已被淘汰，变成了博物馆中的陈列品。

　　追溯云南的粮食储藏演变史，早在新石器时代的遗址中，就发现了不少用以储藏粮食的窖穴。到了青铜时代，从晋宁石寨山出土的滇国贮贝器M12：1上所刻的上仓图中，我们能够看到圆木井栏式粮仓和竹篾编制的粮囤。这种式样的粮仓，正是云南北部和南部粮仓的典型代表。而如今云南的粮仓，有囤仓和房仓之分。"粮囤以竹篾编制，多呈圆筒状，为了防鼠、防虫和防潮，人们常用掺拌牛粪的泥巴将其外表涂抹严实。粮囤有大有小，有深有浅，浅小者不必设门，深大者装取不便，需设囤门。有门的大囤，其实已近于房仓。滇南傣族贮粮，主要利用粮囤，他们通常把囤设置于所居竹木楼的下层，上有人住，考虑雨水，下垫支架，

　　① 详见白玉宝：《红河水系水碾源流探索》，收入李期博主编的《哈尼族梯田文化论集》，云南民族出版社2000年版；尹绍亭：《云南物质文化——农耕卷》（下），云南教育出版社1996年版，第585页。

可避潮湿，而且取用也十分方便。滇南山地民族亦使用粮囤，但更多的则是建造以竹笆或木板装围的干栏式房仓。为了防范火灾，他们非常忌讳将粮仓设于房屋之内或紧邻住所，而是将其建造在远离住房的村子之外。云南北部的粮仓，其结构、造型和风格均与滇南不同。丽江纳西族以擅长建造井栏式木楞房而著名，其粮仓也是同样的构造。除了上述粮囤和房仓之外，以木柜贮粮亦是比较常见的。"[1]

谷物可以直接堆放在粮仓中，也可以装在竹篾筐、囤箩、口袋、缸、柜等不同料质的容器中，堆放在粮仓或住屋当中。这种储藏方式和内地汉区大同小异，此处不再介绍。在云南传统的贮谷用具中，制作简易且具有防燥、防潮、防鼠等诸多优点的竹筒式的盛谷器古老而又具民族特色。如镇沅县彝族支系拉乌人，几乎都用竹筒储藏粮食，在他们的竹楼上，"火塘边、床头床尾、门外的过道上都靠有竹筒。有的不知用了几代人，竹筒上的烟尘都厚了一层，就像用油漆漆过一样，亮铮铮的，每个竹筒口都用一节树或玉米皮叶严丝合缝地塞着。这些竹筒都是用当地的苦竹（也称大竹）砍成，每筒长五尺至一丈，可装粮食五十至一百斤。……这竹筒不但可以装稻谷、苦荞等壳粮，还可装大米、包谷米等经过加工的精粮。"[2] 又西盟佤族也擅长用龙竹制成"贮粮筒"而贮粮。

我们在以上的讨论中，以稻作农具的料质特点和稻作生产过程中不同阶段所使用的农具为分类标准，分门别类详细介绍了云南稻作技术系统中的农具谱系。然而这里还要补充说明的是，由于云南稻作类型的多样性、地区间经济发展的不平衡性以及环境条件的差异性，不同地域相异的耕作方式有其相异的生产工具，每一种经济形态都有其代表性的生产工具，所以根据生产工具可以分出不同的农耕类型。关于这一点，我们从两个民族的神话传说中可以得到一些非常有益的启示。

佤族神话《司岗里》讲到，天神莫伟帮助人类找到谷种，开始种庄稼时：

　　莫伟拿出了夺铲、锄头、小犁、大犁、背索、扁担、鞍子放在

---

①　尹绍亭：《云南物质文化——农耕卷》（下），云南教育出版社1996年版，第558页。

②　中共镇沅县委宣传部、镇沅县民委会编：《镇沅风情》，云南民族出版社1989年版，第23页。

图 3—27　佤族的竹筒米柜

（选自鸟越宪三郎：《稻作儀礼と首狩り》）

地上让人们挑拣。

　　岩佤挑了夺铲和背索。从此，佤族就用夺铲种懒火地，用背索背东西。

　　尼文挑了锄头和背篓。从此，拉祜族就用锄头种山地，用背箩背东西。

　　三木傣挑了小犁和扁担。从此，傣族就用小犁种水田，喜欢用扁担挑东西。

　　赛口挑了大犁和鞍子。从此，汉族就用犁耕田种地，用牲口驮着东西走南闯北。①

基诺族神话《阿嫫腰白》讲到，创世女神阿嫫白造天地后，把人们分为汉族、傣族、基诺族，并为三族分工具：

　　汉族拿了马笼头，所以他们以骑马做生意为主。傣族拿了挑东

---

　　①　云南省民间文学集成编辑办公室：《佤族民间故事集成》，云南民族出版社 1990 年版，第 14 页。

西的黄竹扁担，所以他们住在坝子里，拿黄竹扁担挑谷子。老老实实的基诺族拿了背东西的背篓和背板，所以他们至今还在山上背东西。①

在这两则神话中，前一则讲的是从事刀耕火种的佤族、拉祜族以夺铲、锄头、背索、背篓为其典型的工具，经营坝区稻作的傣族以犁和扁担为其主要的工具，而汉族从事集约农业并有较发达的商业文化，代表器物则为大犁和鞍子。后一则故事则高度概括了三个从事不同经济活动的民族主要的运输工具。虽然神话毕竟是神话，不能代表信史，但无疑为我们提供了远古时代生产工具与经济活动之间密切关联的史影。

五　水利灌溉技术及管理制度

（一）水利灌溉与稻作社会的形成

水稻栽培的先决条件是水，没有水利灌溉，稻作农业就不可能进行。没有完整的水利管理制度，稻作社会也就难以维持和发展。最早的古人类文明和国家产生于大河流域，是因为这里有良好的灌溉条件；同时，居住在大河流域的人们在长期面对水患等自然灾害时，还总结出了一套行之有效的治水治河措施，形成了相应的灌溉系统。如在古之华夏集团中，部落酋长共工，因"振滔洪水"，②而招致灭亡；部落酋长夏禹，由于"尽力平沟洫"，③"而有天下"。④

又在西南历史传说中，开明氏是一位兴修水利的代表人物，其事迹在《本蜀论》、《蜀王本纪》、《水经注》、《华阳国志·蜀志》等书中都有记载。相传其名曰鳖灵，荆人死，其尸随江而上，至蜀复生，杜灵（笃慕）遂以之为相，"时玉（垒）山出水，若尧之洪水。望帝不能治，使鳖灵决玉山，民得陆处。"又《水经注·江水》："江水又东别为沱，开明之所凿也。"《华阳国志·蜀志》云："开明决玉垒山以除水害"一致。皆

---

① 刘怡、陈平编：《基诺族民间文学集成》，云南人民出版社1989年版，第27页。
② 《淮南子·本经训》。
③ 《论语·泰伯》。
④ 《论语·宪问》。

谓开明氏凿今四川灌县宝瓶口，分岷江水为沱水。此处所谓"玉垒山"即指宝瓶口两边的虎头岩及"离堆"。这些传说和记载都反映了西南各族先民的治水业绩，而其时间在李冰治水之前。后来李冰在蜀兴修水利，"凿离碓（古堆字）避沫水之害，穿二江成都之中"，也是在这个基础上发展起来的。由于杜宇（笃慕）在成都平原大力兴修水利、发展农业立下了大功，受到人们的敬仰，故史称"巴亦化其教而力务农，迄今（东晋）巴、蜀农时先祭杜主君。"①

　　由上看来，在中国古代的农业社会，水利灌溉与其社会发展休戚相关，挖沟、堵坝是扩大水稻种植的第一步，完整的水利灌溉是稻作农业发展的基础，也是稻作社会发展的一个重要环节。具体展开来讲，小型的水田灌溉系统，尤其是以小型陂池为水源的灌溉系统，它背后所存在的共同利益集团有的可能仅是单家的农户或数家农户，关系比较单纯。但是，大中型的水利灌溉系统，是直接将堰设在大型的河流上，其灌溉系统的覆盖面积很广，其中包括了许多支渠和数量众多的水田群。这就需要协调在这些数量众多的水田群背后存在着的各个集团，甚至个体农户之间的关系。有的大型灌溉系除了灌溉之外，还包括防洪排洪、航运在内，形成一种综合的水利工程。这就需要在一个更广阔的地域内和更大的社会集团之间进行协调。因此，一个凌驾于各个社会集团之上的强有力的公共权利的协调是必不可少的。②

（二）云南传统的水利灌溉技术

　　云南水资源丰富，有"亚洲水塔"之称，境内分属金沙江（长江水系）、南盘江（珠江水系）、怒江、澜沧江、红河（元江、李仙江）、伊洛瓦底江上游（独龙江、龙川江）等六大水系的上千条河流，顺着地势分别向东、东南、南流灌全境。但由于受印度洋季风和太平洋季风的影响，干湿两季明显，雨水的时间分布很不均匀。夏秋季节，东南季风和西南季风携带太平洋和印度洋的水汽，沿着南低北高的地势爬坡而上，全省年降雨量的85%集中在5~10月，形成典型的雨季，常伴有低温现

---

①　易谋远：《论彝族古代文明的起源》，《贵州民族研究》1991年第2期。

②　罗二虎：《中日古代稻作文化——以汉代和弥生时代为中心》，《农业考古》2001年第1期。

象和洪涝灾害，影响农作物的生长和收割。冬春季节，降雨量仅在年降雨量的15%，常有春旱现象发生，影响农作物的春播。另外，雨水的空间和地区分布上也很不均匀，江城、金平、西盟等地年降水量多达2200～2700毫米，为全国多雨区之一，人们常为雨水太多而苦恼；而宾川每年平均仅有584.1毫米，人们又常为雨水太少而望天兴叹。在比较小的范围内，地形雨对局部地区影响很大，往往在山脉的迎风坡降水多，背风坡降水少。所以，农田灌溉对水利设施的依赖性较强。

云南古代居民的水利灌溉设施，最早可以追溯到新石器时代。如在洱海区域苍山佛顶乙址中就发现似堤坝的遗迹。"本址有一条方形洼地，此洼地形状及东西堤坝，人工痕迹之分明，令人一见而疑为古代储水池。及在洼地开一探壕，证明不谬。"①又，在白云遗址、佛顶遗址一线定居的初民，虽营其附近的小块农田，由于水少、干燥，所以，适于旱地的农作物如杂粮和野生稻的人工栽培。然而，种植这类作物也不能无水，因此，即使在原始农耕的萌芽阶段除了赖于雨水外，他们也要积极地开发水源。如白云遗址所发现的长方形储水池，就是用作灌溉农田之用的。其后随着农耕面积的扩大，也就逐渐的往山麓水多的缓坡移居，选择有水源的地带发展，显明的例子是马龙遗址。"本址在有人居以前，有水冲成深溪，至人居时犹存，然溪床淤积，逐渐淤废。"因此其晚期居民，为了农耕灌溉，不得已"乃用人工引水之法，通过居住区域，亦作灌溉之用。曾发现五沟之多。"可见，苍山诸址居民，从原始农耕的萌芽阶段起，就一直重视水利资源的开发。②

但是，关于云南水利设施的文献记载却是西汉晚期的事。《后汉书·西南夷传》记文齐为益州太守时，"起造陂池，开通灌溉，垦田二千余顷。"又《太平御览》引《永昌郡传》记东汉初期今昭通一带，"……川中纵横五六十里，有大泉池水口，僰名千顷池。又有龙池以灌溉种稻。"这是有关云南水利灌溉的较早记载。

自汉魏以来，云南古代居民因陋就简、因地制宜地沿河堵坝和顺山

---

① 吴金鼎等：《云南苍洱境考古报告》（甲编），南京国立中央博物院1942年专刊乙种之一。

② 详见吴金鼎等：《云南苍洱境考古报告》（甲编），南京国立中央博物院1942年专刊乙种之一；赵橹：《洱海区域原始农耕文化初探》，《云南民族学院学报》1992年第3期。

开沟引水灌溉，屡见于史载。具体的情况，我们在云南稻作的历史发展
一章中已有详细的论述，此处只对云南民间传统的水利灌溉作一概括性
的陈述。

图3—28　提水灌溉工具——龙骨车
（选自王祯《农政全书》）

　　云南传统的稻作灌溉用水，无论是雨水、雪水，还是河水，灌溉方
式无外乎以下三种类型。一是引水灌溉。这是最为常见的一种，具体是
依地势高低挖掘沟渠，辅以堤坝，将自然河流或泉水导入田中。引水的
方式有沟渠引水和槽引两种。沟渠引水是沿水田修建一条或数条主干渠，
干渠上再修建数条分支渠，在干渠和分支渠上每隔一定的距离开一个水
口供水，每个水口的水又通过一块水田流向另一块水田。这样，在一个
面积广大区域内的水田群，共同利用一条河流或一条规模宏大的主渠中
的水，形成一个大的灌溉系统。在这一系统中，存在复数的堰设在同一

条主水渠上，分出若干大的支渠，在大的支渠上又存在复数的堰，并分出若干较小的支渠，其下还有更小的复数的支渠，构成一个非常复杂的灌溉网。[①] 槽引一般是用竹渡槽、木槽、水管等架设水槽引水，这是一种颇具地区特色的引水方式。我们在云南的山区，常能够见到跨涧越壑、绵延数里、宛如长龙的水槽。

图 3—29　哈尼族的古老水车
（选自《哈尼族梯田文化》）

二是主要见于田高水低地区的提水灌溉。通常的做法是在河中置筒车、翻车，利用人力、畜力踏动水车，或利用自然水流冲动带动许多竹筒的大轮水车，水车不停地转动，一个竹筒相继被转到水面装满水后，又一个个相继被转到高处把水倾倒出，这样就能灌溉地势比较高的水田。如傣族进入雨季犁田撒秧时，为了抗旱保苗，自制木质水车，架于河边。水车呈圆形，直径 3 米左右，由木支架、轴心、竹条幅、竹笆叶轮、竹筒瓢、导水槽等绑扎而成。水车的工作原理是河水冲击叶轮转动，通过

---

① 参见罗二虎：《中日古代稻作文化——以汉代和弥生时代为中心》，《农业考古》2001 年第 1 期。

竹筒瓢把水提起，倒进导水槽，再流向稻田。一般可以提高水位 2～3 米，24 小时可灌田 1.5～2 亩。傣族的戽斗，傣语称"科左"，用竹编成三角形，口上方缚一"T"形竹棍作手柄。在使用时，为了省力和提高工效，常支撑一个三角架，将戽斗吊在上面。20 世纪 70 年代以后，一些地区开始使用水轮泵抽水灌溉农田，龙骨水车使用率降低。

三是修陂池水塘，贮积雨水，以供灌溉田地之用。一般一定数量的水田共有一个陂池，一个陂池灌溉一个水田群。在云南地区，虽然总的降水量并不低，但降水的季节分布不均，春秋两季时常出现春旱和伏旱，所以能够补充天然降水不足的蓄水灌溉，不仅必要而且非常普遍。

图 3—30　傣族的戽斗

（选自高立士：《西双版纳傣族传统灌溉与环保研究》）

（三）傣族卓越的水利灌溉技术

1. 水利灌溉系统及管理制度

作为典型的稻作民族——傣族，在长期的稻作实践中，对利用天然河流和开沟挖渠人工灌溉农田，积累了丰富的经验，养成了良好的协作习惯，建立了以村社或以整个坝子为区域的比较完备的灌溉系统。在原始公社制度下，灌溉由各个民族、家族乃至原始农村公社集体管理。进入阶级社会以后，历代政权的统治者都把管理和建设水利灌溉系统作为自己最重要的事，设有完备的农田灌溉的行政管理系统。

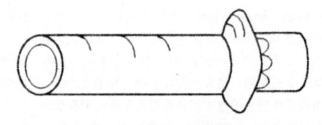

图 3—31　傣族的竹筒量水器

（选自郭家骥：《西双版纳傣族的稻作文化研究》）

1950 年以前，在西双版纳勐景洪坝子，有由"闷遮乃"、"闷澜兴"、"闷邦法"、"勐扉颠"、"闷回老"、"闷回卡"、"闷回解"、"闷澜肯"、"闷澜永"、"闷澜哈"、"闷澜坎"、"闷澜东"、"闷回广" 13 条水沟组成的一个全勐性的大灌溉区，纵横浇灌全勐 81 个傣寨 4 万亩稻田。每条水沟灌溉数目不等的村寨及田亩，组成一个小灌溉区。在管理上，从宣慰司署到各勐土司以至各个村寨都有专管修整水沟和分水灌田的人员。宣慰司的内务总管"召龙帕萨"，是理财官兼水利官，为水利的最高管理者。各勐的各条大沟渠，设有"板闷竜"和"板闷囡"等正、副二职的水利监，管理本沟渠灌溉区的水利事务。在灌溉区内的每个村寨还设有管水员"板闷"① 一人，并由水头寨和水尾寨的两个"板闷"来任水利监的协理，以便上下照应，不使水头田占便宜，水尾田吃亏。这样，从最上层的"召龙帕萨"到"板闷竜"、"板闷囡"再到"板闷"组成了一个有效的水利管理系统。这个垂直的水利管理系统不仅要保证各大小灌溉区的沟渠畅通，每年放水灌溉前要用放竹筏的方式检查主要沟渠是否通畅，然后祭祀水神。还要负责各村社、各寨子、各户人家田地用水量的分配。分配水量是按各寨的田亩计算，各寨再按每户的田亩数计算，并按距离渠道的远近，合并算出某处田应该分水几伴几斤几两（所谓"伴、斤、两"，是用来测定流量大小的特殊单位，并非重量单位）。分水时使用一个特制的上面刻有"伴、斤、两"的圆锥形木质分水器。各村寨都有分沟、支沟，纵横分布在田间，从主沟到分沟、支沟之间，从分沟、支沟到每块田的注水口，都嵌一竹筒放水，按照水田面积应得的水

---

① "板"为铜锣，"闷"为水沟，直译为"沟锣"，以管水员鸣锣开道，通知有关修沟、分水事宜而得名，非常形象，其职能有如古代中原的"水正"。

流量，100 纳的田分"伴"即二斤，50 纳分"斤"，30 纳分"两"，20
纳分"钱"，在竹节上凿开与之相适应的通水孔，分水器就是用来测定通
水孔的大小。[①]

图 3—32　傣族主水沟与分水沟之间的分水方法
（选自郭家骥：《西双版纳傣族的稻作文化研究》）

　　每年年初农历二三月时，作为"召片领"最高政权机构的"议事
庭"，都要发布新修水利灌溉系统的命令，通知各勐各寨遵照执行，以示
重视。这里，我们抄录清乾隆四十三年（1778 年）议事庭所发布的一份
修水利的命令，以供研究。

　　　"议事庭长修水沟命令：
　　　召孟光明、伟大、慈爱，普施 10 万个勐。作为议事庭大小官员
之首领的议事庭长，遵照松底帕翁丙召之意颁发命令，希各'勐当
板闷'和全部管理水渠灌溉的陇达照办：
　　　一周年过去了，今年的 6 月（新年）又到来了，新的一年的 7
月就开始耕田插秧了。大家应该一起疏通沟道，使水能够顺畅地流

----

　　① 详见国家民委《民族问题五种丛书》云南省编辑委员会编：《傣族社会历史调查》（西
双版纳之三），云南民族出版社 1983 年版，第 78～93 页；《西双版纳傣族社会综合调查》（二），
云南民族出版社 1984 年版，第 67～70 页。

进大家的田里，使庄稼茂盛地生长，使大家今后能丰衣足食，有足够的东西崇奉宗教。

命令下达以后，希'勐当板闷'及各地陇达官员，计算清楚各村各户的田数，让大家带上圆凿、锄头、砍刀以及粮食去疏通渠道，并做好试水筏子和分水工具，从沟头一直到沟尾，使水流畅通无阻。不管是一千纳的田、一百纳的田、五十纳的田、七十纳的田，都根据传统规定来分，不得争吵，不得偷放水，谁的田有三十纳也好，五十纳也好，七十纳也好，如果因缺水而无法耕耘栽插，即去报告勐当板闷即陇达，要使水能够顺畅地流进每块田里，不准任何一块宣慰田或头人田因干旱而荒芜。

各勐当板闷官员，每一街期（五天）要从沟头到沟尾检查一次，要使百姓田里之水，真正使他们今后够吃够赕佛。

如果有谁不去参加疏通沟渠，致使水不能流入田里，使田地荒芜，那末官租也不能豁免，仍要向种田的人每一百纳收租谷30挑。如果是由于勐当板闷不分水给他，就要向勐当板闷收缴官租。如果是城里官员的子侄在哪一村种田，也要听勐当板闷的通知，按时到达与大家一起参加疏渠，如有人贪懒误工，晚上喊他说没有空，白天喊他说来不了，就要按照传统的规矩给予惩罚，不准违抗，这才符合召片领的命令。

其次，到了10月份以后，水田和旱地都种好了，该勐当板闷、陇达等官员到各村各寨作好宣传：要围好篱笆，每庹栽三根大木桩，小木桩要栽得更密一些，编好篱笆，使之牢固，不让猪、狗、黄牛、水牛进田来。如果谁的篱笆没有围好，让猪、狗、黄牛、水牛进田来，就要由负责这片篱笆的人视情况赔偿损失。有猪、狗、黄牛、水牛的人，要把牲口管理好。猪要上枷，狗要围栏，黄牛、水牛和马都要拴好。如不好好管理，让牲口进入田地，田主要去通知畜主。一次两次若仍不理睬，就可以将牲口杀吃，而且官租也由畜主出。

以上命令，希到各村各寨宣布照行。

傣历1140年7月1日写。"①

---

① 张公瑾：《傣族文化研究》，云南民族出版社1988年版，第10～11页。

在这个命令中，不仅强调了水利管理制度、分配用水原则，而且对各个村社、寨子、农户应该尽的义务、遵守的条款和违反水利条例应受的处罚，都作了详细的规定。可以说，傣族社会的这套组织严密，分配及时、合理、细致的水利管理制度，在云南农耕社会的水利灌溉系统中是卓有成效、独树一帜的。有的学者甚至把傣族水稻种植中的水利灌溉制度上升到国家起源的高度来探讨，认为"随着以水利灌溉事业为中心的公共事务的扩大，兴修更大的水渠需要几个以至几十个村社的协作，这种协作称为'甘猛'，即全猛的公共事务，它把许多村社的'甘曼'结合成为一个灌区，称为'陇'、'档'、'哈麻'以至'猛'等大大小小的联合组织。大的人工灌溉工程造成大规模人力集中，促使许多小共同体结合成一个总合的统一体，于是出现了国家的雏形。"①

2. 稻作灌溉技术与传统沟渠的质量检验技术

在农业灌溉这个系统工程中，如何节约、合理而又有效地分配灌溉用水，是一个非常关键的环节。一般而言，云南各地通行的灌溉分水技术主要是修筑闸门和开挖水口，而实现灌溉。但在西双版纳傣族社会，从干渠向各灌区分配水量时，并不是开挖水口或建立水闸，而是将打通竹节的竹筒埋置于水渠底部，以此作为引水涵管来达到分水目的。在这个分水过程中，用竹子制作兼具输水和配水功能的分水器，既能解决水量分配中的矛盾，又能保证稻作用水的需要，技术含量较高。

分水器由两部分组成，一部分是木质的标准配水量具，傣语称之为"根多"，汉译为竹筒塞。另一部分为竹筒所制的配好水量的标准输水管道，傣语称之为"南木多"，汉译为水筒。这两部分互相配合并发挥各自的功能，构成一套完整的配水设施。如图3—33所示，"根多"实际上是由不同粗细的圆柱叠加而成的一个器具，这些不同直径的圆柱，就是其配水的各个量级，它用以检查和测量所制作的输水管道"南木多"的孔径，从而通过不同孔径的"南木多"来控制灌溉水流量，使有限的水量能合理而均匀地分流到不同的稻田中，以满足水稻生长和耕作的需要。"南木多"的制作系将竹筒剖为两半，除顶端外将竹筒内其余竹节仔细挖去，修整光滑，再将两半竹筒合拢于顶端竹节中央画出所要挖的孔径位

---

① 马曜：《傣族水稻栽培和水利灌溉在宗族公社向农村公社过渡和国家起源中的作用》，《贵州民族研究》1983年第3期。

置，然后分别在两半竹筒的顶端竹节上按所画出的位置各挖半孔，边挖边合拢用"根多"相应的量级配试，直至得到标准的孔径为止。孔径挖好后，把两片竹筒合拢用竹篾捆牢，即制作完成。[①]

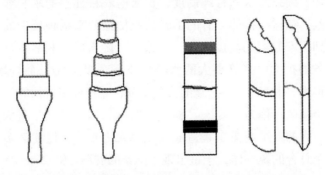

图 3—33 傣族分水器简图（左图为"根多"，右图为"南木多"）

在西双版纳傣族完整水利灌溉管理制度中，如何检验和修筑高标准的灌渠，也是水利管理的关键和核心。一般而言，每到傣历五六月间旱季时节，负责管理水利的官员，要动员各寨农民修理沟渠。沟渠修理完工后，择日祭水神，举行"开水"仪式，并放"试水筏子"对各村寨所修水渠的质量进行检验。通常的做法是，砍粗而壁薄的 5 至 6 棵竹子，捆扎成宽度约为 1 米、长度约为 2～2.5 米的竹筏，上面铺着黄布，从水头寨放下，筏子检查人员敲着铓锣随筏子顺流而下，若在哪一寨所修沟渠处筏子搁浅或漂流不畅，则令该寨另行修好。这种检验水沟质量的方法，表面上看并没有什么特别的地方，但经有关学者研究认为，它对渠底、渠宽、水渠弯曲率、渠堤沿岸空间都能进行有效的检验。如对渠底的检验而言，使用分水器，埋置涵管，均匀、合理地分配灌溉用水，是以沟渠底面为基准的。如果渠底不平或渠底面与渠流水面不平行，将不利于水量的分配。竹筏检验沟渠，它要求渠底平滑且渠底与渠流水面保持平行。因为竹筏顺流而下时，如渠底面不断升高，则水流落差相对减小，导致渠流水速减慢，竹筏有可能搁浅或浮而不行；反之，如渠底面不断降低与渠流水面不平，竹筏有可能漂流过快且颠簸大。这样，问题自然

---

① 详见诸锡斌：《分水器与傣族稻作灌溉技术——西双版纳农业史研究》，李迪主编《中国少数民族科技史研究》（第二辑），内蒙古人民出版社 1989 年版，第 168～181 页。

就暴露出来了。[①]

（四）哈尼族梯田的水利灌溉系统

傣族所从事的坝区稻作，利用的是江河湖塘平坝水源系统，只须开沟引水，即可获灌溉之利。而在山区或半山区从事梯田稻作农业的哈尼族，其水利灌溉基于山区特定的自然生态和梯田农业的特点，在长期的梯田垦殖中，积累总结并形成了一套有别于坝区水利灌溉的制度。

水利是梯田农业的命脉，无水渠无以谈灌溉，梯田也就不成其为梯田，所以水渠的修建是梯田必不可少的重要配套设施。水渠的修建是仅次于修造梯田的大型工程，一片梯田与之相配套的常常有数条主渠和若干条分渠，纵横交错的若干主渠和支渠构成一片或数片梯田完整的灌溉系统。修水渠时，事先需要探测水源，策划、测量水沟的走向，然后再组织实施。由于有的大沟渠，翻山越岭，跨州连县，长达数十公里，常常会遇到各种复杂的地形条件，需要具备相当高的技术和经验方能完成。具有良好的修水渠传统的哈尼族，他们在开凿沟渠时利用地势发明了特殊的"流水开沟法"，即开沟时以目测沟线，边开沟边放水，若施工中遇到大石头难以绕开，就用木材把石头烧红，然后泼水其上，致使石头炸裂。

哈尼族有着修水渠的良好传统。据史载，明洪武十八年（1385 年），今绿春县牛孔乡的托格、欧且两村哈尼族的先民联合修筑干洪水渠，长约 6 公里，流量 0.08 平方米/秒。弘治十八年（1505 年），今绿春县三猛乡的桐株村兴修"俣咀吓洞"水渠，长 1.5 公里，灌溉梯田 70 亩。同年，欧黑村新挖"欧黑"水渠，长 3 公里，灌溉梯田 90 亩。明万历三十一年（1603 年），今绿春县戈奎乡俄浦村兴修"明冬"水渠，长 2 公里，灌溉梯田 30 亩。[②] 又据有关部门统计，截止 1949 年，三江流域的红河、元阳、绿春、金平四县境内共修建水沟 12350 条，灌溉梯田面积 30 余万亩。1951 年，国家实行统一规划，各级政府组织实施建设，加之现代工具的运用，水沟建设有了一定的规模和质量。至 1985 年，上述四县共修

---

① 详见诸锡斌：《试析傣族传统灌渠质量的检验技术》，李迪主编《中国少数民族科技史研究》（第四辑），内蒙古人民出版社 1989 年版，第 123～127 页。

② 云南省绿春县志编纂委员会编：《绿春县志》，云南人民出版社 1992 年版，第 261 页。

建扩建水沟24745条，灌溉梯田面积近60万亩，其中流量在0.3平方米/秒以上的骨干沟渠有125条。[①] 就个别村寨来看，也是水渠密布。如元阳县洞铺村，仅有梯田950亩，而盘山而下的水沟就有22条，其中大沟5条，中沟4条，小沟13条。从高山顺流而来的水，由上而下注入最高层的梯田，高层梯田水满后，流入下一块梯田，再满再往下流，直至汇入河谷江河。这样，每块梯田都是沟渠，构成自上而下的灌溉网络。山间泉水都是常年不断的活水，不仅便于灌溉，而且便于排水、冲肥，使得灌溉与排水有机地统一起来。[②]

历史上哈尼族的水渠，有的是土司派百姓开凿的，沟权属于土司；有的是百姓集资开凿的，沟权属于村民；有的是私人自己开挖的小水沟，沟权属于私人所有。在各种不同形式的水渠修建中，从探水源、挖水沟、护水沟以及灌溉用水的分配，讲究的同一沟渠灌溉区内各村寨之间的协商与合作，亦即村寨之间的合议、集资与投劳是普通的修水渠的组织方式。如"清康熙五十二年（1787年），龙克、糯咱、绞缅三寨合议，决定在壁甫河源头（今元阳县境内）开挖水沟，灌溉良田。三寨出银160两，米48石，盐160斤，投工近千个，结果沟渠未修通。嘉庆十一年（1806年），三寨再议修沟，并决定每'口'水（'口'即当地放水计量）出稻谷150斤，银180两，米20石，盐100斤重修。经两年多的努力，终于将沟修通。但是清嘉庆二十二年（1817年）由于社会动乱，水沟年久失修，未显现效益。清道光九年（1829年），三寨又出银52两，重修水沟，并定下规约，立下石牌，凡不按规定参与整修，违约放水者一律处以重罚，致使沟渠长期受益于人民。"[③] 历史上哈尼族的聚居区，虽然水渠由各自所有者管理，并无统一的管理机构，但在沟渠的维护方面，几乎每条水渠都有专人负责维护，以保证渠水畅通。若遇大的塌方，水渠受益者就会自动组织起来，共同出力修复。平时村民也非常爱护水渠，不仅不会有意破坏，当看到水渠堵塞、渗漏、溢水时，还会主动处理或通知管水员。

---

① 黄绍文：《论哈尼族梯田的可持续发展》，李期博主编《哈尼族梯田文化论集》，云南民族出版社2000年版。

② 雷兵：《哈尼族文化史》，云南民族出版社2002年版，第101页。

③ 红河县志编纂委员会编：《红河县志》，贵州民族出版社1990年版，第150～151页。

梯田灌溉用水，主要来源于高山森林孕育的溪流潭水。在长期的梯田稻作实践中，"雕塑"大山的哈尼族，先是于高层梯田处，修凿拦断山腰的干渠水沟，把高山之巅"绿色水库"森林中流泻而出的龙潭、溪泉和四季之雨水引入水沟，然后再盘山而下，修建密如蛛网的分支水渠。灌溉之时，高山之水沿着干渠和分支水渠，由上而下，流入村寨，注入梯田，梯田相连，水沟纵横，泉水顺着块块梯田层层顺序向下灌溉，长流不息，最后汇入谷底的江河湖泊，又蒸发升空，化为云雾阴雨，贮于高山森林。这样便形成了一种独特的"活水"灌溉流程，水以奇特的方式贯穿于农业生态循环系统当中。

在千百年的梯田农业实践中，哈尼族形成了一种不成文的行之有效的管水方法——木刻分水。具体是根据一条沟渠所能灌溉的水田面积的多少，经众田主协商，规定每份田应得水的多少，按沟渠流经的先后顺序，在田与沟的分界处设置一横木，并在横木上面将那份田应得的水量刻定，让沟水通过木刻凹口自行流进田里，确保合理用水。一般来说，木刻凹口宽窄与所灌溉的梯田面积有关，凹口宽60厘米刻口所流经的水灌溉梯田面积52.5亩，收取150斤谷子作为沟头报酬。凹口宽30厘米刻口所流经的水灌溉梯田面积26.25亩，收取75公斤谷子作为沟头报酬。在制定木刻口的大小时，没有固定模式，各地大小不一，但都很注重木刻凹口的宽窄，一般不注重凹口的深浅。① 如遇到水渠灌溉面积大，恰逢枯水季节或插秧用水高峰期，渠水流量无法将所有的梯田同时灌溉之时，一个村子或数个村子共同利用一条沟渠水灌溉的田主就会主动协商，采取按时按田划块划片分期轮流或按天数轮流灌溉的办法。协商一旦确定，人们会很好的遵守，绝不会去抢水。总之，这种约定俗成、世代不逾的水规，为维护和谐的人际关系和梯田农耕系统发挥了良好的作用。

六　云南稻作农耕体系中朴素的自然历法——物候历

在地球生物圈这个熙熙攘攘的生命大世界中，环境周期变化与生物周期活动之间存在着某种对应关系，大自然本身便是一本生动的教科书，

---

① 黄绍文：《论哈尼族梯田的可持续发展》，李期博主编《哈尼族梯田文化论集》，云南民族出版社2000年版。

各种不同的人们共同体通过对周边的鸟兽虫鱼、草木生态的变化以及其他自然现象的长期观察,总结出灵活多样的物候历法,用之来辨农时,指导农业生产。如在我国古代的农业生产中,《吕氏春秋·审时篇》称:"凡农之道,厚之为宝。"此中的"厚之",或释为"候之",或释为"候时",都共同强调了遵守物候和农时是农耕的重要原则。因为,如果误了农时,将会耽误备耕,影响农作物的正常生长和收获。所以,《孟子·梁惠王上》说:"不违农时,谷不可胜食也。"《荀子·王制篇》亦云:"四时不失时,故五谷不绝而百姓有余食也。"

通过感知自然现象而预报农时,在云南各民族的农耕实践中备受关注。许多民族在各自的生产活动中,根据自然变化对动植物生息枯荣的影响,或以自然界的变化规律为计年方式,或以物候的变化和生产周期(作物的生长周期)为计算单位,总结出了一套套与农事相关的历法,并沿用至今。这里,我们以哈尼族、傣族、景颇族、傈僳族、佤族的物候历作为五个典型个案,详述于后。

哈尼族 以经营梯田稻作著称于世的哈尼族,为了有效地控制、利用生态环境,以适应山区自然条件的变化,他们在长期的生产实践中,积累了丰富的生产经验和科学知识,创造了一套具有一定实用价值的农事历法——物候历,按照自然天象物候的不同变化来安排各种农事、祭祀活动和家庭生活。其历法的推算方法与夏历基本相同。每年分为12个月,每月都是30天,几年一润。全年只分三季,即冷季、暖季和热季(雨季),每季为四个月。暖季称"瓮夺",意为春风送暖、万物复苏,相当于夏历的春季和夏初,是着手备耕、浸泡撒播谷种的繁忙时节;热季称"搓塔"或"惹安",为天气湿热、五谷青黄不接之际,相当于夏历的夏末与秋初,恰好是稻秧栽插完毕、谷子生长以及稻谷成熟收割期间;冷季称"常塔",为云雾弥漫、天寒地冻的意思,相当于夏历的秋末和冬季,正处在铲埂修堤坝、犁翻田地、疏通沟渠、放水泡田的休耕期。日以十二生肖命名。以某种树发芽、开花或候鸟的鸣啼声来判断季节的更替,而一日之内的时间变化则观察太阳,以日影位置的移动来确定时间的早晚。[①]

---

① 参见毛佑全、任新义:《哈尼族物质生活资料生产活动特征》,《思想战线》1989年第6期;王清华:《梯田文化论——哈尼族生态农业》,云南大学出版社1999年版,第9页。

　　哈尼族的物候历，作为其梯田文化的重要组成部分，规范着基本的农事活动和生活程序（见表3—8）。另外，在一些哈尼族民间，有的还把整个稻作农耕过程以古歌的形式固定下来，世代传唱。如哈尼族各地流传的四季生产调，唱述的内容包括从备耕一直到收割完毕、粮食进仓的各个环节。[①]《十二月歌》，简直就是一部物候历，歌中说攀枝花是哈尼的历书，是哈尼的报讯花，正是它告诉哈尼人要过年了，该翻田了。《火红的妥底玛依》中，有了夏种、秋收、冬藏的经纬。《尝新先喂狗的由来》讲到，布谷鸟叫，人们忙着挖田开沟；阳雀叫了，则忙着撒播稻种；燕子飞来，再忙着移栽稻秧；鱼雀将叫，便开镰收割；燕子南去，又翻田备耕。《阿罗找布谷鸟》则索性将布谷鸟拟人化，让它说人话报节令："三月水满田"、"五月长青草"、"七月谷子黄"。

表3—8　　　　　　　　　　　　哈尼族物候历与农事安排

夏历	哈尼族物候历	哈尼语名称	参照的自然物与自然现象	农事活动
十月	一月	户鱼巴拉	气温绥降，草木开始枯黄	抢收晚熟作物
十一月	二月	年叟巴腊	冷空气降临，霜落四野，草木凋零	翻犁水田，糊田埂
十二月	三月	思鱼巴拉	进入寒冬，鸟虫不飞	男人下田修埂、积肥，女人在家纺织土布、制衣
正月	四月	遮拉巴拉	柳树吐芽，燕子报春，万物复苏	修理农具，寻找耕牛，积极备耕
二月	五月	贝若巴拉	草木发芽，气温渐升，万物萌动	女主人捂稻种，男劳力犁耙秧田，准备育秧
三月	六月	擦奥巴拉	春雨初降，布谷鸟声声传遍山野	进入栽秧大忙时节，人们忙于选种、育秧、插秧
四月	七月	咪提巴拉	雨量渐增，天气转热，山茶花盛开，山野染绿	薅头道秧
五月	八月	伏森巴拉	雨季来临，万木繁茂	薅二道秧

─────────────

　　① 与哈尼族农事节令相关的古歌，最具代表性的有《报春的布谷鸟》、《农事节令歌》等，请参阅秦家华等编：《云南少数民族生产习俗志》，云南民族出版社1990年版，第72～84页。

续表

夏历	哈尼族物候历	哈尼语名称	参照的自然物与自然现象	农事活动
六月	九月	苦玛巴拉	进入雨季,时降大雨	谷子开始拔节抽穗,需铲埂除草
七月	十月	农森巴拉	山间热风吹动,雨量最大	稻谷灌浆垂穗,护秋,整修道路,以备秋收运粮
八月	十一月	属纳巴拉	风雨渐减,谷穗下垂,漫山金黄	秋收大忙,稻谷入仓
九月	十二月	属浦巴拉	雨水减少,气温下降	打埂犁田,进入休耕阶段

此表在编绘过程中,参考了白宇:《哈尼族历法概论》,《红河民族语文古籍研究》1987 年第 1~2 期;史军超:《哈尼族十月物候历与农耕生产》,中央民族大学哈尼学研究会编《中国哈尼学》(第一辑),云南民族出版社 2000 年版。

景颇族 居住在亚热带山区的景颇族,擅长根据居住地全年分雨季和旱季的亚热带气候特点,环环相扣,合理地安排全年的生产。在其生产安排中,以物候历定农时,相沿成规成俗,有的甚至以民间歌谣的形式固定传唱,如《种谷调》中唱"布谷鸟叫夏天到,放水泡田栽秧苗"。《秋收歌》中唱"下了露水谷子黄,割谷要挑好时光"。

当然,由于景颇族有众多的支系,各个支系生存的自然环境不尽相同,加之各种作物的生长周期有别,致使不同地区不同作物的播种、收割时令所依据的自然信息也不同。如在潞西县东山乡下翁角村,栽秧的节令是从一种景颇语称为"南罗逊"的藤状寄生植物的变化而获取的,当这种植物开出红色花朵时,标志着栽秧季节来临。山岭上旱谷地和草棉的播种,是听春季的蝉鸣和看一种称为"半湟"的树开白花。一种叫"木蕊"的植物开花则标志着冬季的来临,也标志着豌豆、蚕豆、小麦等小春作物的播种节令。稻谷的成熟收割时间,是从"蓬生"草获取信息,蓬生草开花便到了收割季节。[①] 虽然各地的景颇族,大都根据自然特征掌握了丰富的节令经验,但历法不是很健全,各支系对每个月的命名也不统一,惟有茶山支系将每个月主要的农业生产活动作为月份的名称固定

---

① 金黎燕:《景颇族原始信息传播及其变迁》,杜玉亭主编《传统与发展——云南少数民族现代化研究之二》,中国社会科学出版社 1990 年版。

下来（见表3—9）。①

表3—9 景颇族的农事历法与农业生产活动

月份	景颇语名称	名称含义	活动内容
正月	约炳恰	砍地月	砍地、砍柴、盖新房、结婚、串亲戚、妇女织筒裙
二月	约额恰	烧地月	继续正月的活动，开始挖老地，结婚的最多
三月	谷得恰	撒谷月	挖老地，种植包谷等
四月	得育恰	祭鬼月	进行大规模的祭祀活动——春播及繁多的祭祀，紧接着大规模的播种开始
五月	峨落恰	鱼向下游游去之月	旱谷薅一道，铲一道包谷
六月	聪落恰	天亮月之意，喻庄稼快成熟	继续薅旱谷，铲包谷
七月	约苗恰	薅地月	继续薅地，开始收早庄稼
八月	着六恰	意为守雀月，不让雀鸟来吃快成熟的庄稼	守雀，收割旱谷、早包谷
九月	谷作恰	意为吃谷月	收割谷子、堆谷子、打谷子
十月	说播恰	意为吃谷月	收打谷子、驮谷子归仓
十一月	知着恰	意为樱桃花开之月	生产活动进入尾声
十二月	攒冈恰	意为一年完了，又进入第二年	旱地生产基本结束，妇女开始织筒裙，男子准备盖新房材料

傈僳族 居住在怒江、澜沧江、金沙江三江流域河谷山坡地带的傈僳族，主要以种植旱地作物为主，兼营少量水田，是典型的山地民族。在漫长的历史岁月中，他们按照当地山川地形、时序物候的变化规律，借助花开鸟鸣、草木枯荣、雨雪冰霜等自然现象的变化，作为判断节令的物候，创造了一套"但候草木荣落以记岁时"、"耕种皆视花鸟"的原始记时方法，即物候历，时令称之为"花鸟历"。

傈僳族的"花鸟历"具备直观、感性的自然知识和天文知识，便于人们较为科学地掌握生产节令和各种作物的栽培。在这个历法中，把一

---

① 罗钰：《云南景颇族的旱地农业及其农具》，《农业考古》1984 年第 2 期。

年分为干湿两季和 10 个节令"月",即所谓的花开月(三月)、鸟叫月(四月)、烧山月(五月)、饥饿月(六月)、采集月(七、八月)、收获月(九、十月)、煮酒月(十一月)、狩猎月(十二月)、过年月(正月)、盖房月(二月)。十个时令月严格按照生产劳动来划分,如岁首花开月,听到"整百勒"鸟鸣叫,始翻土晒地;在鸟叫月,听到布谷鸟鸣啼,开始播种。

佤族　居住在阿佤山的佤族,民间有不少神话传说提到以物候定农时的细节。如《司岗里》中讲到,其先民把春蝉叫的日子定为撒旱谷撒秧的节令,把绿蛙叫的日子定为薅旱谷的节令,把秋虫叫的日子定为秋收的节令。《我们是怎样生存到现在》则说,有一仙人教导佤族先民:"小鸟'背背'叫时,你们赶快挖地;'姑姑'鸟叫时,你们赶快撒谷子。"这反映的是早期农事历法萌芽阶段的情况。

现如今各地擅长于旱地作业尤其是旱谷种植的佤族,基于各自农业生产经验和对天文与自然现象的观察,形成了一些简单的历法,用于指导和安排农业生产。我们这里以西盟岳宋佤族和大马散佤族为例,列表以窥其一斑。

表 3—10　　　　西盟岳宋、大马散佤族农事历法与农事活动

岳宋佤族				大马散佤族(1957 年)			
佤历		相当于阳历	生产活动	公历月	农历月	佤历月	生产活动
月份	译音						
1	勒月	9 月下旬至 10 月下旬	割完谷子	12	10、11	"各端"月	薅鸦片、收荞
2	勒木月	10 月下旬至 11 月下旬		1	12	"固人安"月	薅鸦片
3	管月	11 月下旬至 12 月下旬	薅小豆和荞地	2	1、2	"耐"月	铲谷地、收鸦片、种洋芋
4	紫月	12 月下旬至 1 月下旬		3	2、3	"气艾"月	种地、收小麦、撒旱谷
5	磨月	1 月下旬至 2 月下旬	收豆、荞	4	3、4	"阿木"月	撒谷种、种包谷
6	彼月	2 月下旬至 3 月下旬	铲谷地	5	4、5	"倍"月	薅第一次草、收洋芋
7	苏月	3 月下旬至 4 月下旬	撒谷种	6	5、6	"戛扫"月	下大雨、薅第二道草
8	格拉月	4 月下旬至 5 月下旬	薅谷地	7	6、7	"格拉"月	包谷、南瓜成熟

续表

	岳宋佤族			大马散佤族（1957年）		
9	培月	5月下旬至6月下旬	薅谷地	8	7、8	"阿配"月	旱谷将熟
10	殆因月	6月下旬至7月下旬	铲小豆和荞地	9	闰8	"阿代依"月	叫谷魂、修晒台、割谷
11	膏努月	7月下旬至8月下旬	种小豆	10	闰9	"高哈其"月	割谷、种荞
12	膏动啊月	8月下旬至9月下旬	割谷子、种荞	11	9、10	"高哈闹"月	撒菜种、种鸦片、种小春

本表在绘制过程中，参考了国家民委《民族问题五种丛书》云南省编辑委员会编：《佤族社会历史调查》（一），云南人民出版社1983年版，第63~64页；《佤族社会历史调查》（二），第34页。

傣族　相对而言，在云南各民族中，傣族的历法较为完备，他们在汉族天文学和印度天文学的影响下，创制了自成体系的历法——傣历，并用之来指导农业生产。这里，我们以20世纪50和90年代两个时期为例，列表作一说明。

表3—11　　　　　　　　傣族历法与主要稻作农事活动

月份		20世纪50年代前的主要的稻作农事活动	20世纪90年代的主要的稻作农事活动
公历	傣历		
1月	三月（冷山）	休耕	栽早稻
2月	四月（冷伙）	休耕	早稻施肥
3月	五月（冷哈）	烧地、整地	为早稻除草
4月	六月（冷哄）	备耕、修水沟	早稻田间管理
5月	七月（冷基）	犁耙秧田，理秧厢、浸种、晒种、播种	收早稻，修水沟，中晚稻备耕
6月	八月（冷别）	犁耙秧田，拔小秧，栽寄秧，种旱谷	做秧田，浸种、催芽、撒秧，月底犁耙大田，拔秧栽秧
7月	九月（冷告）	犁、捂、堆、耙、平大田，拔寄秧入栽大田，山地薅草	继续栽秧，追肥、管水、除草
8月	十月（冷取）	继续栽秧，围栅稻田，管水，山地薅草	稻田管水，除草打药

续表

月份		20 世纪 50 年代前的主要的稻作农事活动	20 世纪 90 年代的主要的稻作农事活动
公历	傣历		
9 月	十一月（冷西别）	稻田管水、除草，准备收割和打谷工具	田中放水
10 月	十二月（冷西双）	稻田开始收割，旱谷收归入仓	收谷、打谷、归仓
11 月	一月（冷惊）	稻田选种、收割、堆谷、打谷	犁田耙田，为栽早稻备耕
12 月	二月（冷干）	收割完毕，搬运入仓	继续为栽早稻备耕

　　本表在绘制工程中，主要参考了郭家骥：《西双版纳傣族的稻作文化研究》，云南大学出版社 1998 年版，第 39、61 页。

　　傣族的生产历法，有明显的四季之别，月令之分，表明它已经脱去了层层直观物候的外衣，走出古朴的自然历法阶段，趋向理性的把握。但在民间生产习俗中，至今还有以物候定农时的歌谣流传。如《十二月调》依据当地物候，把一年分为三熟，月月不闲。正月全寨犁冬田，二月砍刺护秋田，三月种棉，四月铲田埂，五月放牛，六月栽芭蕉秧，七月谷子黄，八月插晚稻，九月忙收割，十月收晚稻，冬月育旱秧，腊月栽早秧。《十二月》说的是正月赶街串寨，二月准备农忙腌菜，三月薅草，四月犁田，五月栽秧，六月秧长，七月织布，八月磨镰，九月收割，十月赶摆，冬月谈情，腊月成亲。

　　上面我们选介的五个民族的物候历法，是这些民族在各自不同类型的稻作实践中，对周围环境中的动植物的形态特征和习性长期观察的产物，是人们认知思维的人文成果，也是稻作农耕技术体系的有机组成部分。

第四章　云南各民族的稻作农耕仪礼及农耕神观

一　稻作农耕仪礼的构成

在农耕仪礼的分类研究中，最为常见的是把各种仪礼笼统地分为定期的和不定期的两种类型。① 这种分法，突出的是仪礼举行的确定性与不确定性，简单易行，但用之于对稻作农耕仪礼的分类研究，却不能很好的反映稻作农耕祭祀与稻作生产共同具有的周期性特点，所以我们在本部分将以稻作生产的准备与展开过程为主轴，以一年为一个完整的周期，具体把稻作农耕仪礼分为预祝性的祈年仪礼、播种与插秧仪礼、生长过程仪礼、收获仪礼四个类别来分别论述。这里，还须特别说明的是，由于在稻作生产过程中都有相应的祭谷神仪式和求雨仪式，且谷神信仰在稻作民的信仰观念中占有核心的地位，所以我们把祭谷神仪式和求雨仪式从农耕仪礼中抽出来，单列两节进行集中的讨论。

（一）预祝性的祈年仪礼

稻作农耕多始于春而终于秋，冬季就成为"一岁一枯荣"的季节转换点，很多民族便在农闲的冬季安排过年。辞旧迎新的年节，在休养生息对天地万物进行隆重报祭的同时，还要举行一系列的祭祀活动，为来年的农业生产祈福。如在我国古代的江南地区，从正月初一开始到清明

---

① 所谓定期的仪礼是指与自然规律相协调，随着季节的推移而举行的仪礼，如"春祈"、"秋报"。不定期的仪礼是指打破自然规律的为了应付紧急情况而举行的一种仪礼，如临时性的祈雨、祈晴、禳蝗、驱虫等仪礼。

节期间，或官方或民间举行的带有祈年性质的祭祀活动有"正月初一祈年"、"谷日祈年"、"元宵节祈年"、"龙抬头祈年"、"立春祈年"、"清明祈年"、"三月初三占年"等，祈祭的对象主要是土地神、祖灵和龙神。

图 4—1　晋宁石寨山青铜贮贝器上的"播种"仪式

（选自张增祺：《滇国与滇文化》）

同样，以农耕为本的云南各民族社会，为了祈求农业生产的丰收，于岁首举行各种各样的农耕祭祀活动，是甚为久远和普遍的。早在公元前 6 至前 1 世纪的滇王国时期，滇池区域从事稻作农耕的各种人们共同体，为了祈求风调雨顺和农作物的好收成，常要举行各种祭祀活动。比如晋宁石寨山 12 号墓出土一件青铜贮贝器，其顶盖上雕铸有 32 个不同动态的人物形象，中间竖立三个重叠在一起的铜鼓，所有的人都围绕这些铜鼓在举行祭祀仪式。此图像冯汉骥先生解释为"祈年"和"播种"仪式，与祭祀农业之神有密切的关系（图 4—1）。[①] 类似的祈年之俗，在如今云南的旱地稻作和水田稻作的备耕仪礼中仍不同程度地传承着。

旱地稻作和水田稻作，备耕有着较大的差异，由此所形成的祈年礼俗或者说备耕仪礼也是不完全相同的。在云南诸多山地民族中，几乎每一个民族的民间都传承着繁简不一的备耕仪礼。如基诺族和汉族一样要过年，他们把过年称为"特懋克"，日期则以每个支系内部父母寨与儿女寨的辈份大小为序，一般一个支系 20 几个村寨都过完年要一个月左右，时间略比汉族春节早。过年是欢乐的日子，同时也是备耕开始的日子。各地基诺族在过年期间，除了欢聚歌舞、互相拜年作客外，全寨要剽牛

---

① 冯汉骥：《云南晋宁石寨山出土铜鼓研究——若干主要人物活动图像试析》，《考古》1963 年第 6 期。

祭神，铁匠举行开炉打铁仪式，开始打制钢刀、铁锄为春耕作准备。最后，由村寨长老主持耕地仪式，过年结束，全寨进入忙碌的备耕阶段。

特懋克节过后，各村寨要祭寨神，祈求寨神保护这一年的农耕和狩猎生产顺利。在祭寨神时，由巫师"白腊泡"撒米祷告，祷告之词如下：

> 寨神卓米思巴，在新的一年开始的时候，我们送给你的猪、鸡蛋、银子，请你收好。我们家给你的礼物虽少，达不到你的要求，满足不了你的愿望，请你原谅。请保佑全寨老幼平安，走路、进山、下河时不要碰到不吉利的恶鬼。靠你寨神卓米思巴，寨子里人群、猪群、鸡群、牛群才会兴旺。天神、地神，我们送旧迎新之后，献给你们的礼物要收好。在新的一年我们去撒谷种、种菜、插秧。请不要让种子霉烂，一粒谷种发十棵苗，一棵谷穗结百粒谷，地里的谷子长得像山茅草一样好。谷穗长得像芦苇花一样长，谷粒饱满得像刚脱壳的螃蟹一样胖，种下的姜巴像砂仁苗一样发芽，种下的冬瓜、黄瓜藤长得九瓣长，一瓣结成十个果。①

经过此仪式后，全寨即进入砍地阶段。

居住在阿佤山区的佤族，其农业生产主要围绕着旱地种植旱谷来安排。在春耕播种之前，要举行引水、改火、祭社等活动。引水一般在春节前几天，选择因善跑而象征雨水均匀的兔日，集体去修饮水沟，并带上白、红公鸡各一只，到沟头祭水主、龙王，用鸡骨看鸡卦，卜雨水。祭社是佤族最隆重的祭祀活动。佤族认为，社神不但管寨子里的人，也管庄稼、牲畜、年成，每年都要杀猪或剽牛祭祀之。祭祀时常要念这样的祝词：

> 寨上的社神啊，寨下的河灵。白露花已经开白了山坡。刺桐花已经开红了寨周。山风呼啸，骄阳似火。是我们播种的时候了，是我们栽插的季节了。我们要撒小米了，我们要播稻谷了。是白鹇带给我们的稻种，是山雀带给我们的小米籽。让它们落到地上，让它们进到土里。陡坡也能扎根，岩上也能发芽。小雀来了遮住它的脸，

---

① 于希谦：《基诺族文化史》，云南民族出版社2000年版，第143页。

松鼠来了捂住它的嘴。让它蓬大，让它叶壮。让它穗穗饱满，让它丘丘倒伏。我们已经备仓以待，愿我们收获昭昭！①

祈年或者说举行备耕仪礼的目的，是为了预祝谷物的丰产，消除农耕生产之前各种不安的心理，而祭拜与稻作生产相关的各种神灵，如正月初一，怒江白族设坛祭祀五谷神；六日，昆明西山区白族，举行开年动土祭祀、挖土仪式，祭祀田公地母；八日，石屏哈尼族祭龙；十三日，绿春傣族巡田坝迎春。在祭拜各种神灵的同时，通过祭祀活动中所呈现出来的某种物像来占卜预测当年的年成，也是预祝仪礼的一项重要内容。如红河州彝族在每年正月初一至初三举行的祭山活动，就包含有占卜年成的内容。在祭山这一天，人们要把各自准备好的青冈栗树枝插在神树四周。祭拜过山神后，通过被太阳晒卷了的青冈栗叶形状预测当年每个家庭的收支情况。

（二）播种、插秧仪礼

在云南稻作的形成、发展和演变过程中，旱地稻作一直是一个非常重要的类型，尤其是有的山地民族，旱地植稻的历史要比水田种稻悠久得多，相应的民间传承下来的稻作农耕祭祀礼俗也大都反映了山地稻作的特点，所以，我们这里把播种、插秧仪礼分开来介绍，播种仪礼偏重于旱地稻作，插秧仪礼主要在水田稻作农耕实践中传承着。

1. 旱地播种仪式

云南的山地民族，在长期的旱地稻作实践中，从选地、砍地、烧地一直到播种都要举行极具地区和民族特色的祭祀活动。这里，为了便于研究，我们选取以下4个民族的典型材料并围绕之展开具体的分析。

材料Ⅰ：基诺族的播种仪式

以刀耕火种农业为主的基诺族，一般在农历一二月间择吉日砍地开荒，砍地时要举行相应的仪式。砍地后约过半个月，树木晒干后，要先开一道放火沟，按同一村寨的氏族顺序烧地，举行烧地祭。接下来是在地中搭建窝棚，作为将来劳作休息、看护庄稼、打谷子、存放粮食和农

---

①　秦家华等编：《云南少数民族生产习俗志》，云南民族出版社1990年版，第201～203页。

具的地方。至此，整个备耕活动结束，转入播种阶段。

在播种这个关键的时节，部分村寨要杀牛、猪，举行一种叫做"戛巴木"的仪式，祭献寨神，请它关闭鸟门、兽门、鼠门，不要让其偷食种子。接着，先由寨老扛着铲，背上谷种，在地头撒饭谷，在地脚撒糯谷，边撒边祈祷老鼠、麻雀不要为害谷种。当寨老在自家地里举行过撒谷种仪式后，第二天各家各户方到地里铲几下土，象征性地撒一些种子，举行播种仪式。这是基诺族普通的播种祭祀情况。而基诺族的播种仪式各村寨略有不同，其中，基诺山巴亚寨的播种仪式有"谷生洛"（谷神祭）、"乔生洛"（粮谷祭）、"小才乔洛"（播种旱谷祭）等名称，整个播种仪式由杀牛祭和播种仪式两部分构成。杀牛祭是各户出钱买牛杀祭宴饮，长老的祭词是：

> 寨鬼（左米生巴）、水井鬼（左米以确阿生）、去世的父（阿布丕拉）、母（阿嬷丕勒）、谷鬼（乔木阿生）、山鬼（木里阿生），我们杀了四条腿的健壮的水牛，杀了两条腿的鸡，摆了酒饭，请来吃肉，请来喝酒，请来吃饭。种旱谷的时节到了，百以上的男子扛着点种用的剁铲，抱着一公一母的鸡，到父亲点种的地方去播种祭献。百以上的女子背着装籽种的通帕，拿着姜、芋头、鸡冠花，到母亲下种的地方去撒种祭献。我们在地脚点糯谷，请不要让虫类鼠类吃谷种；我们在地头点饭谷，请不要让雀鸟吃谷种；请不要让播下的籽种发霉，请不要让籽种被水冲。请保佑我们撒下的籽种苗壮生长，谷秧发蓬就像"比白草"（比茅草发蓬多的一种山草），谷秆壮的粗如箐边大龙竹，谷叶长的像芭蕉叶，谷穗胖如山头又长又大的芦毛花，像又粗又长又多权的盐酸木花朵，谷粒饱满如箐中的大螃蟹。……

在杀牛祭的次日，举行播种仪式。先是在七长老的山地举行播种仪式之后，才由各家庭分别举行。在这个仪式中，最先播种的长老家的那块地——"居最"，在人们的心目中十分重要，不仅因为人们曾在这里举行了神圣的播种仪式，而且还因为未来旱谷成熟举行吃新米仪式时要首先在此采摘谷类等作物，叫谷魂时亦首先到这里举行仪式，更重要的是这里的种子在收割时必须好生收起放在仓库里的专门角落，并作为来年举行"居最"仪式的籽种。①

材料Ⅱ：景颇族的播种仪式

从事山地农耕的景颇族，每年每个村寨必须在举行"春播"仪式后，才能下种，违反者将负有收成不好的责任。具体的时间各地不一，一般在农历四月间由巫师"董萨"打卦决定。确定好日期后，由寨中老人选一小块公地，砍倒树木杂草，围以竹子。祭祀时放火烧光草木，由祭师杀猪、牛和鸡等祭祀天神、地母和山神，并选出一对男女按传统方式先在酋长或村长待播土地上播种。女子在前，手持竹制小锄打洞点种，男子在后用扫帚平土。举行这一仪式后，各家才开始播种。有的村落还要杀猪埋于土中，奉献地母，祈求丰收。也有的以部落酋长的名义，每三年杀牛一头，洗净五脏，然后埋在地里，向地母献祭。景颇族播种仪式最主要的内容之一就是模拟种植旱稻的一些过程——用锄点种，用脚盖种，再现远古时期人们种植旱稻的具体情景，颇似古代的"籍田"之礼。这个仪式折射出，在远古人们种植旱稻时，只不过是用石斧、石刀、竹锄、木棒等简陋的工具，广种薄收，尚不知开沟筑渠，亦不会经营水田。

材料Ⅲ：布朗族的播种仪式

主要从事刀耕火种山地农业的布朗族，各地在播种之前围绕着选地、砍地、选种、烧地都有相应的祭祀活动。如在选地时，一般要以村社为单位举行祈祷仪式，请祭师占卜选地的好坏，祭寨神、地神等神灵。砍地和烧地时，也要择吉日举行繁简不一的祭祀活动。当这一切准备结束后，接下来就是播种了。

在各地布朗族的播种仪式中，云南勐海布朗山的布朗族，有一种卜播种的风俗。每年春播时，村寨用一只鸡、一对腊条、7筒米，请佛爷和巫师到烧好的山地里卜卦。卜卦者将米置于一竹筒中，再分装3筒，每筒里放一张写有不同地名和不同方向的芭蕉叶卷，念经祈祷后，用竹杖一指，指到的那个筒，芭蕉叶上所写的地名和方向，即为神选定，全寨人则在这块土地上，按家族的划分开始播种。在播种之前，一般要在决定播种的山地中央选留一小块地盘，作为谷魂居住的地方，播下种子，巫师进行祷告，用饭菜祭祀和"滴水"，祈求谷魂在这里安家。同时，在

---

① 详见吕大吉、何耀华主编：《中国各民族原始宗教资料集成》（基诺族卷），中国社会科学出版社1996年版，第804～808页。

这块谷魂地的中间和四角插上木棍，象征祖先神灵"代袜么·代袜那"和"水魂"都已请来，和谷魂聚集在一起。祭完谷魂地，便开始大面积播种。①

材料Ⅳ：西双版纳哈尼族僾尼人的播种仪式

以经营梯田闻名于世的哈尼族，在其旱地稻作中也有繁简不一的播种仪式。如西双版纳哈尼族僾尼人在每年阳历四月，当山地犁耙完毕，准备下种的时候，竜巴头带上寨内老年男子拿着祭祀的一对鸡、两瓶酒和一些谷种，到寨内的水井和水潭边进行下种前祭祀谷种的活动。他们首先舀出泉水冲洗谷种，然后杀鸡供奉，祭谷种神、水神，祈求神灵保佑，使籽种得到雨水灌溉，顺利发芽生长。祭祀活动结束后的第三天，便开始下种。下种时，要先将竜巴头的地种完后，全寨才开始抢种。届时，凡能下地劳动的人统统下地，每户人家都要在地神打开大门的时节，将种子播到地里。错过时节，地神把门一关，种下去的庄稼就长不出来。下种结束，即祭竜，祈祷地神让刨开的土地合拢，让挖伤的蚯蚓养伤复元。②

上面选介的四个典型事例，基本上可以代表云南山地民族旱地稻作播种仪式的实情。从各个事例中我们可以看出，播种要择吉日举行破土仪式，要杀牲祭祀地神、田神、谷神、水神等各种神灵，并不是随随便便很私人化的事情，而是同一个社区或村寨集体性的行为，带有很多神秘庄重的色彩，它都共同强调了同一群体的共同利益关系。同时，播下种子就是播下了希望，而要保证播下的种子正常发芽、生长，除了要得到土地神、水神、祖先神等各种神灵的庇护外，谷魂与谷种不能分离的观念也格外鲜明，所以在很多民族的播种仪式中，不仅要辟出专门的土地用以举行播种仪式，而且还有专门的"谷魂地"，谷魂地里种下的谷子在日后的尝新和收割时，同样扮演着重要的角色。

2. 秧田撒种及插秧仪式

与旱地稻作不同，秧田撒种及插秧仪礼包括两个环节。一是在撒种时的仪式；二是在插秧时的仪式。

---

① 参见王树五：《布朗山布朗族的原始宗教》，《中国社会科学》1981 年第 6 期。

② 参见征鹏、杨胜能：《西双版纳风情奇趣录》，云南大学出版社 1986 年版，第 205～206 页。

秧田撒种时的祭祀，一般都较为简单，但也和旱地播种一样，不可或缺。凤仪地区以种植水稻为主的白族，对播种育秧特别重视，播种时要举行简单的仪式：一是点一对青香，上串一对金银大锞和一束鲜花，插在秧田进水口的水照壁上，主人面对水口叩拜，祈求田公地母保佑小秧稀密均匀，生长良好。二是谷种要绝对洁净，谷种运到田边，先用稻草火熏种除秽后方能播种。若种子不洁净，撒在秧田里的谷种会爬成堆，造成秧苗短缺。① 昆明西山白族撒秧时要在秧田水口处，以1碗米饭、1块肉、1杯酒和2炷香供祭田公地母。祭祀由家长主持，祭者口中念道：请田公地母保佑，今天我们正式撒秧了，我们用饭、肉、酒来祭你，求你保佑我们的秧出得齐，长得好。一边念一边叩首，并把祭品抛撒在地上，祭毕再叩头，共同祭祀的人分食祭品后，方开始撒秧。② 红河地区的哈尼族把育秧前的祭祀称为祭秧田。祭秧田一般在立春后的属牛日，从祭秧田起，禁止农耕以外的所有活动。祭秧田那天，先由各家家庭主妇染红鸡蛋和黄米饭在家供奉祖灵。次日，各家家长把头天的祭品包好随咪谷到田边祭献田神。随后，咪谷先挖三个坑并播下几粒谷子，其他人就可以进行播种撒秧了。③

在插秧时，许多民族如同在旱地播种时要举行"破土"仪式一样，也要举行"开秧门"的仪式。"开秧门"仪式作为一种重要的生产风俗，各地的情况略有不同。我国长江、淮河中下游和安徽的江淮地区，此仪式非常盛行。一般仪式由家长主持，焚香烛，放鞭炮，祭土地神。祭毕，全家或全族聚餐，饮"开秧酒"。尔后，由德高望重的长者或家长，至水田中插上第一株秧苗，晚辈子孙接着插秧，唱插秧歌，男女对赛。年轻人相互撩秧田泥水泼洒，虽被泼得浑身淋漓，亦不恼怒，相反认为吉利。而浙江西部地区的开秧门仪式是这样的——插秧第一天，主妇备好点心、饭菜、酒肉，让家人会餐品尝各种象征丰收的食品，如吃笋，以示稻像笋一样快长；吃粽子和年糕，以示"粒粒种，年年高"。有的户主还绕秧

---

① 见吕大吉、何耀华主编：《中国各民族原始宗教资料集成》（白族卷），中国社会科学出版社1996年版，第705页。

② 详见董绍禹：《西山区白族宗教调查》，国家民委《民族问题五种丛书》云南省编辑委员会编《昆明民族民俗和宗教调查》，云南人民出版社1985年版。

③ 参见王清华：《梯田文化论——哈尼族生态农业》，云南大学出版社1999年版，第293页。

田走一圈后，拔一把秧带回家，扔在门墙上，谓之"秧苗认得家门，丰收由此入门"。

云南各民族的"开秧门"仪式中，以哈尼族最为典型。据李期博调查，红河乐育乡等地的哈尼族春种开始之前，要择吉日举行开秧门仪式。是日早，先蒸黄色糯米饭、煮红蛋、杀鸡祭献祖宗和社稷神，然后去拔秧。拔秧时，从田边掐三枝鲜嫩蒿枝尖，用树叶包起来，再用藤条将之绑在秧田边的三株秧苗上，这三株苗留下不拔。拔秧的人边拔秧边说："秧田越拔越宽，大田越栽越小。"拔好的秧苗送到田间后，头一把秧要由家庭主妇或男主人来栽，这就是开秧门。开秧门的人要边栽边念：天门开了／地门也开了／河坝傣家开秧门了／大地方的汉族开秧门了／阳春三月不开的门没有了／最先栽秧的不是我／最后栽秧的不是我／最先栽秧的是"妥交腊理"／最后栽秧的是"纳里阿周规利红莫"。

开秧门的人栽完第一把秧后，就要朝田地下方奔跑，旁边的人用泥水或泥巴泼打他，促使他（她）跑得更快，意味着栽秧的速度也快。随后，大家一起下田栽秧。插秧至中午，各家各户要在自家田中央找一空地，摆上祭品，祭献田神。[1] 哈尼族插秧结束后，要在田的水口处并排插下三把秧，以此表示关秧门。这天收工回家时，用一个染红蛋叫着魂回来，其意是在插秧过程中，魂可能丢在田坝里，要把灵魂一块叫回家里来。否则轻者生小病小疾，重者生重病，甚至死亡。晚上还要杀鸡祭献祖宗和社稷神。[2]

与哈尼族相类似，武定、元谋等地的傈僳族，每年播种时要依属相看日子，忌在父母去世和下葬日下种，因为下种是件高兴的事。撒种前，先在秧田进水口处插三炷香和三枝桃花，口中念道："去年属某已过，今年属某，这是某月，年成好是在今年，月景好是在当月。今天属某日，日子最好是今天。今天来撒秧，撒在树草根上，你也要长出来，撒在滑石板上，你也要长好。"然后开始撒秧。关秧门的那天，要在田埂上做一个泥巴坨坨，当作土地神的偶像。煮个鸡蛋，剥皮置于土地神上，对之

---

① 详见吕大吉、何耀华主编：《中国各民族原始宗教资料集成》（哈尼族卷），中国社会科学出版社 1999 年版，第 259 页。

② 参见李期博：《哈尼族原始宗教调查》，红河州民族研究所编《红河民族语文古籍研究》1987 年第 1～2 期。

献酒、饭、猪尾巴和三炷香，磕头作揖三次，求田公地母保佑这块田地不受虫害，粮食丰收。供品还要拿到田中供奉，口中念道："田公地母，求你保佑好我这片庄稼，大风大雪莫来到我这里，让它们到别处去吧！"[①]

概而言之，无论是旱地稻作还是水田稻作，播种、插秧作为一年中万物滋生、繁忙农事之始，具有非同寻常的意义，所以人们要集会举行播种仪式和"开秧门"仪式，杀牲祭祀土地神、水神、谷神等各种不同的神灵，以祈求大地丰产、五谷丰登。

（三）生长过程仪礼

播种、插秧完毕，即进入水稻的生长期。这期间，稻作的生产单位大到一个村社小至某个单独的家庭，除了要定期或不定期地举行诸如祭祀谷神、田神、水神等活动外，由于在田间管理期间常会有旱灾、水灾、风灾、虫灾、鼠灾、鸟灾以及稻瘟等各种异常的灾变发生，每当灾变发生而人们又无力抵御时，民间惯常的做法是要举行驱瘟灾、求雨、灭虫、赶鸟等弭灾仪式。这些仪式，穿插在稻谷生长的过程中，我们把之统称为生长过程仪礼，或者是"推移仪礼"。

云南民间在稻谷生长过程中举行的仪礼，最为普遍的是祭拜谷神仪式、求雨仪式和驱虫仪式。由于祭拜谷神仪式和求雨仪式，我们有单节讨论，这里着重介绍驱虫仪式。

云南温湿的自然气候环境，为各种害虫的滋生提供了良好的条件，虫灾为稻作生产中最为寻常和普遍的灾变。虽然各民族的民间在长期的稻作实践中，都各自积累了一些防治各种虫害的办法，但在没有现代科技介入之前，每当仲秋时节，谷物刚好灌浆，蝗虫大起，遮天蔽日而来，顷刻间稻田被一扫而光，人们是无法应付这样大面积的严重灾变的。当此之时，为了预防和消除灾变，人们只得操起祭仪的法宝，祭拜"虫王"，祈愿稻谷生长顺利进行。如云南彝族撒尼支系有祭祀"虫王"的习俗，同时附祭"蛇王"和"蛙王"。祭祀分大祭与岁时祭两种。岁时祭每年两次，时间在农历七月初七和冬月十一；大祭每十二年一次，地点在祭虫山举行。祭虫山在昆明市东郊，清代建有"三皇庙"和"虫王庙"。

---

① 详见吕大吉、何耀华主编：《中国各民族原始宗教资料集成》（傈僳族卷），中国社会科学出版社 2000 年版，第 748 页。

祭祀时有专门的《收虫经》、《虫王经》、《灭虫经》。① 石屏尼苏彝族的送虫会多在农历七八月间举行，由老年妇女自由组合，有虫"送虫"，无虫"防虫"，在举行祈祷仪式上跳"响杆舞"，边跳边默念祈祷之词，以求驱虫免灾，保护庄稼茁壮生长。澜沧、西盟、孟连等地拉祜族，如果禾苗遭受虫害，则请摩八念咒驱虫，届时用细竹竿夹上棉花，插在田地边的道上，之后念咒语说："我们没有得罪你，为什么来吃我们的庄稼，我们祈求你，各自远处找吃去，不要把我们的庄稼咬死。"② 每年六月，当庄稼出苗返青时，为防止虫灾，基诺族有祭青草"牙布楼遮"仪式，具体是由寨中长老主持灭虫仪式，祈求鬼神保佑，免遭虫灾。

云南许多民族的驱虫祭祀活动，经过成百上千年的历史演变，如今有的已经转换为固定的民族节日，或者驱虫仪式成为节日活动的主要内容，而一些本与驱虫祭祀无关的节日，也渐渐地添加进驱虫的内容。于此，最具说服力的是彝、白、纳西、拉祜、傈僳、哈尼等彝语支民族共同的火把节和哈尼族的六月节、捉蚂蚱节。

火把节是西南众多民族共同的节日，关于其起源，有一个传说称，古代天上有一个名叫斯热阿比的大力士，听说地上有个大力士名叫阿提拉八，就叫人间与之比赛摔跤，结果斯热阿比失败，回报天神，天神就派害虫降落人间糟蹋庄稼。阿提拉八在六月二十四日，号召大家点燃松枝火把驱赶害虫，遂形成火把节。据考证，学界普遍认为，火把节源于远古的"祭天祈年，火把照岁"的小年，③ 但随着历史的演进，逐渐加进了"以火色占岁之丰歉"的文化内容。李元阳《云南通志》载："六月二十五日，束松明为火炬，照田苗，以火色占农。"师范扈《滇系》云："六月二十五日，农民持炬照耀田间以祈年，通省皆然。"《石屏县志》说："田野松炬照天，占岁之丰凶，明则稔，暗则灾，幼之各燃松炬相斗，以胜负卜村之丰凶。"吴应枚《滇南杂志》载："六月二十四燃炬，携照田塍，云可避虫。"如上文献记载的火把节的祈年、照岁、照穗、照秽内容，可以说是在稻作农耕实践中人们添加在火把节上的新内容。

---

① 详见吕大吉、何耀华主编：《中国各民族原始宗教资料集成》（彝族卷），中国社会科学出版社1996年版，第327~330页。

② 思茅行政公署民委编：《思茅少数民族》，云南民族出版社1990年版，第353页。

③ 详见杨知勇：《火崇拜、火把节与火把节传统》，中国少数民族文学学会编《少数民族文学论集》，中国民间文艺出版社1987年版，第282页。

　　虽然各地火把节的内容和形式不一，但以火把驱虫照田、除虫害、除污秽求清洁，祈求五谷丰登、人畜康泰，是最为基本的内容。同时，在过火把节的过程中，还附带有祭祀田神的活动，如富民彝族密且人在过火把节时，要祭稻田"且迷峨索波底"，意为"祭祀水田天地老爷"。具体是各户到自己田头坪场，撒青松毛作祭坛，上插三权松枝一根，青苗枝三枝，摆上米、酒、活鸡等，点香祷告。祭毕，到每丘田头插一枝青松枝。①

　　与火把节相类似，哈尼族在每年农历六月第一个属鸡日、鼠日或属猴日，要举行一种叫做"伙白龙"（意为威吓害虫）或"阿包捻"（意为捉蚂蚱）的活动，即过"捉蚂蚱节"。届时，以村寨为单位杀牛祭祖，欢庆娱乐。人们不事农活，每家都要舂糯米粑粑祭祖，并且把从田里捉来的害虫，放进碓里加一些糯米饭一同舂烂，然后送到村边的岔路口扔掉。有的地方则是把在田里捉到的蚂蚱撕烂，按头、脚、身、屁股、翅膀分成五份，用竹签穿起来，整齐地插在梯田出水口或田埂上，以此恫吓危害秧苗的害虫，以求丰收。这实际上是为祈求秧苗不受害虫侵害而举行的一种具有巫术性质的宗教祭仪。② 除了在稻谷生长期间过捉蚂蚱节外，哈尼族哈尼支系在农历十一月过"托资"节时，男主人要在日出前露水未干之时，到野外捉拿几只蚊子或蚂蚱之类的害虫回家，叫女主人踩取木碓，男主人把害虫放入碓臼内，口中念念有词："白霜降，蚊虫死！蚊虫死，人种活。害虫死，牛羊壮。蚂蚱死，庄稼旺。"③另外，旧时滇池东岸一些彝族，在每年农历六月二十四日火把节前后，为确保水稻丰收，要选择一个属虎的日子，举行捉蚂蚱（蝗虫）的仪式。届时，村民们以户为单位，分头捕捉蚂蚱，并在广场上烧一堆火，上面支起一口铜锅，锅中烧沸清油，村民们把捉来的虫子放入油锅中炸。仪式由巫师主持，他边念《驱虫经》，边把蚂蚱放在锅中炸。之后，挑出三只硕大的蝗虫，让五个小孩子分别将其头和四肢撕下来，用划开的竹片夹起，插在田埂或开水沟的出水口示众。

---

　　① 参见高立士：《密且人的原始宗教》，《思想战线》1989 年第 1 期。
　　② 参见玉溪地区文化局艺术研究室：《哈尼梯田文化》，中国民族摄影艺术出版社 1995 年版，第 125 页。
　　③ 见卢朝贵：《哈尼族哈尼支系岁时祝祀》，中国民间文艺研究会云南分会、云南省民间文学集成编辑办公室编，《云南民俗集刊》（第四集），1985 年内部编印，第 10 页。

除了上述节日期间的驱赶害虫活动外，民间传承的"保苗会"上，祭祀虫王，驱赶害虫也是一个主要的内容。凤仪白族在农历六月十六举行"保苗会"，祭祀"保苗护国刘将军"，祈求他收管害虫，保护禾苗。"保苗会"过去统一到下苍白塔下举行，故又叫"白塔会"。20 世纪 50 年代后，各村洞经会、莲池会共同在本主庙举行一天"保苗会"，念禳星经，以供品祭献。① 昆明西山白族在七月七日，各村都要在自己的祭祀台杀猪祭虫。他们认为天神中有一个虫王，管理虫害，每年必须向它供祭，否则它会把害虫撒到地里吃尽禾苗。如果发生虫灾，则认为是上天虫王惩罚世人，祭祀祈求虫王消灾禳祸。②

（四）收获仪礼

在稻作农耕祭祀环链中，农耕结束时举行的收获祭处于环链的终端，如同一出大戏的压轴戏一样，与春耕之始的播种、插秧仪礼遥相呼应，有着非常重要的地位。在我国悠悠数千年的农耕文明演进史中，无论是官方还是民间，在收获之际为了感谢天神、土地神、谷神赐给粮食，或感谢带来谷种的天神、祖先神、英雄、狗等，都要举行名目繁多的"报祭"活动，即丰收仪式。即至宋代，陈旉所著《农书》中还有专门的"祈报篇"以论其重要。现在中国的"中秋节"、北美的"感恩节"等，均可以视为系"报祭"的遗留。

我国古代的"报祭"之俗，发展演变至今尤以尝新谷为主要内容的"尝新祭"最为普遍。"尝新"一词，早在先秦的典籍中就有记载。《礼记·月令》载："孟秋之月……是月也，农乃登谷，天子尝新，先荐寝庙。"又"季秋之月……是月也，天子乃以犬尝稻，先荐寝庙。"尝新作为新谷收获时举行的庆丰收、谢天地祖宗的仪礼，其起源可以说与农业起源同时，因为有收获就有庆典。进入阶级社会以后，尝新常常是历代统治阶级主持的庆典。

---

① 见吕大吉、何耀华主编：《中国各民族原始宗教资料集成》（白族卷），中国社会科学出版社 1996 年版，第 705 页。

② 董绍禹：《西山区白族宗教调查》，国家发委《民族问题五种丛书》云南省编辑委员会编《昆明民族民俗和宗教调查》，云南人民出版社 1985 年版。

图 4—2　晋宁石寨山青铜贮贝器上的“上仓”仪式

（选自张增祺：《滇国与滇文化》）

云南各民族民间在稻谷即将成熟到收割归仓期间，常要举行形式不一的与尝新相类似的仪式。这里，我们先来看以下几个典型的事例。

事例Ⅰ：哈尼族的收获祭

主要分布在哀牢山与无量山之间的哈尼族，由于历史、自然、社会等原因，形成各种不同的支系，各支系间秋季农事节祭的名称及其相关的解释也有所不同，有的称为“禾食扎”或“禾实咂”，意即“吃新米饭”，有的称为“车收阿巴多”，意即“喝新谷酒”。

然而，综合各地的情况来看，哈尼族的尝新仪礼大致包括以下两个环节。一是稻谷即将成熟前的摘穗尝新仪式。普通的做法是择日到田间割取稻禾，摘下稻粒，或煮或蒸或泡酒，聚餐宴饮，祭祖祭谷魂，求吉利。如元阳县中巧村哈尼族一般在八月属龙日晚上，家中男性长者身背竹箩，带一顶竹篾帽或一件蓑衣，到田间第一丘田中用手摘取谷穗三穗或九穗，放入竹箩，用篾帽或蓑衣盖好箩口，然后返家，路遇他人不能与之说话，否则别人会将自己家的谷魂和福气带走。取谷穗至家中，将谷穗挂于祭祖台上，同时杀鸡煮肉供祭于祭台下，全家人磕头，即算祭祖。绿春县戈奎乡普都河玛寨哈尼族，每当粮谷成熟时，要用新成熟的谷穗举行祭祖仪式。在去采新谷前，先要在门口杀只小鸡，于门口屋檐下煮食，用以清除家中晦气，表示新谷成熟，迎接新一年福气的到来。之后，去田间采回九穗谷穗，放于祭祖处的小篾桌上，表示祭祖。祭毕，将之挂于祭祖处墙上的木桩上，年复一年，一年增挂九穗谷穗，任何人不得任意取下，以作祖先神灵的象征物。[①] 红河乐育乡等地的哈尼族在农

① 详见吕大吉、何耀华主编：《中国各民族原始宗教资料集成》（哈尼族卷），中国社会科学出版社 1999 年版，第 333～335 页。

历七月，稻穗八成黄熟时，要选择属狗的日子举行尝新谷仪式。是日早，
各家从自家的稻田中连根背回一蓬长着五棵稻秆、结着五个穗子的稻子，
暂时栽在屋后或附近的菜地里。然后摘来当年栽下的瓜果菜蔬，找来一
个新鲜的竹笋，杀鸡煮熟，再从早上背回来的稻子中，割下三个穗子，
搓下稻粒放入锅中烘焙，炸出米花，与准备好的鸡肉和菜肴，一起祭献
祖先，然后就餐。正式就餐前，男主人要简单地叫谷魂，大意是：自家
田间的稻谷魂/不要到处跑/别人家的田坝/没有自家的稻田好/别家的田
坝冷阴阴/自家的田坝热呼呼/下雨不要怕/打雷不要怕/虫子来咬不要怕/
稻子成熟了/就可回家来/顺着原路走/回到粮仓来……。[1] 绿春大兴镇倮
别新寨哈尼族每年的六月年过后稻谷刚抽穗时，就选择属龙、牛或兔的
日子举行祭新谷的仪式。日子确定后，在头一天晚上，要用一只白母鸡
在门口祭献，将饿鬼赶出去。次日晨，家长亲自去自家的谷魂田（这是
每户祖上就留下的一块田，每年插秧时要先在这里象征性地插三株，收
割时也要先在这里割三把），将新谷穗割回来。去割谷穗时，家长要戴一
顶篾帽，背上装谷子的竹箩，拿上镰刀和一根火绳，打着手电筒去田里
割谷穗，铁和火有驱鬼的作用。割谷穗的人要用树叶包一小包米，将其
用线拴在树上。去割谷时不能与外人说话，一次割三穗，连续割三次共
九穗新谷。新谷穗割回来之后，用篾帽盖好等待下午开饭时用。当天煮
饭要用新开粮仓时最先保留下来的九撮谷子碾的米，掺以新谷。祭新谷
时，要将出嫁的妹妹、女儿请回娘家来吃，意为她们虽已出嫁，但家中
不会忘记她们。另外，从谷魂田割取的谷穗，要留下三穗挂在正房神龛
处，作为家中的灵物，精心保存。哈尼族祭新谷，实际上是祈求谷魂保
佑稻谷丰收，年年有余。[2]

　　二是稻谷收割归仓之时的尝新仪式，即稻谷入仓后祭祖神、谷神，
求其管好粮仓。如红河乐育乡等地的哈尼族在农历十月间，全部粮食作
物收归入仓之后，要选择属龙、牛或属狗日祭献谷仓。祭献过程是先煮
一对鸡鸭蛋和一锅糯米饭作为祭品。然后，主妇在谷仓的一个角落里，

　　① 详见吕大吉、何耀华主编：《中国各民族原始宗教资料集成》（哈尼族卷），中国社会科
学出版社 1999 年版，第 260 页。
　　② 详见云南大学编写组编：《云南民族村调查——哈尼族》，云南大学出版社 2001 年版，
第 362～363、366 页。

把谷堆扫平，将蛋和糯米饭分三次捏撒在谷堆上，第一次是敬献人神的份，第二次是敬献粮神的份，第三次是敬献畜神的份。最后祈祷说：旧谷接到荞子熟，荞子接到新谷熟，吃得省，用得省，喝得省，一年到头天天有吃有喝。祭仪结束，向谷堆磕头。此外，这天还必须用一个竹筒，撮些谷子装起来。待到来年新谷入仓时，放在谷仓的中央，把新谷倒在这些旧谷上边。年年如此，不能间断。①

事例Ⅱ：基诺族的收获祭

主要居住在基诺山的基诺族，在稻谷成熟之际，各村寨一般都有内容不一的尝新仪式。如巴亚寨吃新米时间在农历七月末八月初，由各家自行择日举行，全寨并不统一，但必须在首席长老卓巴和第二长老卓生家先举行。这一天，妇女们到地里采摘来新旱谷、糯谷及各种粮食作物后，把旱谷、糯谷舂成米，拌以其他粮食作物蒸熟作祭品和食物。以家庭为单位的大都是杀鸡祭献去世的父母、寨鬼、谷鬼。祭词如下：谷鬼啊，新谷开始成熟了，我们采集了新米和各种作物，杀了两只脚的鸡，请你来吃饭。请你在即将收获的季节里，保佑我地里的谷物不倒不霉，不遇到灾害，饱满的谷子丰收入仓。巴朵寨吃新米仪式在农历七八月之交属兔日。届时，大家到地里采来饭谷和糯谷，舂米蒸饭，杀猪、鸡，由卓巴首先举行，接着各家分别摆上祭父母、祭谷鬼、祭寨鬼的宴席三桌，祈求它们保佑谷物丰收。亚诺寨吃新米时，还要以蒸新米饭时甑中冒出的蒸汽来观吉凶。同样要祭谷鬼、寨鬼、祖灵，祭词和巴朵寨、巴亚寨的大同小异。②

事例Ⅲ：傣族的收获祭

在傣族的传统与信仰中，尝新是用新米制作"圣餐"，也就是把新米作为"雅欢毫"（谷魂奶奶）的躯体来吃。它不但有庆贺丰收的含义，还有使"谷魂"进入体内，与所崇拜的精灵相通，以求来年丰收的意思。因为古代先民认为，如果某种生物具有灵性，假如吃了它，人也可以具有能使谷子丰收的灵性，它是由交感巫术思想观念所支配的。尝新米都在收割前举行，具体是选择属龙、虎、蛇的日子（属牛、马、羊、猪的

---

① 详见吕大吉、何耀华主编：《中国各民族原始宗教资料集成》（哈尼族卷），中国社会科学出版社1999年版，第260～261页。

② 同上书，第817～819页。

日子不尝新米，因为上述动物会吃谷子），先割下一捆谷子，再加上几穗"头田"中代表"雅欢毫"的谷子，舂成米蒸饭吃。① 畹町曼满寨的傣族尝新米时，要先盛一碗新米饭，去谷仓或盛装新谷的囤箩前献给"布欢毫"（谷魂爷爷），焚香祈祷："布欢毫、布欢毫，尝新米饭香香的，福佑家中谷米如山，水冲不去，风吹不跑，一年到头满满的，感激不尽的布欢毫。"同时，家中男性长者捧新米饭喂耕牛。勐海县勐旺一带农村，新米饭煮好后，一般家庭主妇要到谷仓先敬"雅欢毫"，心里默祷："祈求雅欢毫喜喜欢欢在家，保住家中谷米不让虫吃，一年到头有吃的。"之后，又献给家神。②

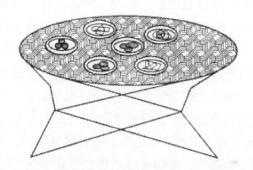

图4—3　傣族稻谷收打归仓后赆新谷时摆放祭品的小篾桌
（采自郭家骥：《西双版纳傣族的稻作文化研究》）

事例Ⅳ：景颇族的收获祭

景颇族在收获时，要举行尝新、祭谷堆和叫谷魂的仪式。

在谷物成熟正式收割前，景颇族的各部落、村社的群众要齐集部落酋长、村长家，商量举行尝新的宗教仪式。一般尝新分两个步骤，须先在村长家集体举行一次后，各户才正式举行。在村长家举行时，众人推选村中一位明事理的老年妇女，收取尝新用的稻谷。老年妇女在收取尝新用的稻谷时，要身着盛装，身背用玉米、豆类、高粱以及五颜六色的鲜花点缀的盛装稻谷的竹筒，把收到的稻谷背到部落酋长或村长家里，

---

① 王文光：《西双版纳傣族糯米文化及其变迁》，杜玉亭主编《传统与发展——云南少数民族现代化研究之二》，中国社会科学出版社1990年版。

② 详见吕大吉、何耀华主编：《中国各民族原始宗教资料集成》（傣族卷），中国社会科学出版社1999年版，第105～106页。

先由老年妇女用锅炒，炒后由姑娘用手碓舂，并把舂好的米用姜拌好，由董萨主持祭祀，感谢各种神祇赏赐的丰收，祝福村落成员平安、健康。在酋长家、村长家举行完尝新仪式后，群众才正式开始尝新。

各家各户举行时，一般是由家中主人拣一捆成熟的糯谷，用插满鲜花的篮子背回家，摆在鬼门旁边。尔后，邀请亲朋好友会聚共饮。吃饭前，举行祈祷仪式，祈求风调雨顺，并由老人讲述谷子的来历。据说很久以前，景颇族种谷子，因谷魂上了天，谷子长不好，家狗见状终日吠叫，终于叫回谷魂，使禾苗苗壮生长，谷子丰收，故吃饭时要先喂狗，再喂牛，尔后给老人吃，以示尊敬长者。

在正式打谷前，要由董萨祭祀谷堆，酬谢各种自然神祇对农作物的保护，免遭或少遭野兽践踏或风雨侵蚀。他们认为经董萨祈祷后，谷物才可以获得高产，谷粒大，吃后力气大，身体健康。此外，谷物从场地运回到家前要举行一种叫谷魂仪式，据说要将因打谷受惊而逃跑的谷魂叫回来。叫谷魂的祷告词颇为形象："人看不见的，谷子能看见，人不能做的，谷子能做，跑到别的地方的谷魂要快回来。"谷物运进家门时更要说："路上有鬼桩，你不要怕，那是我们祭祀精灵用的，鸡叫狗咬，你也不要怕，那是咱家的鸡狗，你要好好地住在谷仓子里。"① 以后，启仓囤吃新谷或来年下种之际，仍然要祭祀谷魂。②

事例Ⅴ：布朗族的收获祭

布朗族在割谷之前，要请巫师或佛爷择吉日"尝新"，一般认为属蛇日最为理想。因为蛇吃食不多，所以收回家的谷子耐吃。是日，各户选出代表，在巫师或佛爷的带领下，来到地边，大家面向东方，每人摘一束谷穗回家，将其杵成米，再蒸熟做成饭团，备一份丰盛的菜，送到寺庙行"滴水"仪式，供奉菩萨、佛爷，再拿到家族长家敬献祖先神灵，最后拿回家敬献家中长者，表示佛爷、祖先、长辈都已尝过新谷。仪毕，开镰收割。割谷时，照例要先割取最先点种的那一小块，即寨神、祖先神、"谷魂"、"水魂"住过的地方。这里的谷子，因为举行过宗教祭祀，

---

① 参见宋恩常：《景颇族的原始宗教习俗》，《社会科学战线》1982年第4期。

② 蔡家麒：《盈江县宗教信仰概述》，云南民族研究所编《民族调查研究》（第二集），1984年内部编印，第73～74页。

具有"谷魂"的性质，必须用特殊的装置，另外保管收藏。[1]

事例Ⅵ：拉祜族的收获祭

拉祜族的收获祭由尝新祭和叫谷魂仪式组成。尝新每年两次，一次尝新玉米，一次尝新稻谷，而尤以尝新稻谷最为隆重。在尝新米的当天上午，要先向神灵献祭新米，再祭家神；中午，在祭司和铁匠家吃"团结饭"，庆祝今年丰收，预祝明年更大的丰收。收获时，有叫谷魂的仪式。具体是带一只鸡到地里，并用鸡爪将稻谷扒进袋里，表示叫谷魂回家。然后，沿途一面撒谷，一面念咒，以免惊走谷魂。到家后，杀鸡献神，并将鸡爪和少量稻谷装在一小布袋内，挂在谷仓里，祈求谷物经久不坏，明年再获丰收。

上面，我们选介的 6 个民族收获祭的事例，虽然各有不同的形式和内容，但它基本上可以代表云南民间的收获祭祀情况，所以仔细分析这些个案，我们可以把云南各民族在收获仪礼中具有共性的东西总结如下：

第一，云南民间秋收报祭之时举行尝新仪式是非常普遍的，甚至从某种意义上而言，尝新仪式基本上可以代表云南各民族的收获祭，而收获祭在总体上又具体由"挂穗祭"、"收割祭"、"谷物入仓祭"三个阶段具体的祭祀活动构成。虽然并不是每一个民族的收获仪礼都由这三个阶段的仪礼构成，但这三个阶段的祭祀内容在许多民族和地区的祭祀活动中都能够清晰地见到。

第二，在收获仪式上祭祖是非常普遍的。云南各民族收获祭的形式和内容虽然各具特色，但在收获仪式上几乎都要祭祀祖先神灵。如上面选介的哈尼族、基诺族、景颇族、布朗族在尝新时，或是把最先割取的稻穗摆在家堂正屋祖先神位前，或是临时搭建祭祀祖先的祭台，把新穗摆在祭台上，供奉祖先，都有相应的祭祖活动。又拉祜族八月十五尝新米节是祭祖大节，祭祀活动比平时的祭祀隆重，届时要进行接祖、祭祖、送祖仪式。举行仪式时除了要烧香点蜡外，还要摆放五谷、瓜果、茶水、鸡肉等，祭祖后家人才聚餐。[2] 佤族新米节的祭祀对象是祖先董和谷神。祭祀董是因为他把远古时候逃跑了的旱谷小红米又请了回来，祭祀谷神

---

① 王树五：《布朗山布朗族的原始宗教》，《中国社会科学》1981 年第 6 期。

② 思茅行政公署民族事物委员会编：《思茅拉祜族传统文化调查》，云南人民出版社 1993 年版，第 82 页。

是为了安抚旱谷小红米再也不要赌气逃离人间。

第三，收获仪式上祭祀的核心神灵是谷神或谷魂。在云南一些民族的信仰观念中，谷物同人一样具有灵魂，且谷魂与谷物同在，播种是谷魂随种子一起从家里来到田间，看护着稻谷的生长，收割时同样要和谷物一起从田间回到家里，所以在收获仪礼中，尝新要祭奉谷神，把谷魂请回家，有相应的叫谷魂仪式，这在上举的 6 个事例中都能够看到。除了祭祀谷神之外，诸如土地神、田神、寨神、农神、灶神等与人们的生产生活相关的天地神灵，在尝新仪式上都不同程度地受到祭拜。

第四，在云南各民族的尝新仪式上，尝新先喂狗，源于为了感谢狗给人类带来了谷种。如阿昌族的《狗的故事》、景颇族的《谷子的由来》、傈僳族的《新米节先喂狗的由来》、布朗族的《稻谷是怎样来的》等，都不约而同地讲到狗是从天上或神灵那里，为人间要来了谷种或请来了谷神，因而人们对狗感激不尽。

综合上面的共性，我们认为，云南各民族作为收获仪礼的尝新祭，和其他诸多的农耕仪礼中的"秋收报祭"仪礼一样，其核心内容既是祈求各种鬼魂神灵保佑丰收，并借机向各种神灵表示感谢。同时，尝新还有另外一层意思就是，通过割取新穗等活动，祈求谷魂早日回家，而摘谷穗带回家本身以象征性的行动证明主人已占有谷魂，谷物必定丰收无疑，具体的尝食新谷又代表谷物的精气已和人体同在，收获的谷物能够经吃。

二　稻作农耕祭祀所反映出来的各种神灵观念

人类跨入稻作农耕社会之初，由于自然知识和生产水平极为低下，当面对着变幻莫测的大自然和无法抵御的自然力时，对各种自然现象常常采取超自然的、歪曲的理解，认为人们生活中所接触到的诸如天地、日月、风雷、山川、鸟兽、虫鱼、树木、草莽、巨石、河流以及早已过世的祖先，均具有潜在的力量，直接或间接地降吉凶祸福于人间，深刻地影响人们的现实生活。在这种"万物有灵"观念的支配下，人们便将直接影响稻作生产的各种自然物和自然现象"人格化"而顶礼膜拜，于是产生了天地崇拜、山水崇拜、太阳崇拜、雷神崇拜、土地崇拜、谷物崇拜和水神崇拜，进而演变为稻作农业的祭祀习俗，形成了一个庞大的以天神、土地神、谷神、山神、水神、祖先神、牛神为核心的稻作农耕神灵谱系和信仰体系。在这些农业护卫神中，最为核心的谷神信仰观念和最为普遍的水神信仰观念，我们单列为节进行专门的研究，其他的神灵信仰将逐一展开讨论。

（一）社神信仰观念

社神作为地域的保护神，它是随着地缘村社和部落的建立而出现的，其最初的神性属于自然之神，具有养育人们的自然属性。在我国古代，社神即土地神，是地道的土著神灵，它是指"古代神话中管理一小地面的神。古称'社神'。《孝经纬》：'社者，土地之神。土地阔不可尽祭，故封土为社，以报功也。'《通俗编·神鬼》：'今凡神社，俱呼土地。'旧俗以'土地'为名祝祭祀之神，以求年丰岁熟"。① 《礼记·郊特牲》云："社者，土地之主。土地广博，不可遍敬，封五土以为社。"又《白虎通·社祭》说："人非土不立，非谷不食。土地广博不可遍敬也，五谷众多，不可一一祭也。故封土立社，示有土也；稷，五谷之长，故立稷而祭之也。"由此看来，社神由于和谷神结合为"社稷"之神，变成掌管人畜兴旺、五谷丰登、住宅安全等多种权能的神祇。随着其职能的扩展，社神由自然属性的土地神逐渐演变为带有社会属性的"土地之主"。②

相对于中原大地的"封土为社"，云南许多民族通常是把村寨中某一处树林称为龙山、神林或鬼林，并作为"社"的标志进行祭拜。如德宏阿昌族，以寨头或寨边长得高大茂密的树木作为寨神"色曼"的象征物，以村寨背后山坡上搭建的草棚中所立石柱或木柱作为地方神"色猛"的标志物，定期进行祭祀。傣族一个村社通常就是一个寨子，村社的社神就是寨神。寨神是村社的保护神，原为氏族祖先，但氏族变为村社后，他就成为社神。社神供奉通常在寨边的树林里，有的以某一棵大树为象征，称为"龙林"、"龙山"，也有的以一个小草棚或用竹签围着的土堆作为标志。祭祀寨神是一项全村性的活动，每年栽秧前为祈求丰收，或秋后为谢神恩，都要进行祭祀。社神之上是勐神，傣语称为"披勐"或

---

① 任继愈主编：《宗教词典》，上海辞书出版社 1981 年版，第 45 页。
② 参见吕大吉、何耀华主编：《中国各民族原始宗教资料集成》（彝族卷），中国社会科学出版社 1996 年版，第 71~76 页。

"丢拉勐"。"勐"是一个坝子，一个勐由若干村社组成。勐神一般为一勐所共有，但也有数勐共祭一勐神，或一勐有数个勐神的情况。勐神一般设于该地区最早的村寨，因而最早的村寨在发展过程中自然成为勐的中心，丢拉勐就是古老村社的祖先，也就是从氏族祖先发展为村社部落的祖先。这样，本为自然神的社神，如今由祖先神担任，实质上是自然神和祖先神的结合，祖先神也从此具有了自然神的属性。祭祀勐神，一般一年一祭，也有的三四年一祭。

图4—4　傣族寨神祭坛

（图中大树为寨神标志，小草房为放置祭品的地方，选自郭家骥：
《西双版纳傣族的稻作文化研究》）

在哈尼族的原始宗教中，"祭竜"具有非常典型的意义，哈尼语称为"昂玛突"（"昂玛"是村寨守护神的名字，"突"即祭祀之意）。现今传承于各地哈尼族村寨的"昂玛突"，通常以村社周围密林中标直的两棵大树作象征，分一公一母，部分地区统称"竜树"。各地各村寨"祭竜"时间不一，但一般在农历十月后举行，具体祭日或在农历一月属牛日，或在属马、属猪、属龙日，亦不统一。"昂玛突"节期一般为三天，也有的长达七天，其间祭祀的鬼神十分繁多，有水井神、五谷神、火神、祖先神、地神、寨神、天神"摩咪"等神灵。从祭祀中祭坛设置的高低位次、祭品的厚薄、祭祀程序的繁简来看，地神"咪收"处于受祭的主要位置，寨神"昂玛"和祖先神处于从属的位置，而其他各种神灵则是处于次要的位置。在"昂玛突"的第二天（节期七天的则在第五天），要隆重祭祀五谷神并举行农耕仪式。这天下午，在咪谷家门口，搭建祭坛，在祭坛及其周围摆上各种祭品和籽种，由咪谷率队向五谷神祈祷。祭词一般是：在天的五谷神，请你守护我们即将种下的庄稼，赶走破坏稼禾的走兽飞禽，请保佑风调雨顺，粮食丰产，这是我们的命根子。祭毕，咪谷等人带上祭祀用的各种种子，在众人的簇拥下来到寨边的向阳坡上，再次向天祝祷。然后将种子分别种在刚挖好的泥地里，这实际上是象征性的播种。① 哈尼族"昂玛突"节中，除了祭祀各种神灵，祈求之保佑全寨人畜健康、风调雨顺、村人和睦外，另一个明显的主题就是祭祀实际上开启了农耕生产的序幕。

从上面所介绍的阿昌族、傣族、哈尼族祭祀社神的事例来看，代表"社神"的土地，不是一般的土地，而是与群体相联系的特定范围内的土地，即氏族部落赖以生存的基地，是群体领域主权的象征。所以，祭祀社神实际上是祭祀村寨神和地方神，并不一定专指司管农业丰收的土地神。

论及保护一方平安的社神，最具代表性的是白族的本主崇拜。在大理白族地区，大至人烟稠密的大理城，小到10余户人家的村庄，都立有保护一个村寨或一方平安的神，称为"本主"，并专门建有本主庙宇，庙中供奉着泥塑或木雕的本主神像。本主作为一村或数村的最高社神，常被尊为天神、圣母、龙王、皇帝、帝母、太子、夫人和老爷，具有掌管本境万事万物的权力——管天，使风调雨顺；管地，使五谷丰登；管人，使消灾免祸，阖境洁净；管畜，使六畜兴旺；管山管水，使林茂水长。

据说，本主神祇有500个之多，俗称"五百神王"。"五百神王"之上有"七十二坛景帝"，即72个本主；再上是"十八坛神"，即18个本主；再上是"九坛神"，即9个本主；最上是最高本主，即神明天子。②

---

① 王清华：《梯田文化论——哈尼族生态农业》，云南大学出版社1999年版，第250～252页。

② 参见魏庆征等主编：《中国各民族宗教与神话大词典·白族》，学苑出版社1990年版，第7页。

从本主的神性而言，其初始的意义是祭祀土地神，但随着时代的推移，杂糅进了原始崇拜和许多人文宗教的内容，信仰的神祇越来越多。这当中，有太阳神、雪山神、洱河神、龙王、大石本主等源于自然崇拜的神灵；有白马本主、白牛本主、黄牛本主、猴子本主等源于图腾崇拜的神灵；有斩蟒英雄段赤城、猎神杜朝选、三星太子、大黑天神等。从纵向上来说，远的有创世的男女始祖劳谷和劳泰、裹树叶尝百草的神农氏、治水的大禹、征服南中的诸葛亮、药神孟优、南诏大理国诸王及将相，近的有清初抗清名将李定国等。如此看来，本主崇拜可谓是以土地崇拜为主，集原始宗教和人文宗教的许多神灵于一体，极具多神性，同时又具有浓郁的现实性和人情味。所以，每逢岁首、岁末或本主生日，各村都要举行庙会，杀猪宰羊迎送本主，念经、唱戏为之庆寿，以求风调雨顺、五谷丰登。

由上看来，社神祭祀在某种意义上代表不可遍祭的地方神、寨神等各种神灵，是稻作农耕祭祀中最常见的祭祀活动之一，它和土地神等其他神灵的祭祀密不可分。

（二）土地神信仰观念

对云南的稻作农耕民族而言，由于土地是人们赖以生存的物质基础，各民族对土地孕育万物的神秘性具有异常特殊的感情，非常重视对土地神的祭祀，所以土地神观念在各民族的观念信仰中占有十分突出的地位。许多民族都认为，农业生产的丰歉取决于土地神的意志，虫旱灾害的发生因地神不高兴或要求未能满足所致，故不时要祭献取悦地神，祈求丰收和消除灾害。具体如：

——彝族的土地崇拜。以土地为衣食之源的彝族，自古就崇拜土地神。道光《云南通志》卷182引《开化府志》说："白猡猡，……耕毕，合家携酒馔郊外，祭土地神后，长者盘座，幼者跪敬酒食，一若宾客，相饮者然。"又引《伯麟图说》："酒摩（彝族支系）……奚卜（祭司）能为农祭田祖，以纸囊盛螟虫，白羊负之，令童子送之境外。云南府属有之。"如今，云南巍山县母沙科一带的彝族，逢农历正月初一要祭地母，彝语称祭"米斯"。祭法是以一树枝代表米斯，敬献以鸡血和鸡毛，祈地母保佑丰收。景东、武定、禄劝等地彝族，逢农历六月二十四日祭田公地母，或合村杀猪宰羊共祭，或以户为单位，在地中立树枝，或以土块搭一小楼，杀牲敬祭，烧香祈祷，祈地神保佑五谷丰登。[①] 弥勒县西山的彝族于农历九月，以白公鸡为祭品择日祭地母。漾濞部分彝族群众遇开地、栽秧、挖水塘时要祭献"土地神"。

——哈尼族的地神崇拜。在哈尼族的观念中，土地之神司管着大地，但各种不同的稻作区，土地神不尽相同。在栽培水稻的哈尼族地区，认为稻田有田神，因此栽种季节的"开秧门"祭田神是头等大事。红河三村乡哈尼族祭田神带有村社共同体同祭的特点，届时由村老和几名帮手带上鸡、酒等供品到村脚的树林中行祭。[②] 西双版纳哈尼族普遍供奉的"米桑"，代表的就是土地之神。思茅地区澜沧县酒井区哈尼人，每家都有四五个地神。他们在大年（春节）、小年（正月十五）、农历二月撒谷种、谷子成熟时都要祭祀地神。而大多数哈尼族地区，每逢举行农业祭祀，都要给土地神"咪玛"供祭，认为大地神"咪玛"不仅养育世间万物，而且提供人类衣食住行的来源。此外，对土地神的崇拜，还体现在选择寨址、建房地基和村社居住区域时要祭祀土地神。

——白族的地神崇拜。怒江白族称地神为"天的王子"，它管理地上的庄稼，故在点种玉米时须在地里祭祀。大理地区白族则称地神为"地母"，每年有固定的"地母节"，届时各户献祭祈祷。其中以鹤庆的地母节最为典型。鹤庆白族群众，每年农历三月十五日要在东山庙举办庙会，欢度传统节日——地母节。届时，人们着盛装欢聚在东山庙，举办竖标、颂功、祈丰年、祭犁、穿身桥、颂神等活动。地母节实际上是白族先民自然崇拜——崇拜土地神的一种遗风。[③] 除了地母节外，大理白族的大多数村子都有由老年妇女组成的"莲池会"（或称"老妈妈会"、"妈妈会"、"斋太会"等），于每年农历七月十五或十月初八，在本主庙或观音庙主持祭田公地母，集体念《地母经》，感谢地母使大家获得了丰收，祈求地母保佑庄稼长得更好。

——傈僳族的土地神崇拜。据张桥贵调查，武定、元谋一带傈僳族，逢农历正月十三或十五日去田间祭土地神，用松树枝插在祭土地神处，

---

① 参见中国科学院民族研究所云南民族调查组、云南省民族研究所编：《云南彝族社会历史调查》，1963 年 5 月内部编印。
② 详见吕大吉、何耀华主编：《中国各民族原始宗教资料集成》（哈尼族卷），中国社会科学出版社 1999 年版，第 212 页。
③ 详见章虹宇：《云南鹤庆白族的地母神》，《民俗》1990 年第 1 期。

备酒、饭、粑粑，烧香磕头，求土地神保佑庄稼正常生长，求雀鸟莫要糟蹋庄稼。四月初七，祭五谷六畜，祈祷之词如此："供！供呵！庄稼的灵魂，五谷的灵魂，六畜的灵魂，男人的灵魂，女人的灵魂。盼庄稼顺利，儿女要长大；儿女长大后，男儿要定根，女儿要发芽。我献到天，五谷靠老天；我献到地，庄稼靠土地；庄稼的穗雀鸟莫去吃，庄稼的叶耗子莫去啃，庄稼的根害虫莫去咬。一根结两穗，吃不完，像沙堆一样，喝不完，像海水一样。"六月初六献田头，要抱一只鸡到田埂边宰杀，把鸡血滴在田公地母偶像的泥坨上，并在其上插鸡翅膀、鸡尾巴的硬毛，以及一棵分出三杈的松头，还要在每一块地中插一枝"青苗枝"。全家在田边煮一顿饭吃，每人朝土地神磕三个头。饭毕，主人端一碗酒，点燃三炷香回家。边走边念道："粮食的魂，骡马的魂，五谷的魂，我都带回来了，我们祈求风调雨顺，盼望五谷丰登，六畜兴旺。"把三炷香分别插在大门左边的门框、堂屋门框和堂屋的供桌上。[①]

——阿昌族的土地神崇拜。在阿昌族的信仰中，有祭地母神的习俗。梁河地区阿昌族称地母神为"担当"，通常在撒种前化一对元宝于秧田中祭祀。认为祭祀后，种子受地母保佑，鸟虫老鼠不敢来吃种子。栽完秧时，用一对鸡、三牲、圆饭、茶酒置于田埂上，再化一对元宝祭祀。另外，有的阿昌族村寨把与地母神具有相同神威和职能的神称为土主。如梁河和腾冲一带的阿昌族大都祭祀土主，祭祀时将抹着鸡血和插着几根鸡毛的竹篱笆竖立于秧田中，借土主之神威降伏疾病、害虫，避免损害秧苗的病虫害。祭祀土主时要念：

> 哗铃啸弄天地三界，
> 十方万里满腔空载，
> 虔诚奉请田公地母、
> 五谷大神、水草龙王，
> 祭天者风调雨顺，
> 祭地者国泰民安，
> 祭神者神神欢喜，

---

①　吕大吉、何耀华主编：《中国各民族原始宗教资料集成》（傈僳族卷），中国社会科学出版社 2000 年版，第 749 页。

早谷栽一箩打三千，

迟谷栽一箩打八百，

荞麦、黑豆根根结，

老鼠吃了退皮，

麻雀吃了屙痢，

蚂蚱吃了春姜。

……①

综合上面几个有代表性的典型事例来看，云南各民族不仅在稻作生产的重要环节要举行相应的祭祀土地神的活动，就是在日常的社会生活中，土地神也是最为大宗的祭拜神灵之一，即祭拜土地神的活动是全年性的，贯穿在人们日常的生产生活之中。另外，被祭拜的土地神并非一个，有的民族在不同的时节祭祀不同的土地神，或者同时祭拜几个土地神。就祭祀的规模与形式而言，小的祭拜是家庭式或村寨式的祭祀，大的多以一个地区为共同的祭祀集团，举行成百上千人参加的祭祀。而大规模的祭祀，常常以"地母节"之类的共同过节的形式举行，祭祀实际上成了一种群体性的活动。就祭奉的神灵而言，由于在由土地、山林、水和人群聚居的村寨构成的稻作生态系统中，山林孕育着水源，水源滋润着土地，土地养育着人类，人类融入自然环境，各个生态要素有着唇齿相依的关系。所以，人们对土地神的祈求与祭祀不可能是孤立的，它常常与祭祀山神、水神、寨神、树神、地方神、谷神等杂糅在一起，甚至有的民族还把对土地神的祭祀具象化为对如上诸神的祭祀。

（三）山神信仰观念

气势磅礴的云贵高原，山连山，山叠山，山外还是山，可谓"天下之山，萃于云贵；连亘万里，际天无极"。② 而云南恰好处在云贵高原西部，是一个典型的"山国"，山区面积占全省总面积的90%以上。千百年来，各种不同的人们共同体，以山地作为活动的重要舞台，"靠山吃山"，向山讨生活，形成了各种不同的山区农耕方式，而各种不同的农耕祭祀

---

① 参见刘江：《阿昌族文化史》，云南民族出版社2001年版，第92~93页。

② 王阳明：《重修月谭寺公馆记》。

中，山神作为地方的保护神，常常受到各民族的祭拜。

云南的彝、布朗、拉祜、纳西、普米、哈尼、怒、傣、藏等十数个民族，都有祭山的传统。如山居的彝族，几乎每个村寨都有自己的神林或神山，视山神为仅次于祖先神的地方村寨保护神，常常要举行隆重的全寨共祭。云南省弥勒、泸西、路南等县彝族，在每年的农历一月，要杀猪祭山。大姚县彝族则于农历二月八日，采马樱花祭山神。路南彝族在每年农历二月八日要祭"密支"神。"密支"神先是表现为山神，后来则是山神和祖先神合二为一的社神——村寨保护神。① 富民彝族密且人特别崇拜山神土地。他们认为庄稼收成的好坏、人畜的安危兴衰，均与山神有关，所以几乎每个村寨都有山神庙和山神林，要定期和不定期祭祀。② 红河、元阳彝族还有专门的祭山经。

怒江傈僳族主要从事刀耕火种农业，与山林的关系非常密切，因而他们认为山上各种精灵的总管米司尼也是农业丰歉的决定者。每年的春节中，人们要在正月初三这一天共同祭山鬼。届时每家各出三根柴，一块天熊饼和少量的酒、肉、饭，烧起柴向山鬼祭献，求它保佑丰收。③ 又据张桥贵调查，武定、元谋一带的傈僳族，求雨或祈晴皆要入山林祭山神，祭以鸡、羊，并选用三棵各长出三个杈杈的松头，插在石缝中，作为山神灵位，一边在松头上点鸡血，一边念："石蚌渴了；蝉的翅膀晒干了，嗓子哭哑了；麂子的四肢晒干了，蹄子也晒脱了，白鸡红鸡献给你，求你下雨。"若雨水过多，则要祈晴。祭日最好选在属龙日，属蛇日亦可，但其余日子不能祈祭。仪式与祈雨相同，祷告词如次："大洪水遍地泛滥，石蚌的眼睛要被洪水泡瞎了；蝉的翅膀也塌下来发臭了；麂子的脚和蹄子也泡烂了，求你莫下雨了，保佑我们的五谷不霉烂，雀子不吃庄稼，五谷装满柜。"④

在白族的观念中，普遍存在着神山、圣树信仰与崇拜。因此，每年

---

① 详见于锦绣：《路南彝族"密支"节考——"社祭"起源与演变的比较研究》，《思想战线》1987 年第 6 期。

② 参见高立士：《彝族密且人的原始宗教》，《思想战线》1989 年第 1 期。

③ 杨建和：《怒江傈僳族的宗教信仰》，《中国少数民族宗教初编》，云南人民出版社 1985 年版，第 224 页。

④ 吕大吉、何耀华主编：《中国各民族原始宗教资料集成》（傈僳族卷），中国社会科学出版社 2000 年版，第 749 页。

春耕播种之前，白族村民以村落、家族或家庭为单位，要到山神庙参拜，祈求山神保佑稻作生产过程顺利。到秋收秋种结束，人们还要到山神庙去谢山神，感谢山神的福佑，使得稻谷丰收，人畜兴旺。此外，白族还信仰村落田地旁的山神。在白族聚居区，每个村落入口或田边均有祭祀山神的山神庙（又称为土地神），每当栽插开始之前，洱海区域的白族除以社区或村落集体去苍山脚下箐口溪旁祭山神外，还以家庭为单位于栽插前去祭村落边的山神，祈求栽插中水源充足，人畜平安。到收割结束的第二天，还要去谢山神，感谢山神保佑五谷丰登。[①]

雕塑大山的哈尼族，主要居住在红河州，他们在农历四月插秧结束后，要以村寨为单位，杀牛聚餐，举行祭山仪式。祭山时，唱这样的祭词："先辈祖宗留古规/插好秧来祭山神/哈尼祭山要杀牛/哈尼祭山也杀猪/全族来共祭山神/祈求神灵风雨顺/祈祷山神保禾苗/莫让谷子得白穗病。"[②]而绿春县的哈尼族则是选择农历十月属虎日，舂糯米粑粑，祭护寨山神。

另外，沧源县的拉祜族，在每年农历一月要杀羊，求山神保佑牲畜平安。兰坪县的普米族在农历二月八日要祭山神龙潭。宁蒗县的普米族则于农历五月五日欢聚狮子山，野炊、游玩、祭山。怒江傈僳族自治州的怒族，每逢开垦荒山或挖沟修渠时，都要事先祭祀山神。人们带上酒、肉、饼等物，到劳动地点举行祭祀活动，据说这样做可以避免开垦等活动中的流血死亡事故，并且在劳作过程中如触犯山神也会得到宽恕谅解。[③]潞西县西山乡广林的景颇族认为，山鬼主管庄稼的丰歉，所以，凡村里发生旱灾、虫灾和秧苗变黄等病时，都要用猪、鸡、鱼祭献山鬼。祭祀时由董萨祷告："守这块土地的山鬼，现在我们的秧苗变黄了，请你保佑秧苗长得好，并在秋收时获得丰收。我们收谷子后就用猪、鸡献

①　杨国才：《中国大理白族与日本的农耕稻作祭祀比较》，《云南民族学院学报》2001年第1期。
②　卢朝贵：《哈尼族哈尼支系岁时祝祀》，中国民间文艺研究会云南分会、云南省民间文学集成编辑办公室编《云南民俗集刊》（第四集），1985年内部编印，第12页。
③　龚友德、李绍恩：《兰坪怒族的自然崇拜和图腾崇拜》，《中央民族学院学报》1986年第1期。

给你。"①

上举诸多实例，反映的是稻作农耕生产中人们对山的情感态度和价值观念，表面上是祭山神，其实也是"社祭"的另外一种变通形式，而无论是何种形式，都脱离不了稻作生产顺利、谷物丰收这个基本的主题。

（四）天神信仰观念

我国古代，"祭天过岁，祈求丰收"是一种非常隆重的祭祀活动。这种古老的祭天之俗，在如今云南这块多元文化共存的土地上仍不同程度地保存着。如哈尼族于"六月节"祭天，彝族、白族于"火把节"祭天，独龙族、基诺族以本民族历法正月过年祭天，纳西族、景颇族在农历正月祭天，云龙县傈僳族于每年正月十五要在高山顶上搭一祭台，全村寨或全部落共祭天神，等等。② 这当中，尤以白族、彝族、哈尼族、普米族的祭天仪式最具地区和民族特色。

历史上彝族就有祭天之俗。道光《云南通志·爨蛮》条说："民间皆祭天，为台三阶以祷"，"（临安府爨蛮）以元月二十四日为节，十二月二十四为年。至期，搭松棚以敬天……，长幼皆严肃，无敢哗者。"又该书"罗婺"条引《大理府志》说："腊则宰猪，登山顶以敬天神。"至今，云南弥勒西山等地的彝族，逢腊月要祭天神。而武定、禄劝等地彝村则在山林中建屋供奉天神。昆明彝族撒尼人的祭天仪式甚为隆重。生活在昆明东郊丘陵地带的撒尼人，从事山地农耕，山地作物的丰歉，主要依靠天气的好坏，风雨雷电及冰雹又威胁着人们的安全，因此对天神就特别敬畏，常常对它顶礼膜拜，每隔三年就备办一次"祭天大典"，以祈求一方平安。他们的祭天仪式分"大祭"与"小祭"两种，小祭各村自己献祭，大祭则由四五个自然村联合公祭，祭典以祭天神为主，日月星辰附祭，五谷太子和五谷神陪祭，并用不同的牺牲祭献不同等级的神祇。③

---

① 详见吕大吉、何耀华主编：《中国各民族原始宗教资料集成》（景颇族卷），中国社会科学出版社1999年版，第399～400页。

② 详见谢道辛：《云龙县白族、傈僳族原始宗教信仰调查》，中国民间文艺研究会云南分会、云南省民间文学集成编辑办公室编《云南民俗集刊》（第四集），1985年内部编印，第40页。

③ 详见吕大吉、何耀华主编：《中国各民族原始宗教资料集成》（彝族卷），中国社会科学出版社1996年版，第27、52～57页。

白族视天为自然界最大的神灵，它主管一切。在大理等白族聚居地区，过去普遍祭天，不少村寨设有专门祭祀的场所。近代以后，祭天活动逐渐减少，只留下一些祭天的地名和遗址。怒江、澜沧江、洱源西山和丽江九河的白族，至今仍要每年举行一次祭天活动。一般以村寨为单位，专门饲养一头用于祭祀的牛，仪式非常隆重。兰坪、维西那马人对天十分崇拜，过去有隆重的祭天仪式。祭天与农业生产关系密切，兹抄录这样的祭词，以证之。

> 许——许——（许，许愿的意思）
> 管播种、管插秧的，
> 天空中天鬼的儿子，
> 你是红米田坝的主子，
> 你是白米田坝的主子，
> 你是五谷百草的主子。
> 今天，
> 我们在田里耕种，
> 我们在地上撒种，
> 一粒种子出百棵苗，
> 一棵苗结百粒果实，
> 莫让虫儿来为害，
> 打的粮食比江边的沙子还多。
> 到火把节那一天，
> 祭给你三年的大公鸡，
> 祭给你一大锅油煎粑，
> 祭给你一大甑白米饭。①

与白族一样，在哈尼族的神灵谱系中，天神"摩咪"司管着日月星辰、风雨雷电诸神，保佑着农田水利、村寨人家，被认为是神力无边的世间最大的保护神。而天神的助手"威嘴"专司农业，被奉为农业的保

---

① 详见吕大吉、何耀华主编：《中国各民族原始宗教资料集成》（白族卷），中国社会科学出版社 1996 年版，第 456 页。

护神。哈尼族对天神的祭拜主要穿插在一些大型的农业祭祀活动中，如在哈尼族最为隆重的宗教节日"苦扎扎"（六月年）节中，迎请天神巡视人间和娱乐天神是节日的主要内容。迎请天神时，要建盖天神居住的房屋，公、私两次祭拜天神。私祭时，各家各户杀一只白母鸡，煮熟后与酒、菜、饭、茶水各一碗进献在家中祖先位前，由家庭主妇主持祭献仪式，先祭天神，再祭男性祖先，三祭女性祖先，四祭谷神，五祭灶神……。公祭时，则是各村寨杀一至二头牛，由寨老或祭司主持祭祀仪式。祭了天神，接下来是娱乐天神，游街串寨，尽情狂欢。①

普米族祭天活动甚为普遍，祭天日期多选在农历二月十五日开始，有的则从九月初一开始。仪式繁简不一，隆重的长达45天，简单的也要3天。祭祀地点多在村寨附近的山下。祭祀时须用松木杆搭49个祭坛，分别插上绘有日月星辰及风雨雷电等图形的旗幡。用数十头牛、数百只羊为牺牲，还用数百斤酥油、糌粑面、五谷、瓜果等作祭品。集中当地所有的巫师进行祭祀，由他们中资历最高的汗主主祭。把49册祭天经都要逐册念完。念毕经典，即进行跳神，巫师们披红戴绿，跳神鬼舞蹈。群众在祭坛前焚香、叩头、祷告，祈求天神保佑当地风调雨顺、谷物丰产、人畜兴旺。②

从如上这些民族的祭天仪式来看，祭天主要是为了祈求一方平安，祈求天神保佑农事顺利，包含有祈年的成分。同时，祭天往往与祭祖相联，因为天地祖宗，本为一体，至为神圣。

（五）祖灵信仰观念

在云南各民族各种不同的宗教信仰形式中，祖先信仰及对祖灵的崇拜是一种普遍的形式。基于灵魂不灭的观念，许多民族的人们都认为，已逝祖先的灵魂和埋在地下的尸体一起生活，在另外一个世界与活着的人们及现实世界保持着联系，时时刻刻监视和庇佑着子子孙孙。为了报答祖先的开创养育之恩和祈求祖灵的庇护，除了在日常的家居生活中祭祖为普通寻常之事外，在一些重大的农事活动与年节时，还要隆重地祭

---

① 详见王清华：《梯田文化论——哈尼族生态农业》，云南大学出版社1999年版，第242～249页。

② 颜思久主编：《云南宗教概况》，云南大学出版社1991年版，第264页。

祀祖先（表4—1）。①

表4—1　　　　　　　　云南各民族在各个时节相应的祭祖活动

节期	名称	民族	地区	活动内容
农历一月一日、七月十五	祭祖	苗族	文山州	以酒、肉祭祖和土地神
农历一月初八至十五	虎节	彝族	云南省	祭虎节、跳虎节
农历二月九日、一月四日	窝罗节	阿昌族	德宏州	跳"蹬窝罗"，祭始祖遮帕麻与遮米麻
正月（十二年一次）	祭大龙	彝族	石屏县等地	祭始祖阿倮
农历二月八日、六月二十五	密枝节	彝族	弥勒、路南等县	祭密枝林、祭祖先神位，祈丰驱邪
农历二月八日	三朵节	纳西族	丽江地区	祭民族保护神"三朵"
农历二月八日	插花节	彝族	大姚县	祭祖、祭马樱花
农历二、三月	祭大龙	基诺族	景洪	剽牛杀猪，祭女始祖阿嫫尧白
农历一、三、六月	祭祖	纳西族	丽江	祭神树神石（祖灵）
农历七月一日至十五日	祭祖	彝族	巍山县	烧纸祭祖
农历七月一日、八月十五	烧包节	阿昌族	梁河县	祭祖、悼亡灵
农历八月十五	祭族树节	彝族	富民、武定县	族树代表祖先
农历七月十三	祭祖	布依族	富源县	杀鸡献亡灵
农历九月九日	拜祖公树	彝族	巍山县	祭祖
农历十二月底	祭祖	傣族	元江	杀猪祭祖
农历十二月底	祭祖	怒族	碧江	杀猪煮酒祭祖
农历十月	"十月年"	哈尼族	各地	祭祖为主要内容
稻谷成熟之际	"新米节"	哈尼族	元阳、红河一带	尝新祭祖

　　从上表来看，云南各民族在各个不同的时节都有相应的祭祖活动，也就是说祖灵信仰在人们的观念信仰中占有十分重要的地位。

　　对于稻作农耕民族而言，祭祖常常作为辅助主题或背景主题出现在与稻作农耕相关的祭祀活动中，亦即在稻作生产的各个环节都穿插有祭

---

① 参见黄泽：《西南民族节日文化》，云南教育出版社1995年版，第217～221页。

祀祖先的内容。如在哈尼族的社会生活中，除了在"苦扎扎"节、"昂玛突"节、"十月年"等年节上有专门的祭祖活动外，在农耕之始开秧门这天，红河南岸哀牢山的哈尼族，"要带上黄糯米饭、酒、红鸭蛋祭祖田，'祭献先辈开下的好田地'。据说栽秧要先栽中央的那丘田，踩进祖田里的脚不能移动，低下去栽秧的头不能抬。"① 在稻谷即将成熟举行尝新仪式时，红河、元阳一带的哈尼族，要割九穗谷子背回家祭祖，称为迎接新谷娘娘，因为新谷娘娘害羞，割谷子时要点着火把在天亮之前去割。割回的谷子要三穗捆成一束，分三束挂在祖先神位下，终年悬挂，只有在老人去世时才拿出来去焚烧。新米节祭祖主要祭品是陈米上撒一层新米蒸成的饭，意味着在祖先的庇佑下，新旧相接，年年有余。祭祀祖先时，家长口念祭词："先祖啊！新谷献给你们，你们要把庄稼看守好，不要让冰雹打，不被老鼠咬，不遭山塌土压，不被水淹，不被风吹倒伏，收进粮仓不发霉，新米糠喂猪，新碎米喂鸡，祈求老谷老米接上新谷新米，永远吃不完。"② 绿春县戈奎乡普都河玛寨哈尼族，每当粮谷成熟时，要用新成熟的谷穗举行祭祖仪式。在去采新谷前，先要在门口杀只小鸡，于门口屋檐下煮食，用以清除家中晦气，表示新谷成熟，迎接新一年福气的到来。之后，去田间采回九穗谷穗，放于祭祖处的小篾桌上，表示祭祖。祭毕，将之挂于祭祖处墙上的木桩上，年复一年，一年增挂九穗谷穗，任何人不得随意取下，以作祖先神灵的象征物。③

总而言之，对于稻作农耕民族来说，祭拜祖先神灵与祀奉其他与稻作相关的神灵一样，是十分虔诚和普遍的。

（六）剽牛祭天及牛神崇拜

在与人类伴生的动物中，牛无论是被驯化用于"踏泥耕田"、驾车拉犁、肉食食用，还是用于宗教祭祀中的牺牲，可谓一直扮演着十分重要的角色。尤其是对于农耕民族而言，牛是人们生活中不可或缺的动物，祭祀用之，拉犁耕田用之，传统农耕技术的最高水平——牛耕，就是借

---

① 白碧波：《哈尼族节日》，云南民族出版社 1993 年版，第 41 页。
② 同上书，第 70 页。
③ 详见吕大吉、何耀华主编：《中国各民族原始宗教资料集成》（哈尼族卷），中国社会科学出版社 1999 年版，第 333～335 页。

助牛来实现的，所以牛是农耕文化发展的一个重要标志，是传统农业的象征。

在云南各民族的社会生活中，牛同样是一个大写的文化符号，穿缀在云南历史发展的各个阶段。在史前时代，牛常常是各种神话传说和岩画表现的主题，如云南麻栗坡县的大王岩和沧源曼帕寨东北曾发现"祭牛"的岩画。到了青铜时代，牛的图案形象更是青铜造型艺术装饰的主题，我们在滇池区域青铜器物装饰图案中，发现有上百个牛的形象，频繁出现的牛的图像，反映了当时的人们或把牛作为一种财富的象征，或以牛作为牺牲，或养牛食用的实情。到了东汉初期，云南出现了牛耕，开发了牛拉犁驾车的功能，使牛在稻作农耕中获取了更为重要的地位和价值。

尽管自东汉起，牛获取了拉犁耕田的新的功能，成了农耕生产的主要帮手，但是牛作为沟通鬼神之物的最原本的功能，作为象征丰产的文化意义，一直传承下来，牛在各民族的宗教祭祀活动中扮演着十分重要的角色。这当中，"剽牛"祭是一种沿袭上千年的民俗活动。

云南的剽牛祭祀活动起源甚早，我们且不说在早期岩画艺术中就有类似"剽牛"祭祀图像的岩画，仅在青铜时代的青铜器物上，就有许多栩栩如生的以杀牛或剽牛为中心内容的宗教祭祀场面。如"晋宁石寨山出土的'剽牛'铜牌饰上，四个巫师中，二人用手紧按牛背，一人揪住牛尾，另一人持绳数周，将绳之一端盘绕牛腿，另一端系于柱上，一场剽牛仪式即将开始。江川李家山墓地也发现有类似的铜牌饰，一圆柱上缚一巨角牛，牛背上披着华丽的'披风'，牛背上倒悬一小孩。一巫师紧拉缚牛之索，另一巫师，一手按牛背，另一手拉牛茎之索；牛后亦有巫师一人，其人双手紧拉牛尾，唯恐其狂蹦乱跳。这也是一个剽牛仪式将要开始的场面。"①

剽牛仪式在云南延续的时间很长，直至20世纪50年代初期，傣族、哈尼族、景颇族、佤族、独龙族等农耕民族，在祭祀活动中常以牛为祭品，剽牛献祭，整个剽牛过程颇为神圣。这里，牛是圣物，是沟通天人的神物。如景颇族把剽牛祭祀的场地称为"能尚"，剽牛时一定要有巫师

---

① 张增祺：《滇王国时期的原始宗教和人祭问题》，云南省博物馆编《云南青铜文化论集》，云南人民出版社1991年版。

图4—5　剥牛祭祀铜牌饰

(选自张增祺:《滇文化》)

"董萨"的参与和主持。祭祀场地的南面有一高约 3 米的木架,是剥牛时专供挂牛的木桩,景颇族语称"阿无当"。剥牛前要先举行祭祀仪式,杀鸡和摆设祭品,祭品中有鸡蛋和松鼠干等,主持祭祀的巫师不仅会念经咒,而且有特制的服饰。巫师在念经时要先祭地鬼、树鬼,祭雷神的祭品必须要用牛,于是剥牛活动就开始了。[①] 景颇族的剥牛活动,是用长矛或削尖的竹竿猛刺牛身,直至将牛刺死倒地为止,极似古滇国剥牛祭祀场面。据说不举行此仪式,来年就不会有好收成,寨子里的人畜也会多灾多难。

云南各民族与此相类似的剥牛习俗,其文化含义,有的学者认为,一是把牛作为一种神圣的祭品,作为主宰人间生死祸福、粮食丰歉等神祇喜纳的圣物。二是一种丰产巫术,人们认为,剥牛祭祀不仅可以促进人自身的繁殖,还可以促进农作物的生长和粮食的丰收。三是剥牛祭祀寄寓着一种存在于原始的农耕民中的重要观念:死意味着生,死,尤其是杀害,是生的前提。日本学者大林太良在《神话学入门》中说过:"农耕的发明是人类文化史上具有划时代意义的事件。这不仅是技术和经济形态上的变化,而且随之而来的是社会和人们的社会观念也都发生了变

---

① 参见罗钰:《记景颇族的一次剥牛祭祀》,《云南文物》1983 年总第 14 期。

化，得到了发展。以前，人们最关心的是动物，而现在植物和人类本身成了农耕民族世界观念中的主角。像开花、结果而后很快枯死的植物所象征的那样，人们对生与死的象征主义发展起来了。"①

在云南各民族的社会生活中，牛除了被认为是与农耕生产有着某种神秘联系，象征着丰产，成为沟通鬼神的崇拜对象外，现实生活中牛也是人最好的帮手和伙伴，是稻作生产中不可缺少的强劳力，稻谷的丰产与丰收均离不开牛的奉献，因此，在稻作民的心理和观念上，崇拜牛、尊敬牛、祭献牛，并形成一系列的礼俗。

在云南传承的与牛相关的习俗中，农耕之始的祭牛敬牛活动是甚为普遍的一种风俗。如在许多白族地区，春耕开始或立春之日，要以地区或村社为单位，举行祭牛神、祈丰收的"打春牛"活动，这种活动有的称之为"田家乐"。目的是感谢牛即将开始春耕劳动，祝福新的一年将获得好的收成。② 彝族也是一个爱牛敬牛的民族，其民谚称："罗罗一头牛，命根在里头"，他们爱牛、敬牛，每年临近春耕之时，农户要按照古老的习俗，上山采集乌桕、栎栗等树叶，用蒸出来的水做一锅糯米饭，和着黄酒和鸡蛋之类送给牛吃。在西双版纳傣族社会，通常在傣历九月间插秧结束后即"关门节"之前，各家各户要举行"拴水牛魂仪式"。傣族认为，牲畜是人类进行劳动生产必须依靠的重要动力，它们也跟人类一样有灵魂。农忙季节牛承受了劳累折磨，还受抽打、吼骂，牛魂时常受惊。所以一旦栽完秧，家家都要为牛拴魂叫魂，以表示对牛的珍爱，并有专门的叫牛魂歌谣。③

在农忙之间或之后安排给牛过生日，也是农业社会使用牛、爱牛的一种表现。大理白族一般把立夏日定为牛的生日，是日家家户户要给耕牛洗澡梳理，披红挂彩戴铃铛，然后把牛牵到本主庙前的空地上，给牛喂生鸡蛋、腊肉乃至大枣红糖稀饭，有的还别出心裁地给牛喂活黄鳝或蛇肉。同时，人们三五成群，一起品评牛膘，交流喂牛经，并感谢牛在

① 李子贤：《牛的象征意义试探——以哈尼族神话、宗教仪礼中的牛为切入点》，《探寻一个尚未崩溃的神话王国》，云南人民出版社 1991 年版。

② 详见吕大吉、何耀华主编：《中国各民族原始宗教资料集成》（白族卷），中国社会科学出版社 1996 年版，第 703～704 页。

③ 参见岩温扁、岩峰主编：《西双版纳傣族古歌谣集成》，云南人民出版社 1989 年版，第 214～216 页。

稻作生产中的辛劳。而云龙先天池村，则把正月初四日作为牛生日。届时，人们要到平时放牛的牧场或山坡地脚去祭"牛王神"。村民们三五家邀约，或者集体准备三牲和香火，砍一根松树杈摆喜神方，插上五方旗，祈祷这一年内保牲畜无疾病，六畜兴旺，五谷堆满仓。①滇池东岸的彝族撒尼人，在农历六月初六这天给牛过"生日"，称"牛王节"。凡养牛之家，到了这一天都得停止役使，让牛在家休息，并用最好的饲料喂牛。②

哈尼族在每年的五月初五，要过"纽南南"节，"纽"即水牛，"南"即歇气、休息之意，"纽南南"意为让牛休息。节日这一天的清晨，各家主人把杀好的公鸡、紫色糯米饭（据说，紫色能去除劳累、烦恼和野气）置于祭台，先敬祖先，随后取一点鸡肉，用汤拌米饭喂牛，口中念诵吉祥的祈祷之词，然后就将牛赶到远山上去放养。③贵州仁怀、遵义一带的仡佬族在农历十一月一日过牛王节，据说这天是牛的生日，因此，这天不能使役，要喂好饲料。侗族在农历四月八日或六月六"祭牛生日"，那天主人用鸡、鸭等祭品在牛栏边设案祭祀。广西壮族在农历五月初七、六月六或七月七，三夏大忙后，要将牛栏修缮一新，给牛过"牛魂节"，为牛压惊、定魂。

如上这些敬牛祭牛礼俗，虽然带有某种原始牛崇拜的痕迹，但它既表达了人们对辛苦劳作的牛的感激、爱护和崇敬心理，以及希望牛及其子嗣繁衍兴旺，继续为人类出力，以期获得谷物不断丰收的心愿，又寄托了人们祈求风调雨顺、五谷丰登的美好愿望。

三　谷魂信仰：稻作民最普遍的信仰形式

（一）云南各民族祭祀谷魂的仪式

在人类早期的万物有灵观念中，稻谷作为维持和繁衍生命的一种重要物种，被认为是同其他万物一样具有魂灵的东西。所以在世界上各民族稻作农耕发展的早期，谷魂信仰可以说是一种非常普遍的信仰形式，

---

① 杨国才：《中国大理白族与日本的农耕稻作祭祀比较》，《云南民族学院学报》2001 年第 1 期。

② 参见张福：《彝族古代文化史》，云南教育出版社 1999 年版，第 231～232 页。

③ 详见王清华：《梯田文化论——哈尼族生态农业》，云南大学出版社 1999 年版，第265～266 页。

如弗雷则在《金枝》中曾列举了普鲁士的五谷妈妈、苏格兰的收获闺女、法国的妈妈谷捆、墨西哥的长发妈妈、马来半岛的稻谷妈妈等多种形式的谷魂信仰风俗。①

与世界各民族普遍存在的谷魂信仰风俗一样，在云南这块红土地上，千百年来，各民族的民间一直传承着各种不同形式的祭祀谷神、谷魂活动，谷魂的观念在当地农耕民的信仰体系中占有十分重要的地位。许多民族都认为，每一粒粮种从播种、发芽、长叶、扬花、结籽到收获，周而复始，连绵不绝，全在于粮种有自己的灵魂，一旦灵魂跑掉或死去，粮种的生命也就结束了。所以，在谷物生产的各个环节尤其是在播种和收获时都要举行祭祀谷神、谷魂的活动。下面，我们以稻谷的一个生长周期为限，分三个主要的时段来考察。

1. 播种祭谷魂仪式

在云南各民族的谷物起源神话中，谷物种子的获取，无论是动物运来、英雄盗来、祖先取回、天女带来、神人给予，还是死体化生、自然生成，谷物来到人间多少带有一点仙品神性，人们把之播种在土地之前，总不免要举行"取神种"之类的仪式。如拉祜族在每年春节之际，人们聚集在广场上，举行盛大的"跳歌"会，一来感谢天神厄莎，欢庆丰收，二则向天神求取"吉祥的种子"。歌舞尽欢后，各家各户分领几粒得到天神赐福的"神种"，带回家掺入粮种中，待开春下种。

有了谷种，在把之正式撒播在田地里或者栽秧时节，要挑选日子，祭祀包括谷神在内的一些神灵，求其保佑种子顺利发芽，秧苗快速返青成活。如居住在西双版纳等地的克木人，把主宰谷子的谷灵叫做"玛我"（谷子妈妈），每年4月播种前要在谷仓举行祭"玛我"的仪式。届时，各户女主人把银手镯、银腰带和一包糯米饭埋在谷仓底，向"玛我"（去年最后收割的一束挂在谷仓里的谷子）献祭，之后才可以在谷仓里舀谷种上山播种。开仓舀种，要用右手撮谷子，倒在左手拿着的小箩筐里，撮满后再倒进大箩，顺序不可颠倒。②

---

① ［英］詹·乔·弗雷泽：《金枝——巫术与宗教研究》，徐育新等译，中国民间文艺出版社1987年版。

② 张宁：《克木人的农耕礼仪和禁忌——兼论交感巫术中的映射律》，《民族研究》1999年第6期。

　　德昂族在清明节后，犁田耕地前，妇女们要站在田地边，大声喊谷娘："喔！喔！喔！（喂！喂！喂！）谷娘归来！来到地中守地，不要让马鹿、麂子来糟蹋我们的土地。"他们认为，妇女这样喊谷娘，就会把谷娘请到田地里来，守着田地。喊完谷娘后，男子便开始犁田耕地。①大理洱海周边的坝区，一般在清明节前播种育秧时，择一吉日到山神庙（土地庙）祭谷神和水神，祈求谷神保佑谷种得到雨水灌溉，顺利发芽生长。洱海边有些村落，则在开秧门时选吉日祭祀谷神。西双版纳等地的克木人，在春季播种前，各家各户要向代表谷灵的挂在谷仓里的去年最后收割的一束谷穗献祭，之后，才可以在谷仓里舀谷种上山播种。②布朗族在每年农历五月播种时，各户在山地中选一块地作为"母地"，请祭师祈祷，镇邪祛魔，祈求谷苗茁壮生长。阿昌族在撒秧、栽秧时节，要祭祀谷神，以安谷魂。撒种多选在属马的日子，相传马日育的秧苗移栽后，谷穗会长得如同马尾巴那么长。有的挑属虎、属龙日撒种，认为虎日撒的秧，牲畜不敢吃，虫害少；属龙日撒种雨水会好，有利于秧苗生长。栽秧结束，人们要在田沟边，用余下的秧把蘸水洗刷牛腿，免得牛腿将谷魂裹了回去，让其待在田里，保护稻谷的生长。③

　　基诺山补远寨基诺族在农历三月选好日子开始播种时，女子一早背着旱谷籽种到地里撒种，撒到中午谷种被埋下后即返回家。返回家后，妇女们换上盛装，肩挎"通帕"（挎包），内装祖先留下的谷种，走到岔路口，共同呼唤叫谷魂，其词是：

　　　　谷魂啊，上来吧！从勐捧上来吧，从景洪上来吧，从巴卡上来吧！从勐旺上来吧！从茄玛上来吧！谷魂上来后使我们旱谷丰收，旧谷未吃完，新谷又堆满仓。

---

　　① 详见杨毓骧：《镇康县德昂族与傣族的宗教关系》，国家民委《民族问题五种丛书》云南省编辑委员会编《德昂族社会历史调查》，云南民族出版社1987年版。
　　② 详见张宁：《克木人的农耕仪礼和禁忌——兼论交感巫术中的映射律》，《民族研究》1999年第6期。
　　③ 王亚南：《口承文化论：云南无文字民族古风研究》，云南教育出版社1997年版，第197页。

补远寨居于高山顶上，她们招谷魂是从山下各个地方请谷魂"上来"。同时，在这个仪式中还保留这样一个传统，即欢迎外寨特别是其他民族的朋友来作客，鸡肉好的部位要请客人吃，据说这样会带来丰收，因为这些外来客人会带来外地的谷魂。[①]

根据谷魂与谷种不分离的观念，播种阶段的谷灵随着种子撒播在田地里，相应的它也就从谷种存放的家里，来到了田间，位置发生了变动，从家里转移到田里，守护着稻谷的成长。在这个阶段，为了把谷灵送到田里，相应的有送谷魂的仪式，即使是在插秧完毕，也得举行诸如"关秧门"之类的仪式，把谷魂很好地留在田里。

2. 稻谷生长过程中的祭谷魂仪式

在稻谷的整个生长过程中，谷神一直守护在田里，谷物精灵与稻谷同在。但民间俗信认为，在稻谷生长时，若遇山崩地陷、田埂垮塌、干旱、虫灾，或牛马践踏庄稼，都有可能是鬼魅作祟，会吓走谷魂，而鬼魅变成虫、鸟、野兽来偷吃过的庄稼，收割后也会不经吃。为此，人们相应地要采取各种各样的防范措施。如独龙族在作物的发芽和结实阶段，常在地边或草丛中放一两个装酒的竹筒，再插上一把砍刀，意思是"卜郎"（各种鬼）们来了，请你们喝酒，若是作祟庄稼，小心刀砍；或者在庄稼地上用醒目的白麻线拦护成网，于树上、地边吊扎起一两个草人，端着弓弩，随风摇荡。这样，变成鸟雀的鬼见了就不敢轻易前来。特别是在粮食成熟的季节，全家人都要搬到山地上来住，日夜守护、防范那些变成猴、熊、老鼠一类害兽的鬼，前来偷食或作祟粮谷。[②]

除了采取防范措施外，为了防止谷魂脱离稻谷，或避免薅锄护理中惊吓谷魂，亦或把被惊吓走的谷魂招回来，在稻谷生长的不同阶段，还要不断地祭拜谷神，举行叫谷魂的仪式。如布朗族在旱谷生长的各个环节，都有祭谷魂的仪式。当谷苗长至五寸时，村社头人达曼通知各户交纳一只鸡、一斤米祭谷魂，请僧侣去地里念经、滴水，并在地下埋石头

---

① 详见吕大吉、何耀华主编：《中国各民族原始宗教资料集成》（基诺族卷），中国社会科学出版社 1996 年版，第 810 页。

② 详见吕大吉、何耀华主编：《中国各民族原始宗教资料集成》（独龙族卷），中国社会科学出版社 2000 年版，第 630 页。

三块，不许践踏，认为这样可以留住谷魂。在薅草之前，要祭"谷魂"，请僧侣到"妈妈地"里念一本《戒苏李牙完格》（谈谷种的起源）的经书。然后主人高声呼喊："谷魂啊！谷魂！你在哪里，你快回来吧！我们下地薅草，你不用怕，你快回来吧。"祭祀完毕，人们才开始薅草。据说"谷魂"就住在下种时最先点种的那个小方块中，和水魂住在一起。他们认为叫了"谷魂"，谷粒才饱满硕大，谷穗才收得多。在抽穗结实过程中，如果谷穗得病，便以为"谷魂"不在了，又要请巫师念经滴水祭祀。[①] 据杜玉亭先生调查，基诺山的一些村寨的基诺族，在旱谷的生长过程中要举行相应的"催苗祭"。如巴朵寨的基诺族，当旱谷长出十余公分，要分蘖发权时，各家家长要携鸡到第一块进行播种仪式处去进行催苗祀。祭词一般有如下几句："去世的父母、谷魂，我敬献给你们两只脚的鸡一对，摆了饭，请来吃来喝。请保佑谷子旺盛发蓬，一粒谷发十蓬秧，一蓬秧发十个芽，谷子发蓬像人上去也压不倒的钐刀草。"当农历七月旱谷抽穗扬花时，要举行隆重的农业大祭，基诺语称为"洛嫫洛"，意为宝贵的大祭。内容包括钐路巡界，杀猪杀牛祭寨鬼，祭祖灵，祭植物鬼、水井鬼、谷鬼。[②]

　　哈尼族的叫谷魂仪式，一般在稻谷抽穗扬花之际择一吉日举行。届时，备好鸡鸭蛋和竹筒饭到田间，在田埂上找个合适的地方搭建一个小窝棚，让田神、谷神在此享祭。又据王承权先生调查，大理小邑庄一带的白族，通常在每年农历六月二十五日火把节时，各家备上食物，给每一丘田供一份作为祭品，祈祷谷神保佑稻谷长得壮实饱满，不受虫害和风暴袭击。祭毕，朝点着的火把撒松香面，以灭虫害，烧百蛾。喜洲一带白族把每年的六月十九日定为稻谷的生日。届时，要备祭品到每丘田里祭祀谷神。洱海东岸海东乡祭谷神是在农历七月初八，先全村集体祭，后各户分头祭。云龙县白族认为，五谷神主宰着粮食的丰歉，但五谷粮食又长在山上，生在地里，所以在祭五谷神时，要同时祭山神土地和田公地母。祭五谷的时间，第一次是插秧时备祭品在秧田的水口前祭拜，

----

① 参见王树五：《布朗山布朗族的原始宗教》，《中国社会科学》1981 年第 6 期；赵瑛：《布朗族文化史》，云南民族出版社 2001 年版，第 167 页。

② 详见吕大吉、何耀华主编：《中国各民族原始宗教资料集成》（基诺族卷），中国社会科学出版社 1996 年版，第 810～816 页。

请求田公地母和五谷神保佑秧苗出得好、长得壮。第二次是在种子撒下去一个月左右时，再次到水口处祭山神土地、田公地母和五谷神，求他们保佑秧苗不受鸟兽虫害。最盛大的一次是在插秧结束时，要集体到双鹤场那里去祭山神土地和五谷神。[①]

3. 稻谷收割阶段的祭谷魂仪式

稻谷生长过程中，谷魂与稻谷相厮守，谷神一直守护在田间，看护着稻谷的生长。当稻谷成熟收割时，最为重要的就是要把在稻田里守护稻谷的谷魂，随稻谷一同招回家中，故在稻谷成熟、收割、打谷、装仓等环节，都有相应的祭谷神、叫谷魂仪式。

在稻谷灌浆即将成熟收割之际，为了保证谷粒饱满，收获更多的稻谷，许多民族都要精心准备祭品，到田间祭拜谷神。洱海凤仪和宾川的上沧等地的白族，在七八月间稻谷抽穗、扬花之际，要选择吉日，带上茶酒、鸡、鸭蛋和其他供品到田边祭祀谷神，目的是让谷神保佑谷穗饱满、丰产。[②] 镇康、耿马等地的德昂族，在每年农历八九月间稻谷成熟开始收割时，每家都要用竹篾精心编织一间长 30 ~ 70 厘米的小竹篾房，用茅草铺顶，裱以白纸，作为谷娘的屋子，同时准备好鱼、肉、菜、蜂蜜、芭蕉等祭品，抬往旱谷地献给谷娘。[③] 勐海等地的布朗族在收割时，全家族成员齐集在家族长家中，由族长杀一只鸡，煮 2 ~ 3 筒米饭祭谷魂。祭祀要悄悄进行，不能惊动家族鬼。然后再到地里"滴水"，祈求谷魂回到地里，保佑丰收，祭毕，方开镰收割。傣族在谷子成熟开镰收割之前，要祭谷神，先将田头的那簇谷子割下供献在神台上，待全部谷子打好入仓时，那簇谷子又作为谷神送到谷仓里陈供。在送谷魂途中，主人要一路吆喝呼唤，为谷魂引路叫魂。[④] 阿昌族在收割完稻谷后，早上先杀一小公鸡，或用鸡蛋供在露天谷堆上，叩头祷告。晚上，再供熟鸡蛋并在谷堆前叫"谷魂"回家守谷仓。然后，拔一丛带土的谷茬，插上从地

---

① 详见吕大吉、何耀华主编：《中国各民族原始宗教资料集成》（白族卷），中国社会科学出版社 1996 年版，第 699 ~ 700 页。

② 杨国才：《中国大理白族与日本的农耕稻作祭祀比较》，《云南民族学院学报》2001 年第 1 期。

③ 参见杨毓骧：《镇康县德昂族与傣族的宗教关系》，国家民委《民族问题五种丛书》云南省编辑委员会《德昂族社会历史调查》，云南民族出版社 1987 年版。

④ 参见张公瑾：《傣族的农业祭祀与村寨文化》，《广西民族研究》1991 年第 3 期。

里拣来的谷穗，放在谷仓里，表示谷魂已经返家。哈尼族的叫谷魂仪式，一般在稻谷抽穗扬花之际择一吉日举行。届时，备好鸡鸭蛋和竹筒饭到田间，在田埂上找个合适的地方搭建一小窝棚，让田神、谷神在此享祭。在收割稻谷的前一天，主妇手拿锯镰、口袋、煮熟的鸡鸭蛋各一个、米饭，来到自家的田里呼唤谷魂，边往回走边悠悠地唱《招谷魂歌》。

图4—6　佤族稻谷成熟时节迎请谷神的仪式
（选自鸟越宪三郎：《稻作儀礼と首狩り》）

稻谷收割完毕，即进入晒谷、打谷、运谷和谷物入仓阶段，这当中的每一个环节都有相应的祭祀谷神的仪式。具体如下：

——德昂族在秋后收割时，要将谷穗曝晒数日。干后，堆成谷垛，待到来年春天二三月间，即开始打谷。在收割堆谷垛时，妇女要准备酒肉等供品，献给谷娘食用。在打谷时，妇女们要准备祭品，前往山地，由男子搭木梯，妇女提着供品爬上谷垛，呼喊谷魂："起来！起来！谷娘呵谷魂，洗脸，洗手。吃早餐啦，吃芭蕉，吃果子啦，吃肉，吃鱼，吃糖，吃蜂蜜。"妇女叫过谷魂后，将谷把丢下，由男子接过谷把放在打谷场，妇女走下梯子，待谷娘用完早餐便开始打谷。中午，妇女同样要登上谷垛去请谷娘用午餐。餐毕，妇女将全部谷把抛于地上，将谷穗打完，收拾场地，提着竹篮，叫着谷魂回家。傍晚，当男子背驮打好的谷子，妇女提着竹篮返回寨子时，家中老人已等候于竹楼前，请谷娘登上竹楼。进楼后，把新谷倒在大囤箩谷仓中，再把小竹篾房安置于囤箩之上，表示谷娘已住在小屋子里了。①

——居住在西双版纳等地的克木人，在打谷和把谷子背回家时都有相应的祭谷神仪式。打谷时，先由代表谷神"玛我"的女主人从谷堆顶拿下禾把，谷穗朝里放在篾笆上，她边放边说："我们要打谷子了，要把你们打下来带回家，你们可不要留在谷草上，都乖乖地下来吧。"之后，一家大小才可以动手打谷。到了12月，把堆在地边临时谷仓里的谷子背回家时，一般是全寨换工，一家一家地背，一家人的谷子大约一天或一天半即可背完，殿后的女主人要背一小箩谷子和一些小石子、凉瓜回家，把它们放入谷仓。3天后的中午，代表谷神"玛我"的女主人要到地里去烧谷草，举行叫谷魂仪式。祭谷神时，边祭边念："掉在地里的谷子，没挖出的地瓜啊，木薯啊，芋头啊，黄姜啊，快和你们的伙伴一起回家吧，快快回到谷仓去，不要在地里流浪！你要不回去，老鼠就要来啃你，山雀就要来啄你，蚂蚁就要来背你……"祭完之后，把所有的收获物带回家，把真正象征"玛我"的那丛谷穗挂在谷仓里。这样，谷魂就被叫回谷仓了，来年的丰收才有了保障。②

——云南勐海等地的布朗族认为，在打谷时会惊吓谷魂，所以要请佛爷择吉日祭祀谷魂。届时，各家准备丰盛的饭菜作祭品，请佛爷念经、滴水，据说这样打谷可以打得多，装运谷子时可以少损耗。另外，当稻谷入仓快要装满粮仓时，要从谷魂地里收割那一包象征"谷魂"的稻谷放在上面，还要编一方形小竹筐，拿到地里把"水魂"和"祖先神"叫回来和谷魂住在一起，据说这样谷魂才不会离开谷仓，稻谷也才经久耐吃。

4. 叫谷魂仪式中吟诵的"谷魂经"

基于谷魂与稻谷不能分离的信仰原则，稻作民在播种插秧之际，是随种子一道要把谷魂送到田间，或者把各地的谷魂叫到田间，让其守护稻谷的生长。稻谷收割、打谷归仓之时，则是要把谷魂叫回家中，以保证谷魂与谷粒同在，谷物经久耐吃，或为慰劳谷神看守之功，让其居于

---

① 详见杨毓骧：《镇康县德昂族与傣族的宗教关系》，国家民委《民族问题五种丛书》云南省编辑委员会编《德昂族社会历史调查》，云南民族出版社1987年版。

② 张宁：《克木人的农耕礼仪和禁忌——兼论交感巫术中的映射律》，《民族研究》1999年第6期。

家中，以便随时祭拜。相对于春耕初期的送谷魂仪式而言，这时的叫谷魂仪式要隆重和繁复得多，并且伴有很多非常人性化的"祭词"。这些叫谷魂仪式及其祭词，最为典型的有如：

——据杜玉亭先生调查，基诺山巴亚寨基诺族叫谷魂多在农历十月间，旱谷收割完毕脱粒入仓时，以家庭为单位举行，日期由家长决定，全寨不求统一。叫谷魂的地段属旱谷地，各家耕种的不同的地段一般都要去一个人，当年新谷地必须用红公鸡叫谷魂，复种的旧山地可用母鸡去叫谷魂。叫法是背一个装有红公鸡的鸡篮，肩挎装有米、红线、银手镯的挎包，到谷地后首先在山地茅房附近的谷堆处，铺上一张新采的芭蕉叶，上放槟榔、内装银手镯的烟盒以及在叫谷魂处采来的"谷魂花"（鸡冠花）和金芥花，然后燃起一把稻草，边烧边叫：

> 谷魂啊，地里草深了，天气转凉了，回家的时候到了！谷魂啊！你不要过10座山，你不要过10条箐，我用金色的红公鸡来叫你的魂，我用酸别果似的白银来引你的魂，我背来的公鸡的鸡冠红得还不够，我又加上了鸡冠花；我背来的公鸡脚的倒钩还不够粗壮，我又加上了金芥花的舌杈。谷草可以留在地里，谷魂不能留下；谷穗在收割时会丢在地下，谷魂不能丢在山地里；谷粒会丢在地下，谷魂不能丢在地里。谷魂啊，跟我回寨吧！谷魂啊，跟我回家去吧！我迎你的是男九魂，迎你的是女七魂，迎你的是金银的魂，我要把你迎到你应居住的仓库去。谷魂啊！回来吧！回来吧！

念毕，收拾起竹编烟盒、手镯、鸡冠花返回家里。在返回途中，遇三岔路口或十字路口，要放一根稻草，草尖指向寨子，作为路标，防止谷魂走岔道。到家后，把鸡篮挂在仓库门的横穿木上，然后杀猪鸡。叫谷魂杀鸡时，要将鸡血涂在仓库的门、梯和柱上，并粘上鸡毛。家长和家内男性成员要在仓库内吃猪、鸡肉宴，这时的祭词是：

> 去世父母的魂、寨鬼、谷鬼，请你们来吃饭。谷穗可以丢下，谷魂不能丢下；谷粒可以丢下，谷魂不能丢下。谷魂已经进了寨，叫到仓库来了，我在楼下杀了四只脚的猪，背到地里的公鸡也杀了，我们坐在仓库的篾桌上敬献给你们。寨鬼啊，请守住寨门和三岔路

口,不让恶鬼进寨,保佑我们猪鸡成群,大人小孩不生病。请赐给我们粮满仓,旧粮谷未吃完又加上了新谷;旧谷魂不去又加上了新谷魂。[①]

——红河、元阳、绿春等地彝族,当谷子快要成熟的时候或在六月二十四日火把节时,家庭主事者右手拿一碗米,左手拿三炷香和一瓢清水,并拿着一对鸡鸭蛋或者一块肥肉到自家田边去招回谷魂。届时诵念下面的招谷魂词:

"谷魂哟,回来!我叫你你就答应,我喊你你就回来,我叫你你就跟着来;你莫被电闪雷鸣吓着,你莫被狂风暴雨淋着。

回来啊!飘香的谷魂!出自河谷的粳稻,老人吃了不嫌老,中年吃了挺有力,小孩吃了挺肯长。

谷魂啊!回来,出自山坡梯田的隆谷,老人吃了笑盈盈,中年吃了喜洋洋,小孩吃了笑嘻嘻。

回来哎!喷香的谷魂,没有你,我们就无法生存;没有你,父母无法抚养子女;没有你,儿女无法孝敬父母。

回来哎,飘香的谷魂!谷魂啊!快快回来!温慈的家庭主妇在叫唤你,和蔼的家庭主人在呼唤你,勤劳的子女在呼叫你;像檐下的燕子飞回来,如同春风一样转回来。

谷魂啊!快回来!快快回来!快快回到我们家,我们无时不需要你,离开了你,我们就无法生产生活,叫你快快回来!跟随我回来!回来!!

回来哎——谷魂!来到寨边不要折头,这根尖刀草绳不拦人畜,是拦那些吃牲畜的野兽,是拦那些吃谷子的害虫,来到寨边赶快进村内,吃人害人的东西拦住不许你进来。

回来哎——谷魂!来到门口不要在村中游荡,这根荷泡刺不是拦你,是拦瘟疫疾病,是拦那些灾祸凶歹。请你们赶快进门往堂屋走。回到家的谷魂!我们用酒肉来祭献你,我们拿山珍来敬供你。

---

① 详见吕大吉、何耀华主编:《中国各民族原始宗教资料集成》(基诺族卷),中国社会科学出版社1996年版,第819~820页。

请尝尝我们的祭供，请你吃喝我们对你的敬献。"①

——傣族民间在田间招谷魂时，有专门的叫谷魂调：

冬天太阳红/天空很明朗/星星也来了/月亮也来了/谷魂啊/你是王/谷魂啊/你是主/千亩黄谷已归仓/千亩稻草已堆齐/谷魂啊/快回家/谷魂啊/快归仓。

一粒谷/胜过千两金/一粒谷/胜过万挑银/生命靠着你/人类靠着你/你不要抛撒在大地/大地蚂蚁多/蚂蚁会吃魂/还有贪吃的麻雀和野鸟/天天在田边寻食/见谷就张口/专找谷魂吃。

今天主人来/声声把你叫/带来鸡蛋黄/带来竹扁担/还有提篮和背箩/把你挑回寨/把你带回仓。

新仓库/篱笆围得严/风不透/雨不淋/蚂蚁钻不进/老鼠进不来/你在仓库里/舒服又平安/待到明年新月时/你再到田里/打苞扬花/吐香争艳/回来吧/回来吧/别在野外淋风雨/谷是王，谷是主/回来了，回来了/撒，撒，撒。②

——怒族祭祀谷神时，各地民间传承着一整套祭词：

桃花开了呀！
蜜蜂飞来呀！
到一年的十二月了，
到一月的三十日了。
今年我们按照祖先的习惯，
用最好的醇酒、最肥美的肉肴来祭你——谷神。
我们为此来过年，
请把一切良好的祝愿赐给我们。

---

① 详见吕大吉、何耀华主编：《中国各民族原始宗教资料集成》（彝族卷），中国社会科学出版社1996年版，第334页。
② 岩温扁、岩峰主编：《西双版纳傣族古歌谣集成》，云南人民出版社1989年版，第217～219页。

桃花开了呀！

蜜蜂飞来呀！

到一年的十二月了，

到一月的三十日了。

坎道道（在普乐乡）的兄弟们，

坎道道的姐妹们，

今天咱们聚会在这里，

今夜咱们会拢在这儿，

酿就了最好的醇酒，

煮好了最肥的肉肴。

把全部的福气都买过来，

把所有的财粮都买过来。

桃花开了呀！

蜜蜂飞来呀！

我们像祭祖父一样祭你，

我们像祭祖母一样请你。

我们把白酒和猪肉献给尊贵的谷神，

让我们的庄稼一茬成百茬，

求所有的粮食都长到我们的地里，

求所有的米酒都流到我们村里。

桃花开了呀！

蜜蜂飞来呀！

我们把白酒和猪肉供给财神，

求三十人的钱撮给我们，

求三十人的财送给我们。

求路上面的巨金取下来给我们，

求路下面的宏财抬上来给我们。

桃花开了呀！

蜜蜂飞来呀！

我们把白酒和猪肉供给各地方的谷神，

求把各地方的福气赐给我们。

长长的澜沧江哪！

　　　　请把所有的饥饿和死神留着，
　　　　巍巍的碧罗雪山啊！
　　　　请把所有的不干净不吉利的事留下。
　　　　求你把猎神、财神卖给我们，
　　　　求你把蜂神、谷神卖给我们。

　　接着，按照以下地名祭谷神。即澜沧江、拉井、营盘、哨祥、恩照、明罗烟、华本了、东究明、壤了达、闷老处等地，把谷神领到碧罗雪山山峰。祭词是：

　　　　高高的碧罗雪山，
　　　　我们把白酒和猪肉献给你。
　　　　求你把筑不动的石头留着，
　　　　请你把凶杀鬼留在身边，
　　　　请你把饥饿神放在身旁。
　　　　请你把猎神和买神都卖给我们，
　　　　别人猎不着的猎物让我们猎获，
　　　　别人找不到的蜜蜂让我们发现。
　　　　一切的洪福都跟我下山来！

　　接着，又按地名祭谷神。祭闷老处、强再日、闷红昆、国究痛、窝飘山、围老吴、色恒、闷里徐、雀屋山、呼了民、都部加、亮拍、希僵再、麻子吴、阿闷处。最后一直祭到普乐的坎坎道。最后的祭词是：

　　　　桃花开了呀！
　　　　蜜蜂飞来呀！
　　　　坎道道的兄弟们，
　　　　坎道道的姐妹们，
　　　　咱们今夜会拢在这儿，
　　　　咱们今宵聚集在一起。
　　　　用最好的酒买来了福气，
　　　　用最肥的肉换来了财神。

所有的邪恶疾病都丢进澜沧江了，
所有的不干净不吉利的事都留在碧罗雪山了。
最好的神灵都领来了，
最好的福气都引来了。
桃花开！
蜜蜂飞来了！[①]

——哈尼族在农历七月间尝新谷时，吃过新谷米饭后便要到田间请谷神。请谷神祭词大意是：

谷神娘娘啊！
守在泉水秀美的梯田里，
不要到别家的梯田里去。
别家的田是公的，
我家的田是母的，
母田才会兴旺发展。
别家的稻谷是公的，
我家的稻谷是母的，
母稻才会开花结果。
别家的田是冷田，
我家的田是暖田，
暖田稻子才会生长。
不要到别家的田里玩，
快到我家温暖的田里来，
威嘴、石批神来保护你。

把谷神招回自家的田里之后，接着安抚谷魂说：

天上打雷不要怕，

---

①　宝山屹：《怒族祭祀歌》，碧江县政协文史资料编写组编《碧江文史资料选集》，1987 年内部编印，第 92～98 页。

> 地上刮风不要怕，
> 老天下雨不要怕，
> 毛虫爬秆不要怕，
> 虫子咬根不要怕，
> 鸟雀啄穗不要怕。

　　念毕祭词后，把谷神从梯田里沿着小路，一步步引回家中来，再把她安顿在楼上的谷仓里。[①]

　　——些地区的傈僳族在收获结束时，要叫人魂、粮魂。他们把叫粮魂称为"杂伏枯"，并且认为，庄稼的丰歉与粮魂有关，在庄稼收割完如果不把粮魂叫回家，自家地里的粮食就会跑到别家地里去，来年庄稼会歉收，所以必须把粮魂叫回家。叫粮魂词的大意是：[②]

> 料！料！料！杂伏啊杂伏，
> 你别到处乱跑，
> 你同我回家，
> 你伴我归屋，
> 你回家去我就欢喜了，
> 你归屋去我就高兴了。
> 今年收一背箩，
> 明年让我收七背箩；
> 今年背九背箩，
> 明年让我背十二背箩。
> 别家背一天粮，
> 我家背七天粮，
> 这样种地就欢乐了，
> 这样耕地就高兴了。

---

　　① 雷兵：《哈尼族文化史》，云南民族出版社 2002 年版，第 111 页。
　　② 云南省民族事务委员会编：《傈僳族文化大观》，云南民族出版社 1999 年版，第 154～155 页。

——佤族在每年七月半过谷魂节时，要到每一块地和每一丘田里去叫谷魂，念诵的祭词如下：

> 好谷呵！好谷呵！你长得旺，你长得壮，你吐穗多。我高兴，我们全家高兴！我现在就来接你回家。你看哪！条条路道修得光亮平坦，木桥搭得稳，路道没坎坷，请你跟我们一起回家！路上别害怕，遇水会有桥，逢山会有路，见人他会叫你快回家，见狗它会亲亲你，见鸡它会天天给你唱调调。回去啰！回去啰！大田的谷，小田的谷，手牵手，跟我走，走！走！走！①

如上这些各种不同风格的祭词，有的唱得委婉动人，如涓涓细流；有的感情充沛，充满了对谷神的赞美、褒扬、感谢之意，表达了人们崇拜谷神的心理。

（二）谷魂信仰观念

1. 谷神的依托物和象征物

在各民族的信仰和观念之中，谷魂是看不见、摸不着、来无影去无踪的精灵，多少具有一点仙品神性，但是在宗教做法仪式中，人们惯常用人间的世界比拟神灵的世界，认为谷灵也和人一样，需要不时地以物品祭献，有自己的安身之所和象征物。

谷神的象征物和祭祀场所是随着祭祀活动和周期的不同，随着谷灵在田与家之间的来回转换而不断更替的。在春播祭祀谷神时，祭祀的场所多选在田间，普遍的是在田边地角或者田埂上搭建临时的祭台，或者专门选定一块田地作为祭谷魂地，被选定的田地就作为谷物生长期间谷魂的居住地。在大多傣族社区，祭祀谷神的神台设在每年所耕种水田的中心，标志物是一根丈多高的竹竿或树杆，上挂一个小箩筐或平置一簸箕，摆祭品于其上，进行祭祀。或者在田地的中心竖立一稻草人（或竹制小人），象征稻田的守护神，作为保护谷物生长成熟的精灵。在梁河等地的阿昌族，把传授农业生产的神灵称为"老姑太"。相传，老姑太传授

---

① 王亚南：《论口承文化——云南无文字民族古风研究》，云南教育出版社 1997 年版，第 198 页。

阿昌族何时点种玉米、豆子等耕作知识。其象征物为拴在竹棒上的长着两个玉米棒的粗壮玉米秆，称为"榜争"。榜争供奉在祖先灵位一侧，平时不得随意移动。每年撒秧及八月十五尝新节吃新米饭前祭祀，端午节要给榜争挂两个粽子。

在家中之时，一般是在谷仓中，即谷魂居住在谷仓，象征物或是专门在谷仓中搭建的祭台，或是收获时特地留下的最后一堆谷子。如拉祜族在山地打谷时，认为谷魂在收场中的最后一堆。要从这堆谷下拿回一对石头，一对土团，回家路上沿路撒谷壳，口中唱谷魂歌。回到家中，把石头和土团放在囤箩下面，表示谷魂已经回家，这种做法认为可以确保来年丰收。① 户撒地区的阿昌族在秋收季节将最后一箩谷子挑回家后，又要到稻田里祭祀，招谷魂回家。祭祀时要念："谷魂公公，不要在田里了，请回家去帮守谷仓，栽秧时再回田坝！"念毕，拔一蓬谷茬带回家，和以少许酒、一点水、一个鸡蛋放在谷仓里作为谷魂公公的住处。② 德昂族在谷物收割归仓后，要把代表谷魂居住的小竹篾房安置于囤箩之上，表示谷娘已住在小屋子里了。③ 云南勐海等地的布朗族，在稻谷入仓快装满粮仓时，要从谷魂地里收割那一包象征"谷魂"的稻谷放在上面，还要编一方形小竹筐，拿到地里把"水魂"和"祖先神"叫回来和谷魂住在一起，据说这样谷魂才不会离开谷仓，稻谷也才经久耐吃。

2. 谷神、谷灵备受尊崇的地位

在中国古代，谷神是社稷诸神复合的一个神名，每年只是在十月十五日的收获感谢祭祀中出现，和代表土地的社神相比，代表谷物的稷神处于劣势的地位。但是在云南各民族的稻作信仰体系中，谷魂作为一种存在于人与神之间的超自然体，在人们的心目中备受尊崇，被人们视为生活中须臾不能离开的神灵。人们不仅在播种、收获等关键时刻要隆重地祭拜之，平时也要小心祀奉，加以礼待取悦慰劳。

在云南民间对谷魂的祭祀活动中，常常运用朴素的类比联想的思维手段，借助女性所特有的生殖功能，以人类的繁衍来比喻谷物的繁衍，

---

① 刘辉豪：《边寨文化论集》，云南大学出版社 1992 年版，第 102～103 页。

② 刘江：《阿昌族文化史》，云南民族出版社 2001 年版，第 97 页。

③ 详见杨毓骧：《镇康县德昂族与傣族的宗教关系》，国家民委《民族问题五种丛书》云南省编辑委员会编《德昂族社会历史调查》，云南民族出版社 1987 年版。

把种子发芽、生长、抽穗、结实等生物现象与人类的生理现象加以类比、联想，所以谷神常被称为谷娘、谷子妈妈或谷魂奶奶，在性别上多为女性，强调的是女性生殖繁衍的功能。基于这一观念，当年成熟的谷子往往被看作是来年新生谷物的"妈妈"，而来年新生的谷物便自然是"妈妈"的"孩子"了。比这更为直接的风俗是，开割的第一把谷子或者是最后一把谷子被当作"妈妈"，而当年收割的全部谷子则是"她"的"孩子"。有的地方甚至把割最后一捆谷子的人都看作谷灵的临时化身。这样，谷灵不仅有了植物的形式，而且还有了人的形式。另外，在德昂族的传说中，谷娘不止一个，共有14个兄弟姐妹，其中7个兄弟依次是考岩、考依、考桑、考赛、考俄、考录、考结；7个姐妹依次是考叶、考玉、考昂木、考埃、考俄、考日、考结。祭谷娘时，先念7兄弟之名，后念7姐妹之名。把14个兄弟姐妹请回来后，要将供品置于小竹篮内，篮上插各色幡旗，然后供于家长卧室的床头上。凡逢每月十五、二十三、三十这三天，不断由家长添上饭、菜、肉等供品，直到将小竹篮装满，等到次年尝新米时，再将供品全部倒掉，另装新米饭、肉等供品。

谷子被拟人化而进行祀奉的同时，还被神圣化，赋予其超自然神灵的身份和法力，在人们心目中有着备受尊崇的地位。如在傣族的历史发展中，由于稻谷的栽培具有无比重要的意义，人们就将谷种神圣化，称之为"谷神"、"谷王"。他们认为最早的谷种是天神赐给的，最早教会人们种植稻谷的是其远古领袖"叭桑木底"。傣族古歌谣赞颂谷魂说："你是主，你是王，生命靠着你，人类靠着你。"[1] 傣族另一史籍亦记载说，由叭桑木底所创立的"寨神勐神"信仰告诫人们："森林是父亲，大地是母亲，天地间谷子至高无上，我们封谷子的魂为王，是因为谷子是人类的生命。寨神勐神虽然是至高无上了，可是没有谷子它就活不成。"[2]

如今在傣族民间信仰中，把谷类的一切灵魂称为"雅欢毫"，意为谷魂奶奶，它是一种精灵，一种存在于人与神之间的超自然体，具有多种神通和生育能力，在人们的心目中备受尊崇，被人们视为生活中须臾不能离开的神灵。祭谷神活动，多以户为单位，分两次，一次是在备耕开

① 祜巴勐：《傣族古歌谣》，中国民间文艺出版社1981年版，第16页。
② 同上书，第113页。

始时，在自家的"田头"① 架一茅寮，或在"田头"插一桩，上置竹笆，意为谷神接受供献之神台。由家长献四对蜡条、几个槟榔和饭团，举行祭拜，求谷神相护。祭祀完毕，由老人率先插下第一把秧苗，边插边祈祷说："今天是栽秧的好日子，现在是吉利的好时间。祈求谷魂保佑秧苗穗多粒饱快长快大，不要有病虫害，不要被动物糟蹋，颗颗谷子都像鸡蛋那么大。"老人在头田里选取最粗壮的一把秧苗插完后，才由年轻人接着插。在傣族民间还广泛流传着谷魂奶奶和佛祖相斗的故事。《谈寨神勐神的由来》记载："田地间谷子至高无上"，决不向佛祖叩头。当佛祖驱走谷魂奶奶后，"四方八面的神仙们，纷纷跑去找帕召和帕英诉苦，同声要求去把谷魂奶奶请回来挽救人类，只有人类得救了，神仙才得救。面对这场大饥荒，帕召和帕英早已无能为力，只好承认谷子王至高无上，主宰一切。硬着头皮去请谷魂奶奶回来。"② 这里，与水稻丰歉直接相关的谷神，因其特殊的价值而获得了崇高的地位。

四   稻作农耕仪礼中的祈雨仪式

在稻作农耕社会，无水不成农，水对稻作具有保温、补给养分、防止杂草生长的作用，能不能确保插秧用水和插秧后灌上水，是稻作生产成败与否最为关键的技术环节，也是稻作民悠关生死的问题。所以，在稻作农耕民族社会，水是超过其他任何自然物异常重要的东西，稻作灌溉对水的依赖性很强。但是在生产力较为低下的年代，人们对水的控制和利用并不是那么自如和轻松，在干旱和洪涝灾害面前常常显得一筹莫展、无所适从，当面对这种不可抗拒的"天"力时，他们只得拾起那超自然信仰的法宝，极为虔诚地举行各种各样的祭祀祈雨活动，作为挽救稻苗枯死的最后手段。

云南民间祈雨之俗甚为悠久，早在青铜时代的青铜器物上，就能看到大量的象征土地、暗含水神的蛇崇拜的图案，表明当时与水神相关的蛇的信仰已是民间普遍的信仰。随着历史的演进，各民族的民间在抗洪

---

① 所谓"田头"，不是汉语"田头地角"之意，而是指田之首、田中为首的一块。

② 国家民委《民族问题五种丛书》云南省编辑委员会编：《傣族社会历史调查》（西双版纳之九），云南民族出版社 1988 年版，第 248 页。

排涝、兴修水利灌溉设施的同时，渐渐地传承下来一系列具有某种巫术性质的祈雨仪式。这些祈雨仪式往往作为一个部落或一个村寨的共同活动，它已经不是个人的行为，而是共同地域利害相关的问题，强调的是共同的心理愿望，每一次的祈雨活动都在一个部落或村落这个命运共同体之间创造一种真正的命运相与共的机会。

（一）云南祈雨仪式的主要类型

求雨，又称"请雨"、"祷雨"、"祈雨"，其起源甚早。《淮南子》载："汤之时，七年旱，以身祷于桑林之际，而四海之云凑，千里之雨至。"《汉书·董仲舒传》亦载："仲舒治国，以《春秋》灾异之变推阴阳所以错行，故求雨，闭诸阳，纵诸阴，其止雨反是。"千百年来，云南各民族民间传承下来的各种不同的祈雨仪式，从祈雨方法而论，大致可分为以下三种类型。

1. 向司水之神祭祀祷告祈雨

祭祀祷告祈雨，是云南民间最为普通的一种祈雨方式。一般是当久旱不雨或农作物栽插完毕急需雨水时，一个村寨或一个地区的人们便会自动组织起来，带上猪、牛、羊等祭品，前往固定的地点烧香跪拜、杀牲供献，冀希以虔诚的行动来打动与水相关的各种神灵，祈求快降甘霖，护佑庄稼生长。如在昆明西山区谷律一带的彝村，凡立夏前不下雨，村人便要出钱买一对鸡和两只羊，去泉水旺盛的地方祭水。祭法是先把烧红的木炭放入冷水中，以蒸腾的热气驱除鸡羊身上的邪秽，而后宰杀，并煮熟供在水边。同时，砍三杈形的松枝一根，粘点鸡血，捆一撮鸡、羊毛，插在水边，供以酒饭，点香磕头，求水神降雨。[①]

向神灵倾吐内心的愿望，祈求降雨，久而久之便产生了相应的"祷告语言"。云南各地在祈雨时流传有许多"请龙调"和"祷告语言"。典型的有如：

——傣族在一年一度的放水犁田插秧时，都要举行放水仪式，祭祀水神，祈求风调雨顺、稻谷丰收，祭祀时要准备丰盛的祭品，诵读祭文，然后从每条大水沟的水头寨放下一个挂黄布的竹筏，漂到沟尾后，再把黄布拿到放水处祭祀。除了由各条水沟和各村社分别祭祀外，还要由水

---

① 何耀华：《彝族的自然崇拜及其特点》，《思想战线》1982 年第 6 期。

利总管"召龙帕萨"主持对各条水沟和沟渠的总祭祀。这里，我们抄录一份《杀鸡祭水神祷词》，以观这一祭祀情况。

> "今年是吉祥的年份，本官奉议事庭和内外官员之总首领松迪翁帕丙召（召片领）之命令，赐为各大小水渠沟洫之总管。我带来鸡、筷、酒、槟榔、花束和蜡条，供献于井边渠道四周之男女神祇，请尊贵的神灵用膳。用膳之后，敬请神明在上保佑并护卫各条水沟渠道，勿使崩溃和漏水，要让水均匀地流下来，并祈望雨水调顺，好使各地庄稼繁茂壮实，不要让害虫咬噬，不要使作物受损。让地气熏得粮食饱满，保各方粮食丰收。请接受我的请求吧！"①

同是傣族的祷告祈雨，在勐海有一种叫"贺先"的求雨仪式。"贺先"为求雨地点，在今勐海乡曼兴村所曼先自然村，距寨子两公里许的南先河中巨石。关于此中巨石是什么，民间说法不一。一般在祭祀勐神后，至傣历 8 月下旬还不下雨，为了抗旱保秧苗，召勐海即要确定日期，主持"贺先"求雨仪式。当头戴斗笠、身披蓑衣、肩扛锄头的队伍到达求雨地点后，大家摘下斗笠，蹲在巨石前，由头人代表念求雨祷告词：

> 今天是傣历×年×月×日，有"么南扳龙"大水利监×××为首，代表召勐海及官民百姓，前来曼先河头求雨，由于长期天旱不雨，地方百姓不能按节令耕田种地，恳请管理南揉南先河源之底瓦拉石诸神、底瓦拉山林保护神及勐海境内的底瓦拉诸神灵，以召色勐龙（传说最早开辟勐海之傣族首领）为首，还有召真悍发罕……等 12 路诸神来保护，共同请求天神、雨神，赐降甘露，风调雨顺，雨水充沛，使我方庶民百姓，得以按节令耕田种地，种子破土发芽，禾苗苗壮生长，五谷丰登，六畜兴旺。我们敬备鲜花蜡条、金烛银烛各 8 对，另备槟榔烟草、酒肉饭菜，摆成宴席敬酒祷告，敬请勐海境内各路神灵前来享用，恳请各路诸神保佑勐海全体官民百姓吉祥安康。②

---

① 参看张公瑾：《傣族文化》，吉林教育出版社 1986 年版，第 131～132 页。
② 高立士：《西双版纳傣族传统灌溉与环保研究》，云南民族出版社 1999 年版，第 119 页。

——元江的彝族支系腊鲁颇人，多在农历二月属"牛"日祭龙，并有专门的"请龙调"：

戈期热（词头），东方发白门大开，迎接龙神进家来，左手开的金门板，右手开的银门板，尊贵龙神进家来，×氏门中发大财。

戈期热，早上开门金鸡叫，晚上关门凤凰鸣，挖地挖得碎金子，扫地扫得碎银子，尊贵龙神进家来，×氏门中发大财。

戈期热，早上起来烧香炉，晚上点起红蜡烛，生得儿子人俊俏，生得姑娘赛红桃，尊贵龙神进家来，×氏门中发大财。

戈期热，龙神在家金满堂，金色柱子银包梁，害人魔鬼唱出去，猪瘟牛瘟唱出去，鸡猪鸭鹅唱进来，金银财宝唱进来。①

——在哈尼族的神谱中，水神是一个巨大的群体，有管河水之神，管山泉水、水潭水、沟渠水的神，各村寨信仰的水神不计其数，且有男女之别。如思茅地区哈尼族阿木支系在祭水神时，主祭者要吟诵如下的祭词：

今日属龙，水神呵，
我们大家向你献祭，
一年一次，从不怠慢。
求你保佑大家健康，
牲畜兴旺，粮食丰收，
让我们有水吃，
有水喂牲口，有水灌庄稼。
人喝的水，
田里的水，
雨水要调匀。

---

① 宋自华：《元江彝族支系聂苏颇、腊鲁颇的"祭龙"》，《云南民俗集刊》（第三集），中国民间文艺研究会云南分会、云南省民间文学集成编辑办公室编印，1984 年，第 128～132 页。

　　显然，水神在哈尼族的民俗信仰中占有很重要的地位，水神兼有守护神、农业神、财神等多种职能。①

　　——基诺族传统在求雨时，村落长老头戴草帽，身披蓑衣，跪地祈求道：

> 地神！
> 天神，云彩，雾中神！
> 基诺在地上，鬼在天上。
> 月亮出来的时候它的光朝我射，
> 太阳出来的时候它的光朝我射。
> 你如不下雨粮食长不出，
> 钱也找不到。
> 我们杀猪祭你，
> 求你快快下雨来。②

　　如上一篇篇饱含人间情感的意味深长的祷告词，在庄重肃穆和虔诚的求雨仪式中，向各种司雨之神传达的是人们共同的心理企盼——借助语言的"魔力"，祈求神灵快降甘霖。

　　在向神灵祷告祭祀的过程中，除了烧香叩拜、诵读祭文、供献牺牲之外，人们为了实现企盼降雨的事态，常采取敲鼓、洒水的咒术，预先模仿、表演降雨和雷鸣的场景，认为神灵和精灵与此种行为相感应，会实现降雨的愿望。如旧时云南基诺族当久旱不雨时，一般是先修水塘，接着各家家长汇聚在"周巴"（祭司或寨父）家门口，于门口处搭一祭台，栽下3根竹竿，中间挂一达溜，谓为"天梯"。继而在周巴家杀3头猪，把猪头挂在天梯上，祭台上摆放祭品。周巴跪拜于地，头戴草帽，身披百片树叶做成的蓑衣，象征下雨戴草帽和披雨衣状，口中向天神、地神、云神祈求快快下雨。念完祷告词后，把供奉物品移到竹桌上，抬

---

　　① 李子贤：《水——生命与文化之源——论红河流域哈尼族神话与梯田稻作文化》，李子贤、李期博主编《首届哈尼族文化国际学术讨论会论文集》，云南民族出版社1996年版。
　　② 国家民委《民族问题五种丛书》云南省编辑委员会编：《云南民族民俗和宗教调查》，云南人民出版社1985年版，第168页。

到水塘边放好，周巴跪在水塘前，再次祈祷做一些象征性的动作。本来水塘早已干涸，但周巴仍要作下水状，卷起高高的裤脚，下到水塘里并作在水中挖捞泥土状。然后，众人也卷裤挽袖，一拥而下，用锄头和撮箕把塘内泥土挖出，求雨仪式即告结束。

2. 强制性的祭祀祈雨

强制性的祭祀祈雨指的是在祭祀过程中，采用一种蔑视、严厉的行为与态度，作出一些惩罚旱魃的象征性表演，故意冒犯、亵渎神圣不可侵犯的东西，或以犯忌的形式使神怒而雨。

我国古代，无论官府还是民间，当干旱发生使用祈求、贿赂等手段都无济于事时，便要采取污龙王、晒龙王等强迫性的降雨仪式。所谓污龙王，就是把龙潭的水抽干，迫使龙上天布雨，灌满龙潭，以便自己居住。晒龙王是将龙王从庙中抬至太阳底下曝晒，让其体验炎热之苦，求其降雨。与此相类似，在云南民间的祈雨仪式中，我们也能够看到多种多样的强制性的祭祀祈雨活动。其中，尤以白族、彝族和傈僳族最具代表性。

一般而言，白族民间祈雨有两种主要的形式：一是到龙王庙敬香祈雨，二是耍龙柳。所谓耍龙柳，就是用柳枝扎成长长的柳龙，由壮年小伙在巷道里舞耍，各家各户往柳龙身上泼水，如舞耍几天还不下雨，大理一带的白族就要举行搅龙潭的仪式，具体是全村人到苍山半腰设案念经，并派人到龙潭边，一边呼喊"雨、雨"，一边用树枝在水里不停地搅。如还不下雨，则举行摆龙牌的仪式。所谓摆龙牌，是挑选一个精明能干的男子，带上龙牌（铜制的圆板，上面雕刻着咒文），潜入潭底，将龙牌摆到"龙宫"里，据说龙王接到龙牌，不敢不遵圣行雨。另外，据王承权先生调查，云龙县宝丰乡的白族，当插秧前后无雨时，用两种方法求雨：一是在河流或水塘边，以一只母鸡作祭品，点三炷香先敬龙王，然后将铜板或铁板烧红，浸入水中，意思是你龙王不下雨，我就用火来烫你。二是用绳套着一条狗，人从后面用柳条抽打，当狗向前奔跑时，往狗身上泼水，以此来激怒龙王。民建乡一带的白族，在水塘旁边杀一只羊祭祀后，向水塘里抛石头，谓之打龙王，龙王被打痛后就会下雨。有的村寨把有毒的苦果藤的浆汁，倒进河内，将鱼毒死，据说龙王忍受不了死鱼的臭味，只好下雨。关坪乡地处山区，求雨时是把铜锅盖烧红，放进水塘里烧龙王。有的是到高山上挖一种毒药藤，捣碎后丢在河里或水塘里，说这样可以迫使龙王出来行云布雨。洱源茈碧乡一带农村，在发生干旱或缺水插秧时，要耍用竹子制成的水龙求雨。[1]

巍山县山塔村彝族，如农历三月底四月初不下雨，全村群众要到东山龙潭村水塘或龙王庙求雨。届时，男不戴帽，女不包头，宰杀猪、鸡，把肉、酒、茶等物供在神案上，焚香叩首，敬诵"求雨表文"。祭仪前，村中精壮男子抬着用竹子、柳枝、天冬茎叶及妇女黑包头巾扎成的小龙，沿村子耍到龙潭边，然后下到水中"搅龙潭"，以此祈求龙王降雨。[2]

怒江傈僳族为了解除旱灾，常要举行祈雨的仪式。他们认为，久旱不雨，是火烧灼了土壤的缘故，因而祈雨时用竹或木编搭成一个方块，涂上泥土，由属相为龙的人在上面烧起一堆火，然后把它放入池塘或江流中。如果烈火熄灭，便认为是天将降雨的征兆。另外，也有用毒药毒死江中的扁头鱼，认为这也能使天降雨。传说，古时还有一种祈雨仪式，人们以弩弓射入"龙潭"，以触动"龙神"使之下雨。[3] 此外，一些地区的傈僳族在强制性祭龙求雨时，还使用咒语巫术，念诵专门的《骂龙调》:[4]

> 咳——龙家！
> 请你竖起耳朵，
> 民间百姓派我来，
> 派我向你警告，
> 警告你不要再咬人，
> 警告你再不能把人伤。
> ……
> 可前天太阳刚出来的时候，
> 你又出来伤人了；
> 昨天太阳落山的时候，

---

① 详见吕大吉、何耀华主编：《中国各民族原始宗教资料集成》（白族卷），中国社会科学出版社 1996 年版，第 698 页。

② 同上书，第 325 页。

③ 杨建和：《怒江傈僳族的宗教信仰》，宋恩常编《中国少数民族宗教初编》，云南人民出版社 1985 年版，第 224 页。

④ 赵秉良：《骂龙调》，《山茶》1982 年第 2 期。

你又出来咬人了。

你看，人家脚上在起泡，

你瞧，人家手上在生疮。

我请了七个尼扒，

我请了九个史扒，

尼扒都看见你在伤人，

史扒都看见你在咬人。

咳——龙家！

我就是个铜匠，

我就是个铁匠，

打一副铜牛架，

打一把铜犁头，

打一副铜牵筋，

打一对铜牛脖索，

左边架一条铜牛，

右边架一条铜牛，

把你住的水塘都犁翻，

把你住的水沟都填满。

……

咳——龙家！

请你仔细听着：

如果你还要伤人，

我就把你关在铜牢里，

把你捆在铜柱上，

用铜刀踩碎你的龙崽，

用铜牛填满你的龙潭，

从此绝掉龙种，

断了你龙家后代。

看你还敢不敢伤人，

瞧你还敢不敢咬人。

上述的白族、彝族、傈僳族，或以弓箭射龙潭，或把毒药藤、烧红

的锅盖投入水塘，或念诵咒骂、威吓龙的巫咒词，意在通过各种过激的
行为和语言，冒犯激怒神灵，让其快快降雨。

　　3. 取悦慰劳神意祈雨

　　民间俗信认为，司水之神灵虽然具有"超人间"的神秘力量，但同
人一样具有七情六欲，所以人比拟神，常用处理人间现实关系的方法来
讨好、取悦、慰劳神意。取悦之法或是在祭祀时念诵"祈雨表文"，颂扬
神的恩德，感谢其福佑，举行"谢龙"仪式，或是抬神像游乡以娱神，
跳悦神祈雨舞蹈，可谓形式多样。

　　提到慰劳神意祈雨，我国古代有"河伯娶妻"之类的传说。与此类
似的祭祀水神的传说与仪式，在云南民间并不鲜见。相传，云南哀牢山
区的一些彝族若遇久旱不雨，便秘密地由九个赤裸身子的未婚女子在天
亮之前在水潭边跳舞，取悦水神，求其赐水。大理云龙县一些地区求雨
时，也是抬着一个赤裸少女到龙潭去取悦龙王。又白族历史上，曾以蛇、
龙作为雨水的象征，并"建宇而栖焉"。据史载："唐时洱海有妖蛇名薄
劫，兴大水淹城，蒙国王出示，有能灭灾者赏半官库，子孙世免差徭。
部民有段赤城者，愿灭蛇，缚刃入水，蛇吞之，人与蛇皆死。水患息，
王令人剖蛇腹，取赤城骨，葬之。"① 他们还流传着一种传说，在古代，
某山"洞里藏着一个会变人形的大蟒蛇，每年三月初三，那条蟒蛇就向
当地老百姓要一个男孩和女孩，要是不按期交到，这里的人就得遭殃。"②
这些祈雨习俗的心理背景，明显的是与性有关。

　　云南民间，每当遇到旱灾、水涝时或是逢年过节，一般都要到龙王
庙等专门的祭祀场所举行相应的活动，仪式中最为大众化的悦神要算穿
插在祭祀中的歌舞活动。如白族聚居的洱海边、剑湖旁、天池湖边都建
有龙王庙，每年三月初，村民要到水神庙、龙王庙祭祀祈祷，祈求水神、
龙王保佑春耕栽插时水源充足，能顺利栽插。到七八月间，人们还要到
海边、龙潭边、箐沟边谢水神，祈求龙王不要让海水暴涨淹没了稻田
和农舍。六月十三日云龙天池村盛况空前的龙王会，村民相邀到天池湖
畔祭祀龙王，祈求龙王保佑风调雨顺，栽插时水源充足，雨季洪水不泛
滥。这是伴随着白族农耕稻作生产而产生的对水神、龙王的祭祀祈雨仪

　　① 《南诏野史》上卷。
　　② 宋恩常：《白族本主崇拜刍议》，《云南社会科学》1982 年第 2 期。

式。还有赛龙舟、耍龙舟等活动至今还盛行着，人们通过娱神而祈盼稻谷丰收。①

又如旧时滇池东岸彝族支系撒尼人，每当插秧季节，如果干旱无雨，人们便要选择农历三月的第一个属龙日，共祭龙神。届时，先由主祭萨媺带领几名老年妇女到龙潭边清扫祭坛，于祭坛上铺一层青松毛，松毛上放装满谷子的升斗，斗中供一个上书"本境龙神之位"的黄纸牌位，代表龙王神座。祭祀开始，萨媺双脚跪地，右手抱鸡，左手抓起一把米从鸡头撒下，祈祷道："滇池龙王！本境龙王！四海龙王！五方龙王！今天，我们全村老幼在这里向你们献祭。请你们保佑风调雨顺，该插秧的时候就下雨，立夏不到就来一场；让塘子里的水不要干涸，让龙潭中的泉水四时长流，……"祝祷毕，12 个撒媺在主祭撒媺的带领下，开始跳娱神的巫舞。②巍山彝族回族自治县城西南有一个叫"阿许地"的彝族村寨，寨中有地下热水涌出，人们在此建了一个龙王庙。每年农历二月初八，附近州县的彝族群众来此杀鸡祭龙，洗热水澡、打歌，人多时可达二千多人，这里也成为滇西著名的祭龙场所。③

祈雨祭祀活动中所穿插的歌舞活动，最初当主要是以娱神祈雨为目的，但在漫长的历史发展过程中，"龙洞会"、"赶龙庙"之类的缘于祈雨的人群聚会，渐渐地失去了其最原本的庄严神圣的内容，从敬神到娱人，有的甚至演变为地区性的或民族性的节日，节日期间常要举行玩龙灯、赛龙舟等民间娱乐体育活动。

4. 模拟性或象征性的生殖祈雨

根据民间传说中龙的形象，舞龙模拟降雨或以一些象征性动作来祈求降雨，是最为常见的一种做法。大理喜洲一带的白族村民，当久旱不雨无法插秧时，除了要到龙王庙敬香求雨外，惯常的是用柳枝扎成长长的柳龙，由数十个精壮的小伙子在巷道里耍来耍去。届时，家家户户要往柳龙身上泼水，泼得耍龙的人浑身湿透，以示龙降雨。滇东南富宁地区的壮族每年农历四月初八耍龙祈雨十分有特色。具体做法是用柳枝和

---

① 杨国才：《中国大理白族与日本的农耕稻作祭祀比较》，《云南民族学院学报》2001 年第 1 期。

② 详见张福：《彝族古代文化史》，云南教育出版社 1999 年版，第 530 页。

③ 详见吕大吉、何耀华主编：《中国各民族原始宗教资料集成》（彝族卷），中国社会科学出版社 1996 年版，第 90～92 页。

松枝扎成青龙一条，组织庞大的耍龙队伍，并由童男童女高喊"青龙头，白龙尾，摇摇摆摆涨大水"，"东门一条街，西门一条街，童男童女哭奶，观音老母问我哭哪样？我哭秧苗天旱不得栽"之类的歌谣在前开路，跟进的耍龙队伍被沿途的男女老少泼得浑身湿透。接着，由各家各户推选代表到城隍庙参加正式的祈雨仪式。仪式由麼公主持，擂动锣鼓，吟诵"天灵灵，地灵灵，张天师派我下凡尘；奉请诸神来显圣，拜请八仙显圣灵，勒令两神降甘露，普降神雨救众生"，"一请东王大圣，二请南海观音，三请西王圣母，四请北常圣君，保我风调雨顺"之类的经文咒语，祈求降雨。①

　　从某种意义上而言，各种不同类型的祈雨作为一种原始宗教行为，它在向超自然存在（灵的存在）恳求时，包含大量的以类感类的交感巫术的内容。如傣族先民以类比的方式，认为生殖器（精灵）能生雨降水，只要通过巫术祈祷，在"帕糯"山，由于妇女经常与石根接触，产生了"媌皮河"水源（傣"媌皮河"即月经水），"帕糯"石根底淌出一股股涓涓细流，是"媌皮河"的源头。据传水的颜色、大小预示着来年雨水的好坏。于是，作为传统的农业祈雨仪式，勐腊县勐满区、勐捧区每年六七月份，遇到干旱之年，由景竜的土司主办，出告继续"祭生殖器求雨"仪式，全镇范围内祭祀。届时，人们带着生殖器模型，妇女集队往生殖器上泼水，祈雨半天。这是一种运用巫术模仿性行为的祈雨仪式。②

　　又生活在西双版纳等地的克木人的祈雨，运用的是祖宗传下来的模拟交感巫术，形式多种多样。概而言之有游勐、借棺杠、敲树桩、烧枯苗等几个环节。其中，游勐是各寨用木头、柚子、乱头发做一个男根模型，由一个满脸抹黑、头戴"达辽"（用竹篾编成的一种可镇邪的法器）的男子挂于身前，在前开道，后跟男女乐队，串寨游勐。队伍所到之处，村寨头人要出来敬酒，祈祷大雨降临，妇女则要向祈雨队伍泼水祝福吉祥，特别要把挂男根的领头人全身浇透。游寨结束后，人们把男根模型

---

　　① 参见秦家华等编：《云南少数民族生产习俗志》，云南民族出版社1990年版，第48、99～100页。

　　② 详见李子泉：《傣族石崇拜及其传统与艺术表现》，云南民族研究所编《民族调查研究》，1988年第1～2期。

投在南腊河中，祈雨仪式结束。这当中，那个挂着一个极度夸张的男性生殖器的人，无疑是"雨神"的扮演者，他必须以游劲的方式到各寨"施雨"，显然是运用交感巫术中模拟巫术的典型仪式。①

另外，白族大型的民俗活动——绕三灵，其起源有一种说法是为了祈雨。据说，每年农历四月，人们手敲金钱鼓，手舞霸王鞭，载歌载舞到三文笔御花园（那儿有桑树林）求雨，非常灵验，由此成俗。而事实上，绕三灵意为"绕桑林"，以桑林之舞或喧哗桑林祈雨，是古社祭之遗风。社祭选择桑林为场所及时间定在仲春，则带有明显的生殖崇拜痕迹。《淮南子·天文训》云："日出旸谷，浴于咸池，拂于扶桑。"《淮南子》高诱注称："桑林者，桑山之林，能兴云作雨也。"是故桑林本为淫戏、祈雨场所，桑林之木乃是生殖器的象征。②

（二）"水神"信仰系统

云南民间俗信认为，水神、蛇神、龙王爷、雷神等神灵均主司降雨，故人们为求风调雨顺，常祀奉之，并形成相应的"水神"信仰体系。

1. 水神

稻作农耕对水的依赖性很大，所以在稻作农耕民的心里，水是超过其自然物异常重要的东西，世间万物有水方能生长，水是主宰万物的生命之神，因而不论是水给人的恩惠和祸患都引起重视，于是便产生了对水神的崇拜礼俗。

在云南各民族的神谱中，水神居于重要的地位，其实态或为水源、水井、水沟，或为田间的泉水，常要对之进行祭奉。

以经营梯田著称的哈尼族，从事的是"活水灌溉"农业，山间的各种溪流泉水以不同的方式注入层层梯田中，梯田农业对水有着很强的依赖性和需求，无水灌溉梯田则不成其为梯田，为此，传统的哈尼族社会在控制、驾驭、利用水源的实践中，对分属各种不同神系的水神都要进行虔诚的祭拜。他们认为，在天神系统中，阿波管水，阿扎管沟；地神

---

① 详见张宁：《克木人的农耕仪礼与禁忌——兼论交感巫术中的映射律》，《民族研究》1999 年第 6 期。

② 见龚维英：《原始崇拜纲要——中华图腾文化与生殖文化》，中国民间文艺出版社 1989 年版，第 285 页。

谱系中，第十一个神麦期麦斯，专管河水不冲人马牲口，第十二个神厄戚戚奴，管着万道清清的山泉，对这些神灵都要举行定期或不定期的祭祀。哈尼族对水神的祭祀分为公祭和私祭两种。公祭是指村社统一祭祀公用的水源、水井、河沟等，如在农事祭祀节日"苦扎扎"期间，由咪谷在泉井边杀一只白鸡，摆上松枝、米饭等祭品祭拜水神。祭寨神"昂玛突"时，有两项专门的祭水神仪式：一是在节日头天傍晚，由咪谷率一行长者在泉井旁杀公母鸡各一只，摆上糯米饭、鸡蛋、茶水、盐巴和酒，祈求泉水长流不息，清澈甘美。二是节日第三天，到寨后深山老林中的水潭边，亦由咪谷宰杀鸡猪献祭，求水神管好山水，长流不息。另外，哈尼族的每个村寨于每年的三月、七月、十一月还要集体性地祭祀水神。三月是哈尼族放水泡田栽秧的季节，要在水沟处祭祀水神；七月是稻谷抽穗扬花的时节，此时田沟之水不可断流，要借助水力冲肥入田进行施肥，因而要祭祀水神；十一月农事结束，放水泡田，也要祭祀水神。① 私祭主要是各家各户不定期地对沟水、河水、田间泉水的祭祀，仪式较为简单，由户主主持，杀一对公母鸡作牺牲，念一些祈祷水神的词语，祝愿水神保护庄稼丰收。②

西双版纳等地的傣族，在每年的傣历 4 月 15 日要赎水神，以求风调雨顺，喜获农业丰收。每隔三年就要祭一次水神"南坡"，由鲊板闷主持祭祀，祭时祝福道：三年到了，现杀猪献给你，请你保护水沟平安，水流畅通，庄稼获得丰收。③ 此外，在西双版纳的景洪坝子，每年备耕之前，板闷都要带领人员整修水渠，完工后要用鸡、猪、蜡条、饭团、槟榔、酒等祭水沟神，称为小祭。祭后，板闷用芭蕉杆或竹子编一小筏，上插黄布为神幡，意为水神乘筏巡视各地，检查各地修沟质量，板闷则沿沟敲铓，意为神开道。若神筏搁浅或遇阻拦，或水沟埂漏水，均命立即重修，并予罚款。每三年举行一次大祭，祭词大意为："今年，生产备耕的季节又已来到，我为管理水沟的奴辈，已经得到了最高首领召片

---

① 详见王清华：《梯田文化论——哈尼族生态农业》，云南大学出版社 1999 年版，第261～262 页。

② 见车高学、卢朝贵：《红河流域哈尼族的自然崇拜和祖先崇拜仪礼》，中央民族大学哈尼学研究所编《中国哈尼学》（第一辑），云南民族出版社 2000 年版。

③ 国家民委《民族问题五种丛书》云南省编辑委员会编：《双版纳傣族社会综合调查》，云南人民出版社 1988 年版，第 35 页。

领、最高议事庭的文书告知，要尽快护理，疏通水沟，以求谷子长得旺盛，获得丰收，我等奴辈恳求××水沟神及云雨神灵体恤苍生，降雨得水，保佑我水沟不塌不漏，从头至尾畅通，灌田浇地，护佑禾苗茂盛、庄稼丰收、谷子满仓。"①

由上举哈尼族和傣族对水神的祭祀情况可以看出，水神作为稻作民的守护神，是能够带来丰收的神，有着备受尊崇的地位。

2. 蛇崇拜

生长在山林、沼泽、河川等温暖潮湿地带的蛇，作为原始初民自然环境中的伴生之物，每当天降大雨，江河之水暴涨，水中、陆地上到处都能见其频繁活动的身影，而当雨季过去，雨水稀少时，蛇潜伏地下，活动减少。目睹蛇这种随季节的更替循环、雨水的大小而改变活动方式的现象，原始初民无法作出科学的解释时，便认为蛇是一种具有玄妙的预知力并能产生恐惧神秘力量的神物，渐渐地赋予蛇某种神性，把蛇与雨神、水神一类的神物等同起来，祀奉之，于是便产生了蛇崇拜的观念。

中国古代，早在春秋战国时期，蛇崇拜的观念就很盛行，而且上升到与君权的继承、国家的存亡和国君的生死密切相关的一种信念。《淮南子》："为死事则蛇鸣君室。蛇无故斗于君室，后必争立。小死小不胜，大死大不胜，小大皆死皆不立也。"《汉书·五行志》："武帝太始四年七月，赵有蛇从郭外入，与邑中蛇斗孝文庙下，邑中蛇死。后二年秋，有卫太子事，事自赵人江充起。"《论衡》："卫献公太子至灵台，蛇绕左轮。御者曰：太子下拜。吾闻国君之子，蛇绕车轮左者速得国。"蛇通过水和农业发生联系，成为土地的象征，土地又与王权结合，便产生了以上的观念。

具体论及云南古代居民的蛇信仰，首先我们想到的是晋宁石寨山出土的青铜器上，那一条条啮咬着、搏斗着铸造或镂刻在青铜器上的蛇的形象图案。这些蛇的图案，或置于人和动物的足下，或刻于木柱等神圣之物上，似表示蛇这种神物亦曾参与凡世的争斗，具有无限的神力。在对这些蛇图像的具体阐释中，有人主张是滇人以蛇作为图腾的具体反

---

① 国家民委《民族问题五种丛书》云南省编辑委员会编：《傣族社会历史调查》（西双版纳之九），云南民族出版社 1988 年版，第 248 页。

映,① 有人则认为蛇图像象征"土地"。因为,"在古代和原始民族中以蛇象征'地'、'蕃殖力'、'女性'或'阴司'等等,是常见的,特别是在温带地区,蛇的活动与季节的循环是相符合的。在春天万物发生时蛇就开始活动了,到冬天植物枯槁时蛇亦入地而蛰了,所以人们往往以蛇来象征'地的蕃殖力'。……对蛇的尊崇,在当时的云南,想必是一种很普遍的信仰。"②

黄美椿先生在《晋宁石寨山出土青铜器上蛇图像试析》③ 一文中,把蛇图像摆在整个"滇文化"中来分析研究,认为蛇不是图腾崇拜,也并非完全象征土地,而水神的含义似乎已居于更重要的地位,且龙又是最明确、最主要的水神。

居于水中的蛇,靠水实现了自己的升华,摇身一变便"腾越"起来,成为了龙,所以在中国古代人们的观念信仰中,提到龙蛇便暗喻着水,对水的崇拜便转化为对龙的崇拜。

3. 龙崇拜

在"水神"信仰体系中,对龙的崇拜与信仰是一种最为普遍的形式。"龙"并不是自然界实有的生物,它只是远古居民曾经信奉过的一种图腾。闻一多先生在《伏羲考》一文中,依据大量的古史典籍,从文字学、考古学和人类学的角度进行考证认为,龙的基调是蛇,以蛇为图腾的大部族在兼并其他小部族的过程中,在蛇身上添加兽类的角、马的头鬃和尾、鹿的角、狗的爪、鸟的羽、鱼的鳞和须,进而化合成为"龙"的形象。④ 霍巍先生认为,我国史前时期的"龙",形态并不固定,实际上是各个氏族、各个部落根据自己所信仰的神灵构想而成,而后世的龙是融合了各种动物并经过长期改造逐渐形成的,各个不同的地域,早期的龙在形象上差异很大,正说明不同的原始集团对这一神物有不同的理解。不过,在各种动物原型中,龙显然与蛇这种动物在形体上最为接近,所

---

① 详见云南省博物馆:《云南晋宁石寨山古遗址和墓葬》,《考古学报》1956 年第 1 期。
② 冯汉骥:《云南晋宁石寨山出土铜鼓研究——若干主要人物活动图像试析》,《考古》1963 年第 6 期。
③ 云南省博物馆编:《云南青铜文化论集》,云南人民出版社 1991 年版。
④ 闻一多:《神话与诗》中《伏羲考》。

以它的基形为蛇的可能性最大。①

从蛇这种自然界现实的生物上升到神话般的想像物——龙，给人们提供了更为神秘的想像空间，所以在云南民族的神话传说中，龙既是司兴云降雨之神，又是司掌江河湖海以及各种井泉潭渊和其他水域之神，具有超自然的神权力量。龙的象征物，有的把村寨附近自然出水的水塘，视为龙居住的地方；有的把村寨附近的"龙树"视为龙神；有的地区则认为龙生活在某个山洞中，或专门修建龙王庙，视龙王为水神，定期或不定期对之进行祭祀。如云南保山潞江坝等地的德昂族，在夏历三月要由佛爷择吉日祭龙。是日，全寨老少集体前往寨外龙潭边，杀猪、鸡祭祀。佛爷要在一张白纸上画一条龙，待群众到齐，点香烛、诵经，并把画有龙的白纸漂放于水面上，群众随之叩拜，求龙王保佑天不旱，有水喝，风调雨顺，年成丰收。宁蒗县普米族对水潭怀有敬畏的感情，认为水潭有神灵，水潭神不仅主宰天气变化和旱涝灾情，而且人们的很多疾病都是因为触犯了水潭神而引起的。普米族祭祀水潭神分全氏族、全村寨共同举行的公祭和各家各户单独举行的私祭两种。村落公祭各地时间不一，有的在农历七月十五，有的在农历三月初五。祭祀之前，要用木棍和木板在龙潭附近搭一座高台，六座小台，作为祭台。祭台除祭祀用外，还是龙神的水晶宫殿的象征。祭祀仪式在清晨开始，先是把各种祭品置于祭台上供奉，请巫师登台念经，颂扬龙潭神的恩德，感谢其福佑，求其保佑风调雨顺，消灾免祸。入夜，人们在龙潭附近草坪上燃起篝火，欢聚对歌。家祭则是在自家水潭边进行，仪式较为简单。

在云南各民族对龙崇拜与祭祀中，以彝族和傣族最为典型。

云南彝族支系众多，分布广泛，各地民间普遍传承有祭龙的习俗。大理巍山等地彝族相信水系由龙神主宰，龙神之所在就是龙潭，彝族群众认为出水的地方有龙，水塘是龙踩下的脚窝，所以把村中、村前、村后凡供人饮用的水塘都称作龙潭，定期或不定期地进行祭祀。有的地区彝族对龙的崇拜还以节日的形式长期保留下来，如南涧彝族支系哈尼人，一年当中分别在农历四月间属龙或属蛇日、农历五月初五端阳节、农历六月二十五火把节三次祭龙。巍山歪角河东岸的彝族，一年当中，分别

---

① 霍巍：《中国古代的蛇信仰与稻作文明》，《中国西南文化研究》（3），云南民族出版社1998年版。

于农历五月十三和农历六月十三到龙王庙"祈龙"和"谢龙"。彝族过祭
龙节并祭龙，就其目的来说绝大多数是祈求雨水，但也有的地方是祈求
龙王不要让河水泛滥，淹没庄稼。出于这种目的的祭龙，称作祭"干
龙"、赶"龙洞会"、祭"天干龙神"。鹤庆县"葛泼"支系彝族，定于
每年农历五月十三为赶龙洞会会期，届时，"葛泼"五大姓齐集到一个山
洞旁，由德高望重者主持仪式。有些地区彝族的祭龙活动规模很大，如
巍山彝族回族自治县城西南有一个叫"阿许地"的彝族村寨，寨中有地
下热水涌出，人们在此建了一个龙王庙。每年农历二月初八，附近州县
的彝族群众来此杀鸡祭龙，洗热水澡、打歌，人多时可达二千多人，这
里也成为滇西著名的祭龙场所。① 又如弥勒西山的阿细人，以水塘和龙潭
作为龙神的象征，逢农历三月全村杀肥猪祭祀。昆明西山谷律一带的彝
族，称祭龙为"下铜牌"。每年农历五月下一次，由村中长老主祭，地点
在泉水边。祭时全村老幼云集祭场，点三尺余长的高香，对水磕头烧纸
祷告，并由主祭者将铜牌拴在一青年潜水者的颈上，令他潜入水底，将
其放入出水口，铜牌有手掌大，上刻"恭请龙王降雨"诸字。若此祭祀
后三五日降了大雨，村人须再至泉边烧香磕头，潜水者再将铜牌取回，
用红布包起来供次年用。② 元江彝族支系聂苏颇人那里，奉"龙"为神
灵。他们以村中高大古老的树作为"龙树"，每年选定属"牛"日，正月
祭大龙，三月祭小龙。云南昆明彝族撒尼支系有"祭龙"和"祭竜"两
种宗教仪式。前者包括祭祀"井泉龙王"、天旱"祈雨"、天涝"祈晴"
三种仪式，一般在插秧前举行；后者包括"请龙"、"祭龙"和"迎龙"
三个程序，一般在春耕播种之前举行。③

　　从事坝区稻作的傣族，在民间传说中有很多关于龙的故事，最有名
的是人与龙结合或人成为龙婿，有了这种亲戚关系以后，龙便给人间水，
人间便风调雨顺。以这种观念为基础，在傣族社会生活中便产生了现代
龙神的形象，佛寺中有龙，水井处有龙，计算水量以一条龙为单位。如
九条龙的水量是洪水，三条龙的水量则表示干旱。在不信小乘佛教的金

---

　　① 详见吕大吉、何耀华主编：《中国各民族原始宗教资料集成》（彝族卷），中国社会科学
出版社 1996 年版，第 90～92 页。

　　② 何耀华：《彝族的自然崇拜及其特点》，《思想战线》1982 年第 6 期。

　　③ 详见吕大吉、何耀华主编：《中国各民族原始宗教资料集成》（彝族卷），中国社会科学
出版社 1996 年版，第 319～324 页。

平傣族那里，祭龙是一年中的大祭，分别在栽秧和收割前后举行。到20世纪50年代，傣族在六月也还有祭龙的，傣语称为"干莫"，是专为迎接栽种、祈求丰收而举行的。①

　　4. 与水神相关的其他诸神的信仰

　　内地汉族民间以为，玉皇、雷公、风伯、雨师、龙王爷等神灵均主司降雨，故人们为求风调雨顺，常祀奉之。与此相类似，云南各民族民间司水之神也是多种多样的，除了上面介绍的已经独立出来的水神和龙王、蛇神外，树神、雷神、山神等也常被作为司水之神而祭祀之。如云南楚雄州彝族认为，马桑树、勺拉则树、火丝达低树，都由抗拒七个太阳曝晒的超自然力在主宰。这种力量就是他们观念中的神，所以他们把这些树视为神树。直到现在，仍在干旱年头，向神树祷告和奉献米麦、荞子和牲肉。祷词说："树神爷爷，快快降雨吧！快快给万物以续生之水！给人类以救命之水。"②这里，祈雨与树神祭拜结合在一起。镇沅县拉祜族每年谷种栽种后的第一个属马日或者第一声春雷响时，举行祭祀雷神活动。届时，祭祀用羊、鸡、鸡蛋、谷子、盐、米、酒等作为祭品，祈求雷公保佑风调雨顺，庄稼获得丰收。武定、元谋一带的傈僳族，求雨或祈晴皆要入山林祭山神，祭以鸡、羊，并选用三棵各长出三个权权的松头，插在石缝中，作为山神灵位，边在松头上点鸡血，边念："石蚌渴了；蝉的翅膀晒干了，嗓子哭哑了；麂子的四肢晒干了，蹄子也晒脱了；白鸡红鸡献给你，求你下雨。"若雨水过多，则要祈晴。祭日最好选在属龙日，属蛇日亦可，但其余日子不能祈祭。仪式与祈雨相同，祷告词如次："大洪水遍地泛滥，石蚌的眼睛要被洪水泡瞎了；蝉的翅膀也塌下来发臭了；麂子的脚和蹄子也泡烂了，求你莫下雨了，保佑我们的五谷不霉烂，雀子不吃庄稼，五谷装满柜。"③这里，山神被认为是与降雨有关的神灵。

　　除了如上诸神外，云南民间在祈雨时祭拜地方或村寨的保护神——

　　① 王文光：《西双版纳傣族的糯米文化及其变迁》，杜玉亭主编《传统与发展——云南少数民族现代化研究之二》，中国社会科学出版社1990年版。

　　② 吕大吉、何耀华主编：《中国各民族原始宗教资料集成》（彝族卷），中国社会科学出版社1996年版，第24页。

　　③ 见吕大吉、何耀华主编：《中国各民族原始宗教资料集成》（傈僳族卷），中国社会科学出版社2000年版，第749页。

地方神，也是最为常见的。

综上所述，云南各民族在稻作农业生产过程中，为了祈求风调雨顺，保证水稻的丰收，常要举行多种多样的祈雨祭祀活动，并形成了包括对蛇神、龙王、雷神、山神、树神等神灵在内的庞大的"水神"信仰系统。

五 稻作农耕祭祀的属性与特点

（一）稻作农耕祭祀的群体性、社会性与环链性

1. 稻作农耕祭祀的社会性与群体性

历史上，以血缘关系或地缘关系组合而成的大小不一的村寨是稻作农业的基本生产单位，每一个村寨都占据着一定的范围和空间，亦即稻作生产并非是一家一户孤立的事情，在水沟的修建、稻田用水的分配、插秧和收割等诸多的环节，要求相互间的协调、配合方能保证稻作生产的顺利进行。相应的，贯穿在整个稻作生产过程中的祭祀活动，大到以国家、村社及各种社团而举行，小至以单独的家庭举行，都可以看作是一种群体性的行为，强调的是共同居住地域的共同观念和共同利益。也就是说，稻作农耕祭祀与稻作农耕生产一开始就紧密地结合在一起，一方面，稻作生产离不开祭祀的发动组织、规范统一、神圣化以及神灵崇拜的主宰；另一方面，稻作农事活动的自然节律和展开过程又为各种祭祀和神灵崇拜提供了丰富的内容，以及其实现的现实基础，二者呈现出一种双向互动的统一。

各种不同规模的定期性或非定期性的稻作农业祭祀活动作为一种群体行为，其原初虽然是向超自然的各种神灵传达人们对它的祈求，但在举行仪式的过程中，仪式本身常常具有一种不自觉的力量支配着人们的行为，具有一种无形的威严调节和制约着人们的生活方式和生产方式，即基于社会共同规范的信奉而参加祭祀活动的成员，仪式强化了他们对社会文化的认同，表现出明显的社会性和群体性。云南民间各种不同的稻作农耕祭祀，或以家庭为单位举行，或以村寨为祭祀单位，或以长老代民众举行的祭祀，或地区性的祭祀，在某种程度上，都具有一定的全民性，是人们共同遵守的仪式规范。例如在播种祭和收获祭中，许多民族都有固定的时节、特定的杀牲祭品、主祭对象、主祭人以及约定俗成

的祭词，且仪式须集体在村社长老家举行后，各个单独的家庭才能举行，即集体的行为在先，家庭行为在后，或者说小家庭的祭祀只是集体祭祀的一种延伸。又如在祈雨仪式中，一个村寨通常是一个祭祀单位，村社成员出人、出钱，自发或有组织地参加，强调的也同样是一种地缘组织关系、集团归属意识、凝固友好关系、村的自律性和凝聚性。

在云南传统的稻作社会，农耕祭祀除了具有如上凝聚群体、加强社会控制的功能之外，像"春祭"、"秋祭"等作为生产开始和结束标志的祭祀，它在动员、组织生产，传播生产知识，宣布生产活动中的注意事项，甚至进行劳动分工等方面都有着积极的作用。所以，我们在认识云南稻作社会时，稻作祭祀礼俗是一条不可或缺的线索，它所反映的是云南稻作社会的客观现实，诸多祭祀行为我们都能够在现实社会中找到它的根源。

2. 稻作农耕祭祀过程的环链性

在稻作民族的社会生活中，年复一年的生活，好似稻谷生长一样，有节奏地运行着，从最初的撒种育秧，经过备耕、插秧和田间管理，再到稻谷的收获归仓，循环往复的稻作生产在某种程度上安排了稻作民的岁月进程。而由于大多稻作民的稻作农业生产活动，是由稻作农耕技术体系和农耕祭祀体系构成的完整系统，与农业生产的周期性相伴，各种不同的农耕祭祀活动也呈现出周期性的特点。亦即稻作农业祭祀，紧扣着节日和农事节令进行，围绕着春生、夏长、秋收、冬藏周而复始地进行。

在云南各民族的宗教祭祀活动中，与稻作生产相关的各种祭祀活动是十分丰富和复杂的。这些复杂的祭奉各种不同神灵的活动，作为农耕活动的一个重要组成部分，穿插在农耕生产的各个关键的环节，以谷灵信仰观念、土地神信仰观念为核心，旁及诸多的神灵信仰，构成一个复杂而完整的稻作信仰体系。在这个稻作信仰体系中，随着稻作农耕生产过程的推进，各种不同的被祭拜的神灵都有相应的祭祀链条，如谷神祭祀链条、水神祭祀链条、土地神祭祀链条、祖先神祭祀链条都是几支比较鲜明的祭祀链条。诸多的链条，又扭结成一股粗大的农耕祭祀链条。下面，我们以哈尼族、白族、布朗族、基诺族的农耕祭祀为蓝本，图示出五条祭祀链条，以便人们更为形象地了解农耕祭祀过程的环链性。

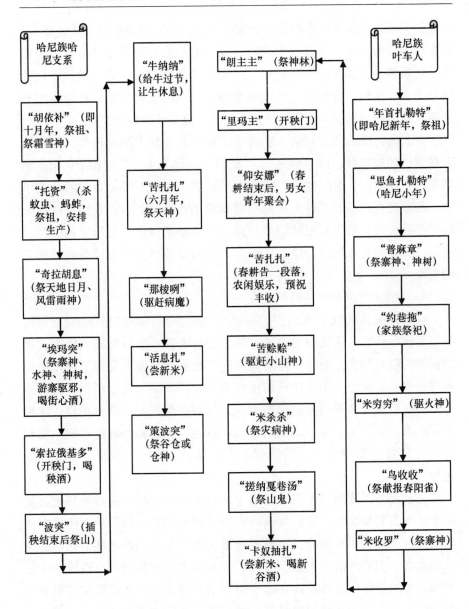

哈尼族哈尼支系和叶车人的农耕祭祀链①

① 这两条农耕祭祀链的资料来源于卢朝贵：《哈尼族哈尼支系岁时祝祀》，中国民间文艺研究会云南分会、云南省民间文学集成编辑办公室编印，《云南民俗集刊》（第四集），1985年，第1~18页；勒黑：《叶车人的节日庆典和祭祀活动》，《云南民俗集刊》（第四集），1985年，第19~30页。

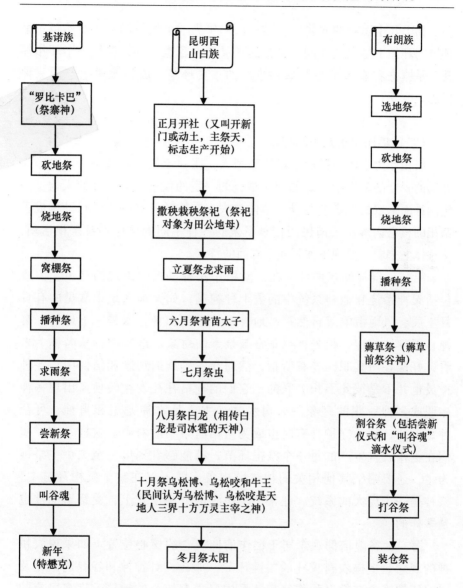

基诺族、昆明西山白族和布朗族的农耕祭祀链①

① 此三条农耕祭祀链的资料来源于于希谦:《基诺族文化史》,云南民族出版社 2000 年版,第 125~169 页;董绍禹:《西山区白族宗教调查》,云南省编辑组《昆明民族民俗和宗教调查》(中国少数民族社会历史调查资料丛刊),云南人民出版社 1985 年版,第 88~90 页;赵瑛:《布朗族文化史》,云南民族出版社 2001 年版,第 165~168 页。

　　如上几个民族的农耕祭祀链，以一年为一个祭祀周期，虽然每一个环链的环扣不尽完全相同，祭祀的神灵和内容也有异，但每一个环扣都几乎是镶嵌在农事节令和农耕生产的重要环节，成为农耕生产的一种标志。

（二）稻作农耕祭祀的特点

　　祭祀作为主体的村社、家族和个人，在一定的时期和场所，对作为客体的一定的神供奉一定的物而举行的一定的仪式。即一定的人为了一定的神而采取的一定的行动。主体的人、客体的神和一定的行动构成了祭祀的核心内容。云南民间传承下来的各种不同的稻作农耕祭祀活动，从整体上来看，呈现出如下几个方面的特点。

　　第一，祭神的多样性。在云南稻作农耕祭祀中出现的神灵，大致包括天神系统和地神系统中的数十种神灵，如天神系统中常见的有日月星辰、风雨雷电等自然神，地神系统中的山神、水神、土地神、寨神、田神、谷神，祖先神也是常被祭奉的对象。这些神灵从名称上来看，好像各司其职，各有所指，然而在各民族的观念和信仰中，各种神灵也并不是彼此不相关联的，它们的神格往往发生转换，出现一神多职或多神一职的现象。如司水之神主要是水神龙王和雷神，可社神、天仙、天帝守护神有时也成为祈雨时祭奉的对象。这样一来，我们在稻作农耕生产的每一个祭祀环节，都能够看到以一至二个主祭神为主，还要附祭其他相关的神灵的现象，即不仅在整个祭祀环链中，祭神是一个庞大的系统，在某一个单独的祭祀仪式上，受祭奉的神也是多样的。

　　第二，谷魂信仰观念居于稻作信仰观念的核心位置。如果说农耕神的观念是把握农耕仪礼的关键环节，那么，对谷神和谷魂的祭祀及谷魂信仰观念在整个稻作祭祀体系中又占有核心的地位。许多民族的民间都认为，谷物如同人一样具有魂灵，谷物的魂灵与谷物、种子同在，守护着稻谷的生，谷魂一旦离开稻谷，稻谷就不能生长，即使收获的谷子也会不经吃，为此，对谷魂的祭拜贯穿在人们的日常生活和稻作生产的各个环节，谷魂信仰观念在诸神观念中处于十分重要的地位。

　　第三，神聘的丰富性。在稻作农耕祭祀中，无论是以村社为单位的大规模的祭祀，还是以家庭为单位的小规模的祭祀，相应的都有奉献给神的牺牲——各种神聘。神聘的多寡，取决于祭祀神灵的贵贱亲疏和所祈求的愿望的大小，多者杀数十头牛或数十头猪，少者杀一二只鸡即可。然而，在云南民族社会，由于祭祀活动的频繁性，每年人们对各种神灵的物质"贿赂"是异常丰富的，祭品几乎涉及人们日常生活中的所有食品，包括肉、米饭、酒、菜、茶、水果等品种，其中肉食品又最为普遍，主要有鸡、猪、牛、羊等畜禽肉。同时，为了沟通现实世界与彼岸世界的联系，除了使用食物来打通关节、疏通关系外，人们在祭祀活动中，还使用大量的"祭祀语言"，借助语言的魔力，赞美、夸奖、取悦神灵并感谢各种神灵的护佑之功，形成了另外一种有趣的现象——对神的"精神贿赂"，这似乎也可以是神聘的一种。

第四，稻作农耕祭祀的地区差异。稻作农耕祭祀虽然在某些大的方面呈现出基本一致的趋势，从中可以提炼出一些共同的东西，但由于民族和地区之间稻作生产实践活动的差异性，致使稻作祭祀呈现出多元化的倾向。如仅就吃新米仪式而言，布朗山区布朗族的寨子中，新曼峨寨把吃新米仪式称为"梭莫冲"，具体是早稻成熟时，各家各户采谷穗舂新米，备以菜蔬，送佛寺赕佛。曼散寨无此仪式，但有名为"乘玛"的做法。即在陆稻和棉花快成熟之时，推选两个已婚男子，脱光衣服从左到右围地跑一圈，即驱逐恶鬼以保丰收。这是同一地区同一民族的不同的村寨农耕仪礼所表现出来的差异性。

第五，祭祀从娱神向娱人转化，并最终升华为传统的民族节日。原本每一种稻作祭祀，出于什么目的而祭什么神，都有明确的主题和观念意识，但随着稻作农耕社会的发展和时代的进步，祭祀内部的价值体系在转换，单一的祭祀主题逐渐被后世添加上许多新的内容，使祭仪日趋复杂。有的祭祀甚至发生了根本性的变化，从最初的宗教性的祭祀娱神逐渐向娱人、从神圣性向世俗（群众性）的文娱活动演变，其中包含丰富的传统文化精神。如白族云龙天池的田家乐就颇具代表性。田家乐在表演时有许多角色如"春官"、"田公"、"地母"、"猴子"、"耕牛"、"秧官"、"平田"、"犁地"等，代表三十六行。表演多环场进行，开始由扮演猴子的人在场内跑跳，做一些十分滑稽的动作逗乐。接着由春官出场念诵吉利贺词，随后表演吆牛、耕田、栽插等农事活动。整个过程都是再现农耕稻作生产场面与农家生活的舞蹈，把农耕稻作生产与人们的精神娱乐活动紧密地联系在一起。① 又譬如许多民族都过的"火把节"、"斗牛节"、"尝新节"，纳西族的"正月十五丽江农具会"、"三月丽江龙王会"、"七月骡马会"，傣族的"泼水节"，白族的"鱼塘会"等源于农事活动的节日，在今天更多的是渲染节庆娱乐、社团集会和文化传承的功能。

第六，农耕仪礼的变迁性。农耕仪礼是在稻作农耕过程中逐渐形成的，它依托于稻作生产并随着稻作生产条件的变化而变化，有一个渐变的过程。20世纪50年代以来，随着大多数民族地区社会改革的深入，祭祀组织村落的解体、家族的分化、村落自律性和凝聚性的减弱、家族血缘关系纽带的松弛、专门司祭人员的不存在，传统的稻作农耕祭祀在悄无声息地发生变化。尤其是80年代后，随着农村经济体制改革的推行，生产力的发展，人们现代商品意识的增强，传统农业逐渐向现代农业转变，自然经济向商品经济转变，在这种社会大变革之际，与传统的稻作农业相关的一些祭祀活动也处在急剧的调适和变迁之中，诸多繁杂的农耕祭祀渐渐地淡出了历史的舞台，有的祭祀活动消失，有的祭祀活动则转化为单纯的娱乐性的节日，丧失了其原本的功能。

---

① 杨国才：《中国大理白族与日本的农耕稻作祭祀比较》，《云南民族学院学报》2001年第1期。

主要参考文献

中文文献

1. 国家民委民族问题五种丛书之一：《中国少数民族简史丛书》之《彝族简史》、《白族简史》、《傣族简史》、《哈尼族简史》、《佤族简史》、《傈僳族简史》、《德昂族简史》。

2. 国家民委民族问题五种丛书之一：《中国少数民族社会历史调查资料丛刊》中的彝族、白族、傣族、哈尼族、佤族、傈僳族、独龙族、德昂族等民族的社会历史调查资料。

3. 吕大吉、何耀华主编：《中国各民族原始宗教资料集成》（彝族卷、白族卷、基诺族卷、傈僳族卷、独龙族卷、佤族卷、景颇族卷、傣族卷），中国社会科学出版社　　年版。

4. 李根蟠、卢勋：《中国南方少数民族农业形态》，农业出版社 1987 年版。

5. 李根蟠、卢勋、黄崇岳：《中国原始社会经济研究》，中国社会科学出版社 1987 年版。

6. 卢勋、李根蟠：《民族与物质文化史考略》，民族出版社 1991 年版。

7. 游修龄编著：《中国稻作史》，中国农业出版社 1995 年版。

8. 游修龄：《农史研究文集》，农业出版社 1999 年版。

9. 尹绍亭：《云南物质文化：农耕卷》（上、下），云南教育出版社 1996 年版。

10. 尹绍亭：《森林孕育的文化——云南刀耕火种志》，云南教育出版社 1996 年版。

11. 尹绍亭：《一个充满争议的文化生态体系——云南刀耕火种研究》，云南人民出版社 1991 年版。

12. 尹绍亭：《人与森林——生态人类学视野中的刀耕火种》，云南教育出版社 2000 年版。

13. 高立士：《西双版纳傣族传统灌溉与环保研究》，云南民族出版社1999年版。

14. 郭家骥：《西双版纳傣族的稻作文化研究》，云南大学出版社1998年版。

15. 王清华：《哈尼族的生态农业与梯田文化》，云南大学出版社1998年版。

16. 王清华：《梯田文化论——哈尼族生态农业》，云南大学出版社1999年版。

17. 李期博主编：《哈尼族梯田文化论集》，云南民族出版社2000年版。

18. 李子贤、李期博主编：《首届哈尼族文化国际学术讨论会论文集》，云南民族出版社1996年版。

19. 刘体操、张玉胜：《哈尼梯田文化》，中国民族摄影艺术出版社1996年版。

20. 中央民族大学哈尼学研究所编：《中国哈尼学》（第一辑），云南民族出版社2000年版。

21. 刘金吾：《中国民族舞蹈与稻作文化》，云南人民出版社1997年版。

22. 姜彬主编：《稻作文化与江南民俗》，上海文艺出版社1996年版。

23. 任兆胜、李云锋主编：《稻作与祭仪——第二届中日民俗文化国际学术研讨会论文集》，云南人民出版社2003年版。

24. 杨晓东编著：《吴地稻作文化》，南京大学出版社1994年版。

25. 高燮初主编：《吴地稻作文化和旅游文化》，陕西旅游出版社2000年版。

26. 覃乃昌：《壮族稻作农业史》，广西民族出版社1997年版。

27. 刘凤芝：《中国侗族民俗与稻作文化》，人民出版社2000年版。

28. 王东昕：《衣食之源——云南民族农耕》，云南教育出版社2000年版。

29. 程侃声、才宏伟：《亚洲栽培稻的起源与演化——活物的考古》，南京大学出版社1993年版。

30. 李惠林：《东南亚栽培植物的起源》，香港中文大学出版社1966年版。

31. 中国农科院主编：《中国稻作学》，农业出版社1986年版。

32. 陈文华：《论农业考古》，江西教育出版社1990年版。

33. 康启宇：《中国农史稿》，农业出版社1985年版。

34. 丁颖：《中国水稻栽培学》，农业出版社1961年版。

35. 何炳棣：《黄土与中国农业的起源》，香港中文大学出版社 1979 年版。

36. 王象坤、孙传清主编：《中国栽培稻起源与演化研究专集》，中国农业大学出版社 1996 年版。

37. 马克思、恩格斯：《马克思恩格斯选集》（1～4 卷），人民出版社 1995 年版。

38. ［美］F. 普洛格、D. G. 贝茨：《文化演进与人类行为》，吴爱明、邓勇译，辽宁人民出版社 1988 年版。

39. 《二十四史》，中华书局点校本（具体书名，兹不一一列举注）。

40. （晋）常璩：《华阳国志》，齐鲁书社 2010 年版。

41. （唐）樊绰《蛮书》，向达校注，中华书局 1962 年版。

42. （元）李京：《云南志略》，王叔武校，云南民族出版社 1986 年版。

43. （元）《马可波罗行记》，马可·波罗著，冯承钧译，内蒙古人民出版社 2008 年版。

44. （元）郭松年：《大理行记》，王叔武校，云南民族出版社 1986 年版。

45. （明）钱古训：《百夷传》，江应樑校注，云南人民出版社 1980 年版。

46. （明）朱孟震：《西南夷风土记》，台北广文书局 1957 年版。

47. （清）檀萃：《滇海虞衡志》，商务印书馆 1936 年版。

48. （清）同揆：《洱海丛谈》，齐鲁书社 1997 年影印本。

49. 道光《永昌府志》。

50. 民国《景东县志稿》。

51. 云南省麻栗坡县志编纂委员会编：《麻栗坡县志》，云南民族出版社 2000 年版。

52. 云南省红河县志编纂委员会编：《红河县志》，云南人民出版社 1991 年版。

53. 云南省呈贡县志编纂委员会编：《呈贡县志》，山西人民出版社 1992 年版。

54. 云南省绿春县志编纂委员会编：《绿春县志》，云南人民出版社 1992 年版。

55. 红河州政协文史资料委员会编：《红河州文史资料选集》（第四辑），1985 年内部编印。

56. 秦家华等编：《云南少数民族生产习俗志》，云南民族出版社 1990 年版。

57. 云南大学编写组编：《云南民族村调查——哈尼族》，云南大学出版社
2001 年版。

58. 思茅行政公署民族事物委员会编：《思茅拉祜族传统文化调查》，云南
人民出版社 1993 年版。

59. 尤中：《云南民族史》，云南大学出版社 1994 年版。

60. 尤中编著：《中国西南的古代民族》，云南人民出版社 1979 年版。

61. 刘小兵：《滇文化史》，云南人民出版社 1991 年版。

62. 范建华等著：《爨文化史》，云南大学出版社 2001 年版。

63. 杨仲录等主编：《南诏文化论》，云南人民出版社 1996 年版。

64. 方铁、方慧：《中国西南边疆开发史》，云南人民出版社 1997 年版。

65. 陆韧：《变迁与交融——明代云南汉族移民研究》，云南教育出版社
2001 年版。

66. 江应樑：《傣族史》，四川民族出版社 1983 年版。

67. 黄惠焜：《从越人到泰人》，云南民族出版社 1992 年版。

68. 张福：《彝族古代文化史》，云南教育出版社 1999 年版。

69. 刘江：《阿昌族文化史》，云南民族出版社 2001 年版。

70. 雷兵：《哈尼族文化史》，云南民族出版社 2002 年版。

71. 于希谦：《基诺族文化史》，云南民族出版社 2000 年版。

72. 李晓芩：《白族的科学与文明》，云南人民出版社 1997 年版。

73. 云南省博物馆编：《云南人类起源与史前文化》，云南人民出版社
1991 年版。

74. 吴金鼎等：《云南苍洱境考古报告（甲编）》，南京国立中央博物院
1942 年专刊乙种之一。

75. 张增祺：《中国西南民族考古》，云南人民出版社 1990 年版。

76. 张增祺：《滇国与滇国文化》，云南美术出版社 1997 年版。

77. 张增祺：《滇文化》，文物出版社 2001 年版。

78. 张增祺：《云南建筑史》，云南美术出版社 1999 年版。

79. 张公瑾：《傣族文化研究》，云南民族出版社 1988 年版。

80. 张公瑾主编：《语言与民族物质文化史》，民族出版社 2002 年版。

81. 汪宁生：《云南考古》，云南人民出版社 1980 年版。

82. 汪宁生：《中国西南民族的历史与文化》，云南民族出版社 1989 年版。

83. 云南省博物馆编：《云南晋宁石寨山古墓群发掘报告》，文物出版社

1959 年版。

84. 云南省博物馆编：《云南省博物馆建馆 30 周年纪念文集》，云南人民出版社 1981 年版。

85. 云南省博物馆编：《云南省博物馆学术论文集》，云南人民出版社1989 年版。

86. 《云南青铜器论丛》编辑组编：《云南青铜器论丛》，文物出版社1981 年版。

87. 云南大学中国西南边疆民族经济文化研究中心编：《文化·历史·民俗》，云南大学出版社 1993 年版。

88. 杜玉亭主编：《传统与发展——云南少数民族现代化研究之二》，中国社会科学出版社 1990 年版。

89. 黄泽：《西南民族节日文化》，云南教育出版社 1995 年版。

90. 杨庭硕等：《民族、文化与生境》，贵州人民出版社 1992 年版。

91. 何明、廖国强：《竹与云南民族文化》，云南人民出版社 1999 年版。

92. 李洁：《临沧地区佤族百年社会变迁》，云南教育出版社 2001 年版。

93. 云南省民族事务委员会编：《傈僳族文化大观》，云南民族出版社1999 年版。

94. 刘辉豪：《边寨文化论集》，云南大学出版社 1992 年版。

95. 《当代中国丛书》编辑部：《当代中国的云南》（上），当代中国出版社 1991 年版。

96. 张怀渝主编：《云南省经济地理》，新华出版社 1988 年版。

97. 李子贤：《探寻一个尚未崩溃的神话王国》，云南人民出版社 1991 年版。

98. 王亚南：《论口承文化——云南无文字民族古风研究》，云南教育出版社 1997 年版。

99. 上海民间文艺家协会等编：《中国民间文化——稻作文化与民间信仰调查》，学林出版社 1992 年版。

100. 上海民间文艺家协会等编：《中国民间文化——民间稻作文化研究》，学林出版社 1993 年版。

101. 中国民间文艺研究会云南分会、云南省民间文学集成编辑办公室编：《云南民俗集刊》（第三、四集），1985 年内部编印。

102. 云南省民间文学集成办公室编：《哈尼族神话传说集成》，中国民间文艺出版社 1990 年版。

103. 云南省民间文学集成编辑办公室：《佤族民间故事集成》，云南民族出版社 1990 年版。

104. 刘怡、陈平编：《基诺族民间文学集成》，云南人民出版社 1989 年版。

105. 宋恩常主编：《中国少数民族宗教初编》，云南人民出版社 1985 年版。

106. 颜思久主编：《云南宗教概况》，云南大学出版社 1991 年版。

107. 云南省编辑组编：《云南民族民俗和宗教调查》，云南人民出版社 1985 年版。

108. 宋恩常：《云南少数民族研究文集》，云南人民出版社 1986 年版。

日文文献

1. 佐佐木高明编：《農耕の技術と文化》，集英社，1993 年。

2. 佐佐木高明编：《日本農耕文化の源流——日本文化の原像を求めて》，日本放送出版協会，1983 年。

3. 佐佐木高明编：《日本文化の基層を探る——ナラ林文化と照葉樹林文化》，日本放送出版協会，1993 年。

4. 佐佐木高明：《東南アジア農耕論：焼畑と稲作》，弘文堂，1989 年。

5. 佐佐木高明：《稲作以前》，日本放送出版協会，1971 年。

6. 佐佐木高明：《照葉樹林文化の道——ブータン・雲南から日本へ》，日本放送出版協会，1982 年。

7. 佐佐木高明：《照葉樹林文化の道》，NHKブックス，1982 年。

8. 佐佐木高明编著：《雲南の照葉樹のもとで：国立民族学博物館中国西南部少数民族文化学術調査団報告》，日本放送出版協会，1984 年。

9. 佐佐木高明、森島啓子编：《日本文化の起源：民族学と遺伝学の対話》，講談社，1993 年。

10. 佐佐木高明：《地域と農耕と文化：その空間像の探求》，大明堂，1998 年。

11. 野本寛一：《稲作民俗文化論》，雄山閣出版，1993 年。

12. 中尾佐助：《栽培植物と農耕の起源》，岩波書店，1966 年。

13. 中尾佐助、佐佐木高明：《照葉樹林文化と日本》，くもん出版，

1992 年。

14. にひなめ研究会編：《東アジアの農耕儀礼》，学生社，1978 年。

15. 大林太良：《稲作の神話》，弘文堂，1973 年。

16. 農耕文化研究振興会編：《アジアの農耕様式》，大明堂，1997 年。

17. 鳥越憲三郎編：《雲南からの道》，講談社，1983 年。

18. 鳥越憲三郎：《稲作儀礼と首狩り》，雄山閣出版，1995 年。

19. 鳥越憲三郎、若林弘子：《弥生文化の源流考：雲南省佤族の精査と新発見》，大修館書店，1998 年。

20. 鳥越憲三郎：《古代中国と倭族：黄河・長江文明を検証する》，中央公論新社，2000 年。

21. 上山春平、渡部忠世：《稲作文化》，中公新書，1985 年。

22. 上山春平、渡部忠世編：《稲作文化：照葉樹林文化の展開》，中央公論社，1985 年。

23. 上山春平、佐佐木高明編：《続・照葉樹林文化——東アジア文化の源流》，中央公論社，1976 年。

24. 上山春平編：《照葉樹林文化——日本文化の深層》，中央公論社，1969 年。

25. 渡部忠世、桜井由躬雄編：《中国江南の稲作文化：その学際の研究》，日本放送出版協会，1984 年。

26. 玉城哲：《稲作文化と日本人》，現代評論社，1977 年。

27. 渡部忠世：《アジア稲作の系譜》，法政大学出版局，1983 年。

28. 渡部忠世：《稲の道》，日本放送出版協会，1997 年。

29. 渡部忠世：《アジア稲作文化への旅》，日本放送出版協会，1987 年。

30. 川崎真治：《古代稲作地名の起源》，新人物往来社，1976 年。

31. 家永泰光：《アジア農耕文化探訪》，農林統計協会，1987 年。

32. 日本民族学協会編：《東南アジア稲作民族文化綜合調査報告》，有隣堂出版，1965 年。

33. 和佐野喜久生主編：《東アジアの稲作起源と古代稲作文化：報告・論文集》，佐賀大学農学部，1995 年。

34. 藤原宏志：《稲作の起源を探る》，岩波書店，1998 年。

35. 岡彦一編訳：《中国古代遺跡が語る稲作の起源》，八坂書房，1997 年。

36. 佐藤洋一郎:《DNAが語る稲作文明：起源と展開》，日本放送出版協会，1996 年。

37. 佐藤洋一郎:《イネが語る日本と中国：交流の大河五〇〇〇年》，農山漁村文化協会，2003 年。

38. 佐藤洋一郎:《稲のきた道》，裳華房，1992 年。

39. 諏訪春雄、川村湊編:《アジア稲作文化と日本》，雄山閣出版，1996 年。

40. 陳文華、渡部武編:《中国の稲作起源》，六興出版，1989 年。

41. 中川原捷洋:《稲と稲作のふるさと》，古今書院，1985 年。

42. スチュアート・ヘンリ編著:《世界の農耕起源》，雄山閣出版，1986 年。

43. 森田勇造:《"倭人"の源流を求めて——雲南・アッサム山岳民族踏査行》，講談社，1982 年。

44. 家永泰光:《犁と農耕の文化：比較農法論の一視点から》，古今書院，1980 年。

45. 家永泰光:《アジア農耕文化探訪》，農林統計協会，1987 年。

46. 伊藤清司:《中国の旅から——雲貴高原の稲作伝承》，日本放送出版協会，1985 年。

47. 萩原秀三郎:《稲を伝えた民族：苗族と江南の民族文化》，雄山閣出版，1987 年。

48. 萩原秀三郎:《図説日本人の原郷：揚子江流域の少数民族文化を訪ねて》，小学館，1990 年。

49. 萩原秀三郎:《稲と鳥と太陽の道：日本文化の原点を追う》，大修館書店，1996 年。

50. 渡部忠世等編:《稲のアジア史》（1～3 巻），小学馆，1997 年。

中国社会科学出版社"社科学术文库"
已出版书目

冯昭奎：《21 世纪的日本：战略的贫困》，2013 年 8 月出版。

张季风：《日本国土综合开发论》，2013 年 8 月出版。

李新烽：《非凡洲游》，2013 年 9 月出版。

李新烽：《非洲踏寻郑和路》，2013 年 9 月出版。

韩延龙、常兆儒编：《革命根据地法制文献选编》，2013 年 10 月出版。

田雪原：《大国之难：20 世纪中国人口问题宏观》，2013 年 11 月出版。

中国社会科学院科研局编：《中国社会科学院学术大师治学录》，2013 年 12 月出版。

李汉林：《中国单位社会：议论、思考与研究》，2014 年 1 月出版。

李培林：《村落的终结：羊城村的故事》，2014 年 5 月出版。

孙伟平：《伦理学之后》，2014 年 6 月出版。

管彦波：《中国西南民族社会生活史》，2014 年 9 月出版。

敏　泽：《中国美学思想史》，2014 年 9 月出版。

孙　晶：《印度吠檀多不二论哲学》，2014 年 9 月出版。

蒋寅主编：《王渔洋事迹征略》，2014 年 9 月出版。

李细珠：《张之洞与清末新政研究》，2015 年 3 月出版。

王家福主编、梁慧星副主编：《民法债权》，2015 年 3 月出版。

管彦波：《云南稻作源流史》，2015 年 4 月出版。